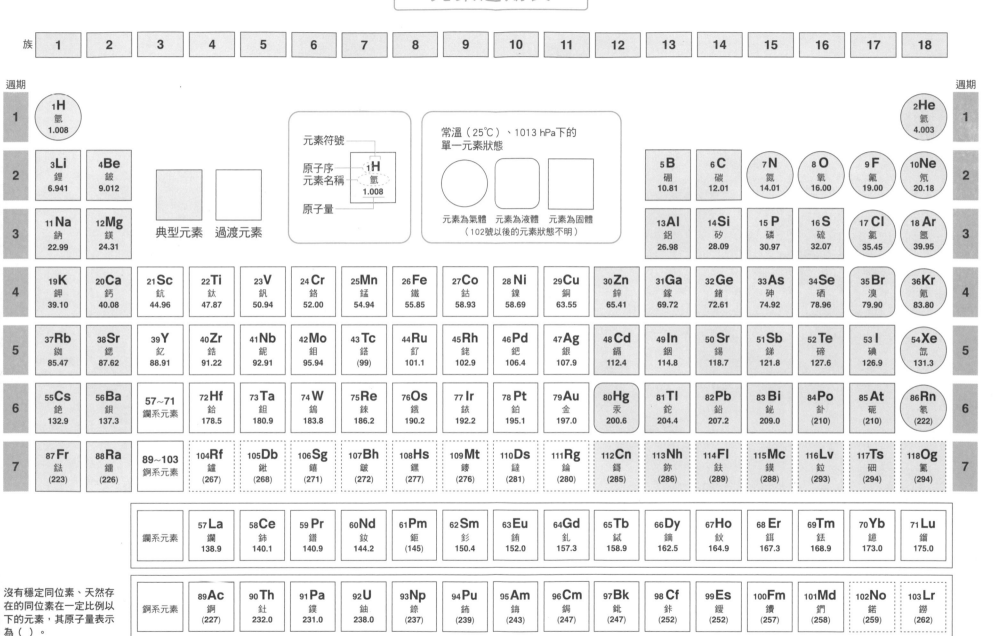

元素週期表

大人的
化學教室

透過 *135* 堂課全盤掌握化學精髓

竹田淳一郎／著

陳朕疆／譯

● 前言 ●

感謝你拿起了這本書。作者是一個每天都在教國中化學、高中化學（有時候還要教地科、物理、生物！）的現任教師。雖然我在教學生的時候看起來好像很厲害的樣子，但事實上我高中時的成績一直都在平均值以下，特別是理組科目，常常拿到不及格的分數。我還記得那時每次都是戰戰兢兢地接下成績單。但後來我還是選擇了其中最喜歡的化學做為主修科目，在上了大學開始了解到化學真正的有趣之處後，就抑制不住想要把化學有趣的地方傳達給其他人的心情，於是成為了一位化學老師。現在高中時代的朋友和我見面時，往往會一臉正經地問我：「你居然在當老師啊……教得來嗎？」以前我會一邊苦笑，一邊用「還過得去啦，哈哈」之類的話敷衍過去。不過在經過了近20年的教師生涯後，我也逐漸了解到學生們會覺得哪個部分比較困難，應該要怎麼教，才能讓他們比較好理解，也懂得用各種教學方式幫助他們掌握化學概念。現在的我，已能夠胸有成竹地說出「讓我來教的話，一定可以把化學教得淺顯易懂」這句話。

最近我有許多幫社會人士上化學課的機會，課程廣受好評，來聽講的學生們還說「如果老師出書的話一定會買！」，於是我決定把至今所累積的各種教學方法寫成這本書。

請你翻開下一頁的目次，找到你有興趣的主題，然後翻到那一頁看看內容吧。我保證你一定會有「化學原來是這樣的學問啊」的新奇感。

竹田淳一郎

CONTENTS　　　有 基 標誌的主題為日本高中「化學基礎」的內容。

基 礎 化 學

第1章 物質的基本粒子

基 礎 化 學

第2章 化學鍵

基 礎 化 學

第3章 物質量與化學反應式

理論化學

第 4 章 物質的狀態變化

理論化學

第 5 章 氣體的性質

理論化學

第 6 章 溶液的性質

理論化學

第10章 氧化還原反應

無機化學

第11章 典型元素的性質

無機化學

第12章 過渡元素的性質

有機化學

第13章 脂肪族化合物

有 機 化 學

第14章 芳香族化合物

高 分 子 化 學

第15章 天然高分子化合物

高 分 子 化 學

第16章 合成高分子化合物

第 **1** 章

物質的基本粒子

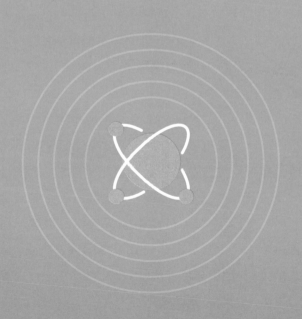

1

原子與元素差在哪裡？

～ 原子與元素符號 ～

世界上所有物質都是由名為「原子」的粒子構成的。但因為原子實在太小、太輕，所以很難想像到底有多小、多輕。以下就用1g的1圓日幣為例，說明原子的概念。

首先，1圓日幣由許多鋁原子組合而成（圖1－1）。

先看它的大小。1億個鋁原子排成一列時，長度約為3cm。而1圓日幣的直徑為2cm，約由0.7億個鋁原子排列而成。再來看它的質量。原子非常輕，1g的1圓日幣中所含有的鋁原子數，是2億個的1億倍還要再乘上1百萬倍。這個數字到底有多大呢？若把1個原子比喻為1粒米，那麼日本需要花上0.5億年，才能生產出等同於這個數量的米。咦？這樣反而更難懂？總之，這就是一個難以想像的巨大數字，只要知道原子是非常小、非常輕的粒子就行了。

目前已知的原子有100多種，這些原子皆可用世界共通的羅馬字母代號來表示，稱為**元素符號**。之所以不叫做原子符號，是因為**當稱為「原子」時，是把重點放在粒子上。當把重點放在種類上時，便稱為「元素」**（算原子數時會說1個原子、2個原子；算元素種類數時則會說1種元素、2種元素）。日語中的「元」、「素」訓讀都念做「moto」，即事物之本之意，故「元素」指的就是所有物質的基本成分。元素有100多種，如果每個元素都只用1個字母來表示的話，26個羅馬字母顯然不夠。因此，週期表上只有碳、氫等比較基本的元素會用1個字母來表示，而大部分的元素則會用2個字母來表示。**元素符號**

為2個字母時，第1個字母為大寫，第2個字母為小寫，並以英語的唸法讀出字母。舉例來說，Na的德語唸做Natrium、英語唸做Sodium、中文唸做鈉、日語唸做曹達（soda），而世界共通的讀法則是以英文唸做Na[ɛn e]。

圖 1-1

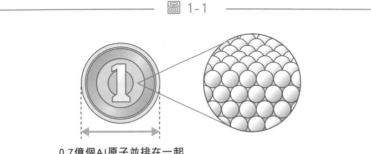

0.7億個Al原子並排在一起

1個1圓日幣含有2億 × 1億 × 1百萬倍個鋁原子。如果把1個原子比做1粒米的話，這個數字會等於日本在0.5億年所生產的米粒總數。

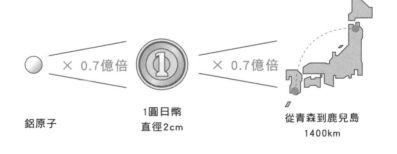

鋁原子　　× 0.7億倍　　1圓日幣
直徑2cm　　× 0.7億倍　　從青森到鹿兒島
1400km

2

中子扮演的是
什麼角色？

～ 質子、電子、中子是構成原子的3種粒子 ～

原子由質子、中子、電子等更小的粒子所組成，讓我們一起來看看這些粒子間的差異吧。

圖2－1為氦原子的結構，包含了質子、中子、電子各2個。**質子帶正電，電子帶負電，中子如其名所示，不帶正電也不帶負電。**那麼，「帶電」又是什麼意思呢？在冬天較乾燥的日子中容易產生靜電，脫掉毛衣時之所以會出現靜電，就是因為毛衣帶有正電荷。像這樣**帶**有正或負2種**電**荷的狀態，就稱為「帶電」。帶正電的物質會與帶負電的物質互相吸引，故由質子與中子構成的原子核可以藉由帶正電的質子拉住帶負電的電子，使電子在周圍繞行。**原子序就是質子的數量，譬如說He有2個質子，原子序就是2。在描述原子質量時，由於電子的質量比質子還要輕非常多，故通常會無視電子數，僅以質子數與中子數相加所得的數字表示，稱為「質量數」。**

那麼，原子核內的中子又是為了什麼而存在的呢？事實上，**集中在原子核內的質子因為都帶有正電而互斥，中子則可扮演「漿糊」般的角色，抑制質子間的互斥作用，防止原子核散掉。**氫原子僅由1個質子與1個電子組成，因為原子核內只有1個質子，不存在和它互斥的對象，故不需要中子。不過隨著質子數的增加，質子間的互斥力量也會愈來愈大，使原子核更容易崩解，這時便需要更多中子才能維持原子核穩定

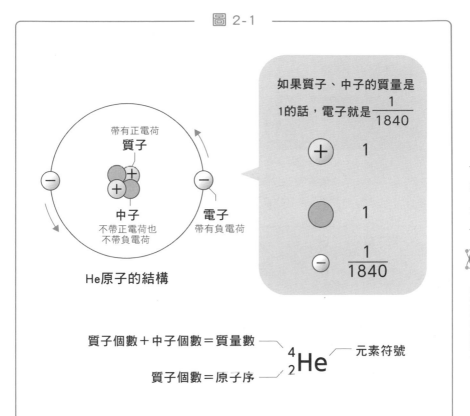

圖 2-1

帶有正電荷
質子

中子
不帶正電荷也
不帶負電荷

電子
帶有負電荷

He原子的結構

如果質子、中子的質量是
1的話，電子就是 $\frac{1}{1840}$

$+$　　1

　　1

$-$　$\frac{1}{1840}$

質子個數＋中子個數＝質量數 ── $^{4}_{2}\text{He}$ ── 元素符號

質子個數＝原子序 ──

（圖2－2）。

　　各位有聽過湯川秀樹這個名字嗎？沒錯，就是日本第一個諾貝爾獎得主。那麼，湯川秀樹得到諾貝爾獎的理由又是什麼呢？這時能夠回答出「介子理論」的人應該就不多了吧。如果再問到「介子理論」是什麼的話⋯⋯大部分的人大概也只能雙手一攤吧。其實介子理論就是在描述「介子」如何將質子與中子綁在一起，防止原子核散開的機制。湯川先生在理論中預測了介子的存在，並因此而獲得諾貝爾獎。

第
1
章

物
質
的
基
本
粒
子

15

圖 2-2

質子間會互相排斥，故需要中子發揮其「漿糊」般的功能穩定原子核，使其不會散開。

雖然鈾235含有大量中子，卻還是無法完全抑制住質子間的排斥作用而衰變。

▼

核能電廠便是藉由催化核分裂產生熱能，再以此發電。

	碳 $^{12}_{6}C$	鈣 $^{40}_{20}Ca$	銀 $^{108}_{47}Ag$	鉛 $^{207}_{82}Pb$	鈾 $^{235}_{92}U$
質子數	6	20	47	82	92
中子數	6	20	61	125	143

2

中子扮演的是什麼角色？

3 即使元素種類相同，質量也可能不同

基

～ 同位素 ～

同一種元素的質子數相同，中子數卻可能會不一樣，故同種元素的原子可能會有不同的質量數。這種關係就叫做同位素。本節就來看看同位素有什麼用處。

自然界的碳原子幾乎都是由6個質子與6個中子所組合而成的^{12}C，卻有約1%的碳原子是由6個質子與7個中子組合而成的^{13}C。像這種**原子序相同，質量數卻不同的原子，彼此互為同位素的關係。**事實上，碳還有另一種更為稀有的同位素^{14}C（大約1兆個^{12}C中才會出現1個^{14}C）。這種^{14}C屬於放射性同位素，隨著時間經過，原子核內的1個中子會分裂成質子與電子，轉變成^{14}N（質量數沒有變，但因為增加了1個質子，故會從原子序為6的C轉變成原子序為7的N）。聽起來^{14}C應該會持續減少才對，不過在宇宙輻射的作用下，大氣中的^{14}N會持續轉變成^{14}C，故^{14}C的比例能保持一定的程度（圖3－1）。^{14}C會以CO_2的形式存在於自然界，植物行光合作用時會吸收這些CO_2，故植物與吃下這些植物之動物的體內也會有^{14}C存在，且所占比例與大氣相同。不過在植物與動物死後，外部的^{14}C供給會停止，內部的^{14}C衰變卻仍持續進行。**放射性同位素的量衰減至初始量一半所需要的時間，稱為半衰期。**^{14}C的半衰期為5730年。也就是說，只要比較遺體與大氣中的^{14}C比例，便可以推測出動植物的死亡時間。譬如說，若我們分析古寺廟梁柱所用木材的^{14}C含量，便可以知道用以建造這個梁柱的木材是何時被砍伐的。

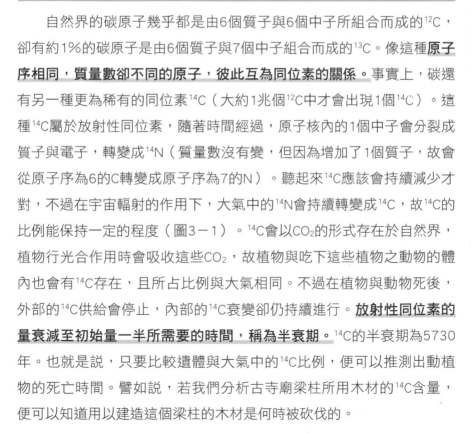

我們可以利用氧的同位素，^{16}O和^{18}O的比例來推測過去的地球氣溫。海水中大部分的氧是^{16}O，另外亦存在極少量的^{18}O。地球溫度上升時，較重的$H_2^{18}O$在蒸發的海水中占有的比例會上升，較輕的$H_2^{16}O$占有的比例則會下降。換言之，這些水蒸氣所形成的雲會含有較多的

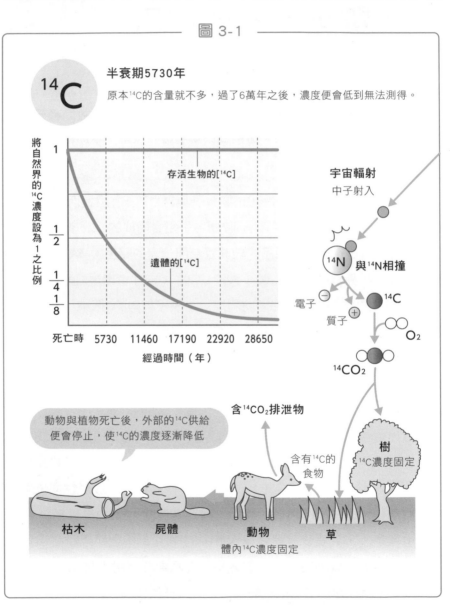

圖 3-1

半衰期5730年

原本^{14}C的含量就不多，過了6萬年之後，濃度便會低到無法測得。

^{14}C

將自然界的^{14}C濃度設為1之比例

存活生物的[^{14}C]

遺體的[^{14}C]

死亡時　5730　11460　17190　22920　28650

經過時間（年）

宇宙輻射
中子射入

^{14}N 與^{14}N相撞

電子　⊖
質子　⊕　^{14}C

O_2

$^{14}CO_2$

含$^{14}CO_2$排泄物

動物與植物死亡後，外部的^{14}C供給便會停止，使^{14}C的濃度逐漸降低

含有^{14}C的食物

樹
^{14}C濃度固定

枯木　　屍體　　動物　　草

體內^{14}C濃度固定

即使元素種類相同，質量也可能不同

3

$H_2^{18}O$，故會降下較重的雪。南極大陸累積了幾萬年的雪，堆積成巨大冰層。若我們鑽孔挖出過去的冰層，分析其 ^{16}O 和 ^{18}O 的比例，便可推論出地球過去的氣溫（圖3－2）。

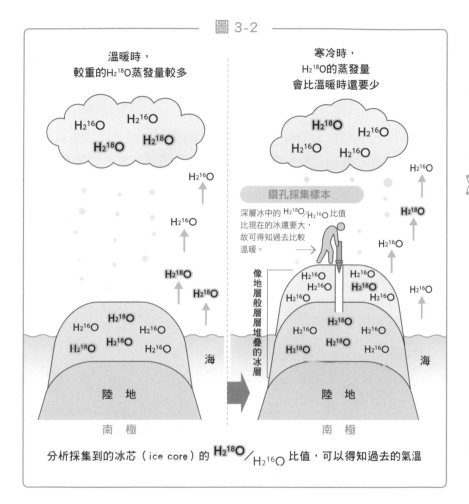

圖 3-2

溫暖時，
較重的 $H_2^{18}O$ 蒸發量較多

寒冷時，
$H_2^{18}O$ 的蒸發量
會比溫暖時還要少

鑽孔採集樣本

深層冰中的 $H_2^{18}O / H_2^{16}O$ 比值
比現在的冰還要大，
故可得知過去比較
溫暖。

像地層般層層堆疊的冰層

海

陸　地

南　極

海

陸　地

南　極

分析採集到的冰芯（ice core）的 $H_2^{18}O / H_2^{16}O$ 比值，可以得知過去的氣溫

4

週期表的中間
為什麼會凹下去？

～ 從週期表中可以看出電子組態 ～

原子序1的H位於週期表（本書拉頁）的最左上角，原子序為2的He卻位於週期表的最右上角。接下來的Li、Be又跑到左側，中間空一段之後才是位於右側的B、C、N、……。這種奇怪的元素排列方式顯示出各種元素的電子組態。

原子序增加時，質子數與電子數也會跟著增加。C的原子序為6，擁有6個質子與6個電子。前面提到質子皆位於原子核內，那麼電子又是以什麼樣的方式分布於原子核周圍的呢？這就是本節的主題。電子帶有負電，會被原子核中帶正電的質子吸引，故會分布在原子核附近。不過，這6個電子和原子核的之間的距離也不是個個相同。其中2個電子會離原子核比較近，另外4個電子則位於比較外側的位置（圖4－1）。

原子中能容納電子的區域稱為**電子殼層**，依照和原子核的距離由近至遠，分別以K、L、M、……等羅馬字母標示，分別可以容納2個、8個、18個、……電子。而電子會從較內側的電子殼層開始依序填入。也就是說，C的6個電子中，有2個會先填入K層，剩下的4個則會填入L層。那麼O和S又是怎麼填入電子的呢？O有8個電子，故會在K層中填入2個，在L層填入6個。S有16個電子，故會在K層中填入2個，L層填入8個，M層填入6個。這2個原子最外層的電子殼層所填入的電子數量相同。再回頭確認週期表，O與S同屬於16族，位於同一縱行。也就是說，**16族的「6」就代表著最外層的電子數**（圖4－2）。

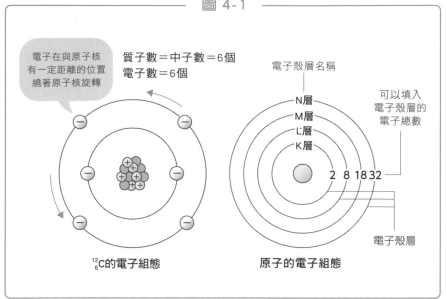

圖 4-1

電子在與原子核有一定距離的位置繞著原子核旋轉

質子數＝中子數＝6個
電子數＝6個

電子殼層名稱

N層
M層
L層
K層

可以填入電子殼層的電子總數

2 8 18 32

電子殼層

$^{12}_{6}$C的電子組態

原子的電子組態

最外層的電子數在第8節以後說明化學鍵時是相當重要的特徵，所以又特別稱為「價電子」。

那麼有19個電子的鉀K又如何呢（圖4-3）？由於最外層的M層可容納18個電子，故最後9個電子應該全都會填入M層，使K成為第19族元素才對。但若我們在週期表找一下K的位置，會發現它位於第1族的Na的正下方。這代表，雖然M層可以容納18個電子，但在第8個電子填入M層之後，第9個電子卻會填入其外側的N層。同樣的，Ca的第20個電子也會填入N層。

圖 4-2 ● $_1$H～$_{18}$Ar 的電子組態

注意不是2也不是8，而是0

	1族	2族	13族	14族	15族	16族	17族	18族
價電子數	1	2	3	4	5	6	7	0

電子組態

(1+) $_1$H							(2+) $_1$He

K層 最外層

(3+) $_3$Li	(4+) $_4$Be	(5+) $_5$B	(6+) $_6$C	(7+) $_7$N	(8+) $_8$O	(9+) $_9$F	(10+) $_{10}$Ne

L層 最外層

(11+) $_{11}$Na	(12+) $_{12}$Mg	(13+) $_{13}$Al	(14+) $_{14}$Si	(15+) $_{15}$P	(16+) $_{16}$S	(17+) $_{17}$Cl	(18+) $_{18}$Ar

M層 最外層

最外層的電子數（＝價電子）相同的元素會排在同一縱列。

圖 4-3 ● $_{19}$K、$_{20}$Ca 的電子組態

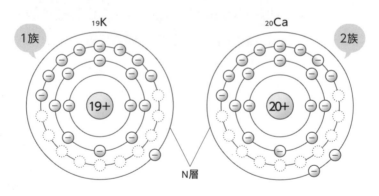

週期表中，K與Na同屬1族，Ca與Mg同屬2族。
這是因為K的第19個電子，以及Ca的第19個與第20個電子
不會填入仍有空間的M層，而是填入較外側的N層。

5

為什麼K和Ca會有電子存在於更外側的N層？

～ 為什麼鑭系元素和錒系元素會擺在週期表之外 ～

　　前一節的最後提到K與Ca之電子組態的特殊狀況。接著就要來看看這種特殊電子組態的成因。由於本節內容不屬於高中教材，所以要是覺得困難的話可以先跳過這個部分，即使跳過也不會影響對後面內容的理解。

　　光用文字不好說明，請直接看圖5－1的下方部分。K層、L層、M層、……等電子殼層之下還可再分成s軌域、p軌域、d軌域、f軌域等亞層，其中s軌域可以填入2個電子，p軌域可以填入2個×3＝6個電子，d軌域可以填入2個×5＝10個電子，f軌域可以填入2個×7＝14個電子。

　　K層中只有可容納2個電子的1s軌域；L層中有可容納2個電子的2s軌域，與可容納6個電子的2p軌域；M層中有可容納2個電子的3s軌域、可容納6個電子的3p軌域，以及可容納10個電子的3d軌域。N層之後皆以此類推。

　　同一個電子殼層內的軌域還有能量高低之分，故其穩定性各有不同。圖中愈下方的軌域愈靠近原子核，也愈穩定，故電子會從最下方的軌域開始填入。圖5－1中，以數字（＝原子序）來表示電子填入軌域的順序。

　　請看M層與N層的部分，可以發現N層的4s軌域位置比M層的3d軌域還低。也就是說在填入3d軌域之前，電子會先填入較穩定的4s軌域。而4s軌域的這2個電子，就是填入K與Ca之N層的電子。4s軌域被填滿之後，接下來的電子會再回到M層，填入3d軌域，待3d軌域填滿之後再開始填入4p軌

域。因此，在4p軌域內有1個電子的Ga，與在2p軌域內有1個電子的B，以及在3p軌域內有1個電子的Al同屬13族元素。

依照這個規則，將圖中的數字與週期表中各元素的原子序做對照。可以發現原子序57的鑭La，第57個電子會填入4f軌域。原子序57～71的元素同屬於鑭系元素。同樣的，原子序89的錒Ac，第89個電子會填入5f軌域。原子序89～103的元素同屬於錒系元素。考慮到亞層的狀況，便可理解為什麼鑭系元素和錒系元素這2個族群會被擺在週期表之外。

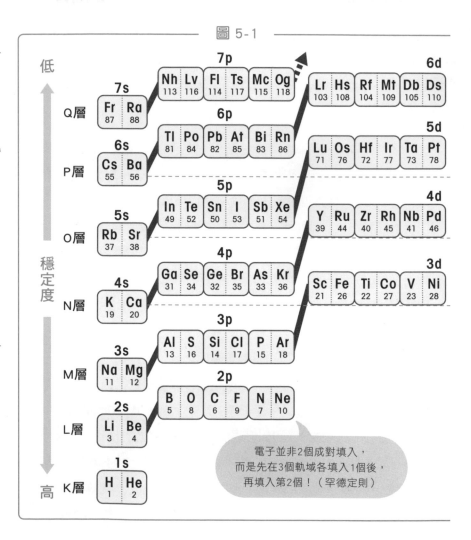

圖 5-1

電子並非2個成對填入，
而是先在3個軌域各填入1個後，
再填入第2個！（罕德定則）

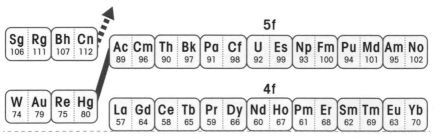

Sg	Rg	Bh	Cn
106	111	107	112

W	Au	Re	Hg
74	79	75	80

5f

Ac	Cm	Th	Bk	Pa	Cf	U	Es	Np	Fm	Pu	Md	Am	No
89	96	90	97	91	98	92	99	93	100	94	101	95	102

4f

La	Gd	Ce	Tb	Pr	Dy	Nd	Ho	Pm	Er	Sm	Tm	Eu	Yb
57	64	58	65	59	66	60	67	61	68	62	69	63	70

4f的位置比6s還高，卻比5d、6p還低

Mo	Ag	Tc	Cd
42	47	43	48

4d的位置比5s還高，卻比5p還低

Cr	Cu	Mn	Zn
24	29	25	30

3d的位置比4s還高，卻比4p還低

這就是週期表的祕密！

最後一個電子在 **s** 軌域內的是1族與2族

最後一個電子在 **p** 軌域內的是13族～18族

最後一個電子在 **d** 軌域內的是3族～12族

最後一個電子在 **f** 軌域內的是鑭系元素和錒系元素

能變成離子和不能 變成離子的原子的差異？

～ 陽離子與陰離子 ～

「離子」這個詞應該很常聽見。離子可以分成陽離子與陰離子，不過，每種元素只能成為特定種類的離子，一起來看看元素成為離子的「規則」吧。

糖水和食鹽水皆為無色透明，若想區別兩者的話該怎麼做呢？當然，只要嚐嚐看味道就知道哪個是哪個了，但就像各位求學時聽到的注意事項一樣，即使實驗藥品是可食用的，也不能將實驗藥品放入口中。

正確答案是，只要確認電流能否流過就行了。兩者的區別在於糖水無法導電，食鹽水（氯化鈉水溶液）卻可以導電。**像氯化鈉這種溶在水中後可使水溶液導電的物質，就叫做電解質。**而砂糖溶於水中後的水溶液無法導電，故砂糖屬於**非電解質。**

電解質溶於水中時，會分離成帶有正電荷的粒子與帶有負電荷的離子，這個過程稱為**解離。**而當帶有電荷的粒子移動時，便會產生電流。帶有正電荷的粒子叫做陽離子，帶有負電荷的離子則叫做陰離子。

舉例來說，氯化鈉NaCl溶於水中時會解離成陽離子Na^+與陰離子Cl^-。Na^+讀做「鈉離子」，在元素符號的右上方可以看到一個小小的＋號。Cl^-讀做「氯離子」，在元素符號的右上方可以看到一個小小的一號。**特別要說的是，在日語中，氯元素的離子不叫做氯離子，而是叫做氯化物離子**（同樣的，氧元素的離子O^{2-}在日語中叫做氧化物離子，硫元素的離子S^{2-}在日語中叫做硫化物離子）。另外，Na^+為1價陽

離子、Al^{3+}為3價陽離子、O^{2-}則是2價陰離子。**我們會依照原子失去或獲得的電子數，稱其為～價電子**，這點請先記住。

那麼，為什麼NaCl不會解離成Na^-和Cl^+呢？這是因為，原子轉變成離子時，會藉由獲得或失去電子，使其最外層的電子數成為8個電子，以達到穩定狀態（只有最外層是K層時，穩定狀態的電子數是2個電子）。

這種相對穩定的狀態稱為**閉合電子層**。每一種元素會依其在週期表上的位置，轉變成特定種類的離子。週期表上同一縱列（族）的元素，其最外層的電子組態相同，故**同族元素會形成同種類的離子**。

最後再來談談離子大小吧。週期表同一族的元素中，愈下方的元

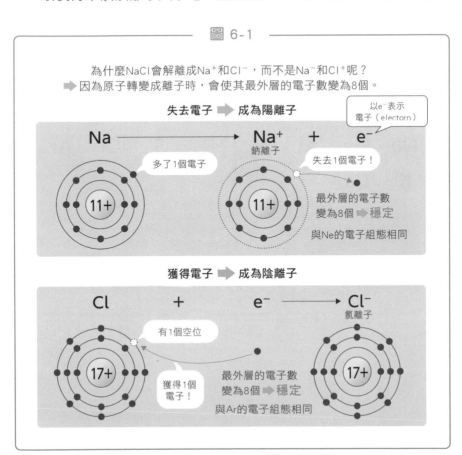

―― 圖 6-1 ――

為什麼NaCl會解離成Na^+和Cl^-，而不是Na^-和Cl^+呢？
➡ 因為原子轉變成離子時，會使其最外層的電子數變為8個。

失去電子 ➡ 成為陽離子

以e^-表示電子（electorn）

Na ―――――→ Na$^+$ + e$^-$
鈉離子

多了1個電子 ‖ 失去1個電子！

11+ ‖ 11+ ‖ 最外層的電子數變為8個 ➡ 穩定

與Ne的電子組態相同

獲得電子 ➡ 成為陰離子

Cl + e$^-$ ―――――→ Cl$^-$
氯離子

有1個空位

17+ ‖ 17+

獲得1個電子！ ‖ 最外層的電子數變為8個 ➡ 穩定

與Ar的電子組態相同

素，其最外層電子的所在位置愈外側，故該元素所形成的離子也愈大。舉例來說，$Li^+ < Na^+ < K^+$。那麼，相同電子組態的離子又是如何呢？以O^{2-}、F^-、Na^+、Mg^{2+}為例，雖然它們的電子組態皆相同，原子序卻不同。原子序愈大，代表原子核內的質子數愈多，愈會將電子拉向原子核。故相同電子組態的離子中，原子序愈大，離子愈小，也就是說，$O^{2-} > F^- > Na^+ > Mg^{2+}$。

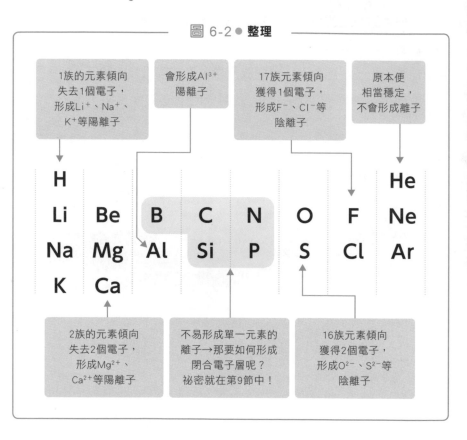

圖 6-2 ● 整理

表現離子化難易程度的2個指標

～ 電離能與電子親和力 ～

我們可以用電離能為指標，比較不同元素形成陽離子的難易度。同樣的，也可以用電子親和力為指標，比較不同元素形成陰離子的難易度。

週期表中，雖說位於愈左邊的元素愈容易形成陽離子，不過即使是同族元素，形成陽離子的難易度也會有所差異。舉例來說，第1族的元素中，愈下方的元素愈容易形成陽離子。而電離能就是用來判斷「某種元素有多容易形成1價陽離子」的指標。**電離能的定義是：從原子中拿走1個電子，使其成為1價陽離子時所需要的能量。**第1族中的每個元素雖然都具有容易形成1價陽離子的共通點，不過週期表中愈下方的元素，最外層電子離原子核的距離愈遠，電子與原子核之間的電磁吸引力（庫倫力）也愈弱，故電離能較小。

另外，還可以用電子親和力做為判斷元素形成陰離子之難易度的指標。**電子親和力的意思是：原子獲得1個電子，成為1價陰離子時所放出的能量。**簡單來說，電離能指的是從原子本身擁有的電子中拿走1個電子時，需要多大的能量；而電子親和力指的則是原子對位於其周圍的電子有多大的吸引力。

表現離子化難易程度的2個指標

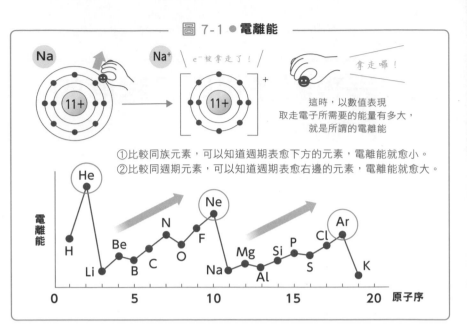

圖 7-1 ● 電離能

Na → Na⁺

e⁻被拿走了！

拿走囉！

這時，以數值表現
取走電子所需要的能量有多大，
就是所謂的電離能

①比較同族元素，可以知道週期表愈下方的元素，電離能就愈小。
②比較同週期元素，可以知道週期表愈右邊的元素，電離能就愈大。

電離能 / 原子序

He、H、Li、Be、B、C、N、O、F、Ne、Na、Mg、Al、Si、P、S、Cl、Ar、K

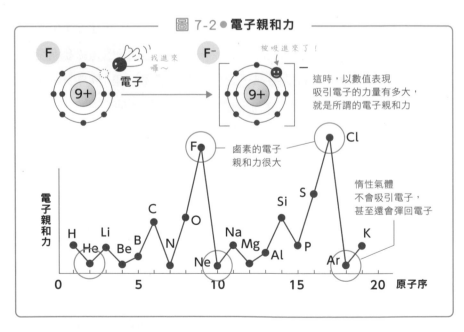

圖 7-2 ● 電子親和力

F → F⁻

找進來囉～

電子

被吸進來了！

這時，以數值表現
吸引電子的力量有多大，
就是所謂的電子親和力

鹵素的電子
親和力很大

惰性氣體
不會吸引電子，
甚至還會彈回電子

電子親和力 / 原子序

H、He、Li、Be、B、C、N、O、F、Ne、Na、Mg、Al、Si、P、S、Cl、Ar、K

第 **2** 章

化學鍵

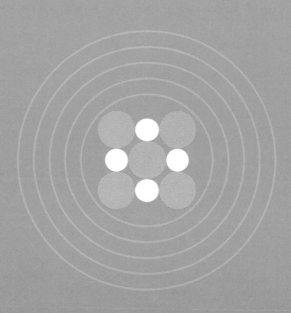

8

陽離子與陰離子的結合方式與命名方式

～ 離子鍵 ～

　　原子轉變成陽離子時所放出的電子會跑到哪裡去呢？在實際的日常生活中，能放出電子的陽離子會與能接受電子的陰離子同時存在。而陽離子與陰離子之間的結合，便稱為離子鍵。

　　氯化鈉的化學式寫作NaCl。這樣寫可以讓人一看就知道氯化鈉是由鈉Na元素和氯Cl元素組合而成的物質。Na形成陽離子Na^+，Cl形成陰離子Cl^-，這代表Na所放出的1個電子會被Cl所接收。這種**陽離子與陰離子藉由電荷正負相吸的力量（稱為庫倫力）彼此吸引的結合方式，就叫做離子鍵（圖8-1）**。

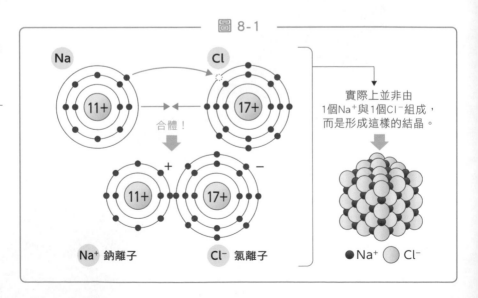

圖 8-1

實際上並非由
1個Na^+與1個Cl^-組成，
而是形成這樣的結晶。

合體！

Na^+ 鈉離子　　　　Cl^- 氯離子

●Na^+　○Cl^-

以離子鍵結合的物質，其化學式的寫法、唸法有一定的規則。化學式**需依照陽離子→陰離子的順序書寫，並以陰離子→陽離子的順序讀出離子化合物的名稱**，以食鹽為例，其化學式寫作NaCl，唸做氯化鈉。要注意的是，Cl$^-$在日語中不讀做氯離子，讀做氯化物離子，不過在氯的離子化合物中，則會拿掉「氯化物」中的「物」，直接讀做氯化～。

陽離子與陰離子結合後，電荷總和應為0。為了讓正負電荷能達到平衡，不同電荷的陽離子與陰離子需以不同比例混合，如表8－1所示。

這種化學式稱為實驗式。離子的種類中，除了前面提到的，由單一原子所組成的單原子離子外，還存在著由多種原子組合而成的多原子離子。多原子離子中最重要的5種離子如表8－1左方所示，請先把它記起來吧。

表 8-1 ● **離子鍵的組成方式與讀法**

多原子離子

有些離子由多個原子組合而成。

NH_4^+
銨離子

OH^-
氫氧根離子

SO_4^{2-}
硫酸根離子

NO_3^-
硝酸根離子

CO_3^{2-}
碳酸根離子

這5種離子很常出現

陽離子＼陰離子	Cl^- 氯離子	OH^- 氫氧根離子	O^{2-} 氧離子	CO_3^{2-} 碳酸根離子
Na^+ 鈉離子	NaCl 氯化鈉	NaOH 氫氧化鈉	Na_2O 氧化鈉	Na_2CO_3 碳酸鈉
Mg^{2+} 鎂離子	$MgCl_2$ 氯化鎂	$Mg(OH)_2$ 氫氧化鎂	MgO 氧化鎂	$MgCO_3$ 碳酸鎂
Al^{3+} 鋁離子	$AlCl_3$ 氯化鋁	$Al(OH)_3$ 氫氧化鋁	Al_2O_3 氧化鋁	$Al_2(CO_3)_3$ 碳酸鋁

9

有沒有不成為離子
也能穩定下來的方法呢？

～ 共價鍵 ～

　　碳原子C的最外層L層中有4個電子。然而，不管是要丟出4個電子成為4價陽離子，還是要接收4個電子成為4價陰離子都不是件容易的事。既然如此，又該怎麼讓C原子成為閉合狀態呢？

　　原子可藉由多種方法形成閉合狀態，其中一種方法就是離子鍵。不過，氫與氮能以H_2及N_2的分子形式存在，這種分子的形成沒辦法以陽離子與陰離子間的離子鍵來解釋。事實上，H_2與N_2等分子是藉由**「共用」電子的方式使其成為閉合狀態。**

　　請參考圖9－1。H_2的2個原子皆提供自己的電子與另一個原子共用，使2個原子都能成為閉合狀態。N_2又如何呢？N原子的最外層有5個電子，還需要3個電子才能使其形成閉合狀態。故N和旁邊的N皆會拿出最外層之5個電子中的3個出來共用，使2個N原子的最外層皆擁有8個電子，成為穩定的閉合狀態。由於2個原子共用電子，故這2個原子不會輕易地被分開（而能夠結合在一起）。這就是共價鍵的基本概念。

　　「電子式」是可以幫助我們清楚理解什麼是共價鍵的方法。所謂的電子式，是在元素符號的周圍，以●或○來表示原子最外層的電子中與共價鍵有關的電子配置。**使用電子式就可以簡潔地表達出原子如何組合成分子，並明確顯示出原子間共用哪些電子對（稱為共用電子對）、沒有共用哪些電子對（稱為孤對電子）。**

　　比電子式更為簡略的稱為結構式。由於在大多數情況下，沒有必要

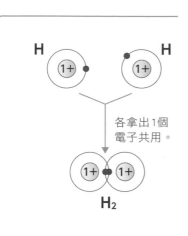

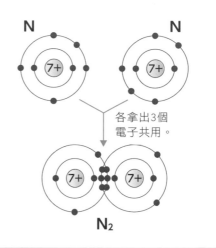

── 圖 9-1 ──

各拿出1個
電子共用。

H_2

各拿出3個
電子共用。

N_2

── 圖 9-2 ● **電子式** ──

只有最外層的電子會形成鍵結。
由於8個電子便能穩定，故最多只要畫出8個電子。

➡ **於是發明了電子式**　•Ċ•　(:Ċ 也可以這樣表示)

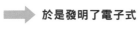

將電子畫在
原子周圍，
只要數目對，
畫在哪裡都可以

元素符號

•N̈•　:Ö　Na•　•C̈l:

孤對電子

以電子式表示

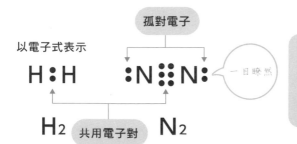

H:H　　:N∷N:　　← 一目瞭然

H_2　共用電子對　N_2

要區分來自不同原
子的電子時，可以
用●以外的符號，
像是○、×、△等

畫出與化學鍵無關的孤對電子，故結構式不會標出孤對電子，且會用1個線段來表示1對共用電子對，稱為鍵標。

表 9-1

分子式	Cl_2	NH_3	CH_4	O_2	H_2O	CO_2
電子式	$\overset{\circ\circ}{\underset{\circ\circ}{Cl}}\!\cdot\!\overset{\bullet\bullet}{\underset{\bullet\bullet}{Cl}}$	$H\!\overset{\bullet\bullet}{\underset{\bullet\bullet}{N}}\!H$ 的 H、H	$H\!\overset{H}{\underset{H}{\overset{\bullet\bullet}{C}}}\!H$	$\overset{\bullet\bullet}{\underset{\bullet\bullet}{O}}\!\!:\!\!\overset{\circ\circ}{\underset{\circ\circ}{O}}$	$H\!\overset{\circ\circ}{\underset{\bullet\bullet}{O}}\!H$	$\overset{\circ\circ}{\underset{\bullet\bullet}{O}}\!\!:\!\!C\!\!:\!\!\overset{\circ\circ}{\underset{\bullet\bullet}{O}}$
結構式	Cl—Cl	H—N—H	H—C—H	O＝O	H—O—H	O＝C＝O

共價鍵？離子鍵？看出化學鍵種類的訣竅

～ 電負度與分子的極性 ～

　　NaCl是由離子鍵結合在一起的離子結晶，Cl₂是由共價鍵結合在一起的分子。那麼HCl中，H和Cl之間的鍵結是離子鍵還是共價鍵呢？試著思考看看要怎麼分辨這2種化學鍵吧。

　　這也是大學入學考試中常看到的問題。HCl是氣體，不是離子結晶（因為結晶一定是固體），所以是分子。既然是分子，就表示H和Cl以共價鍵結合。讓我們試著用電子式來表示這樣的鍵結吧。若以●代表氫H的價電子、以○代表鈉Na的價電子、以▲代表氯Cl的價電了，那麼NaCl、Cl₂、HCl的結合方式可以表示成圖10－1。

　　Cl₂與HCl都是靠共用電子對鍵結在一起，不過Cl₂的共用電子對位於2個原子的中央，**HCl的共用電子對卻會大幅偏向Cl一側。**這是因為H原子在丟出1個電子形成H⁺後會變得更穩定，而接收1個電子後會形成閉合狀態，也能變得更穩定；但Cl原子的最外層剛好只缺1個電子就能形成閉合狀態，故Cl原子對共用電子對的吸引力會比H還要強。若將吸引共用電子對的力量以數字表示，就是所謂的電負度（圖10－2）。

　　週期表中愈靠右、愈靠上的元素，電負度愈大。不過，不會形成共
價鍵的18族惰性氣體無法定義電負度，故電負度最大的是氟F，為4.0。
同族元素中，愈上面的元素電負度愈大。這是因為在週期表中，愈上面的元素，其最外層電子離原子核愈近，原子核的正電荷對電子的吸引力也愈強。

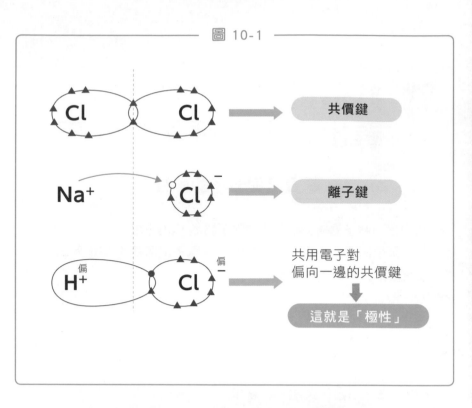

圖 10-1

Cl — Cl → 共價鍵

Na⁺ → Cl⁻ → 離子鍵

H⁺ Cl⁻ → 共用電子對偏向一邊的共價鍵 → 這就是「極性」

　　不同原子形成共價鍵時，共用電子對會偏向電負度較大的原子，這個原子便會略帶負電，電子被拉走的原子則會略帶正電。我們會用在元素符號上以 δ－、δ＋來表示它們的帶電狀況（δ唸做「delta」，表示「些微」的意思）。這時我們會說**共價鍵有極性。當共價鍵的極性大到一個程度的話，便會成為離子鍵。**

圖 10-2 ● 電負度與分子的極性

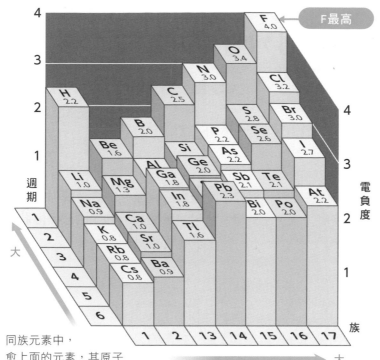

同族元素中，
愈上面的元素，其原子
核與共用電子對離得愈
近，吸引力愈強。

同週期的元素中，愈靠右的元素，愈容易形成
陰離子，故對共用電子對的吸引力愈強。

11

判別分子的極性不能只看鍵結，要看整體形狀！

～ 分子的形狀與極性 ～

二氧化碳CO_2的C＝O鍵結有極性，但分子整體卻沒有極性。甲烷CH_4的C—H鍵結有極性，但分子整體卻沒有極性。要是讓你覺得「到底為什麼會這樣啊（淚）」的話，可以試著想想看分子的三維形狀，應該就能明白了。

比較C原子與O原子的電負度，可以知道O原子的電負度比較大，故二氧化碳CO_2中，C＝O鍵結應存在極性，共用電子對應會偏向O原子一側。若以拔河來比喻，就是O原子拉繩子的力道比較強。不過，若我們看CO_2整個分子，會發現分子形狀是以C原子為中心，分別被兩側的O原子拉著（圖11-1）。

也就是說，CO_2分子整體的極性是0，是無極性分子。甲烷CH_4也一樣，比較C原子與H原子的電負度，會發現C原子的電負度會比較大，故CH_4的C—H鍵有其極性。但若我們看CH_4整個分子，會發現分子以C原子為中心，就像是正四面體的中心一樣，拉住4個頂點上的H原子，呈現出對稱的形狀，故為無極性分子。

水H_2O又如何呢？雖然O—H鍵結有極性，但看整體形狀似乎也會像CO_2一樣，為無極性分子才對。不過，H_2O卻是極性分子。事實上，H_2O並不像CO_2那樣呈直線狀，而是呈折線狀。O原子分別和2個H原子各有1對共用電子對，除此之外還有2對孤對電子。這4對電子會互相排斥，故在這2對孤對電子的影響下，會使H_2O的形狀呈現折線形。同樣的，

圖 11-1 ● 分子的形狀與極性

CO₂　　　　　電負度　　　　　**CH₄**

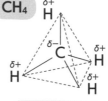

$\overset{\delta-}{O}=\overset{\delta+}{C}=\overset{\delta-}{O}$　　H<C<N<O

小 ◀━━━━ 大

直線形

只看C＝O部分的話，可以知道共用電子對會偏向O的一側。

▼

由於兩側的O從相反方向吸引電子，呈180°角，故分子整體為無極性分子。

正四面體形

只看C—H部分的話，可以知道共用電子對會偏向C的一側。

▼

由於C從正四面體的4個頂點將電子拉向中心，故分子整體為無極性分子。

折線形

乍看之下和CO₂一樣為無極性分子，但考慮到還有2對孤對電子，故整個分子形狀應為以O為中心的正四面體。

也就是説，H₂O為折線形。

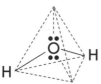

三角錐形

乍看之下和CH₄一樣為無極性分子，但考慮到還有1對孤對電子，故整個分子形狀應為以N為中心的正四面體。

也就是説，NH₃為三角錐形。

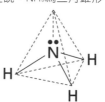

氨也因此而呈現三角錐形。在判斷分子的極性時，**需從三維空間的角度來思考分子的形狀**。

12

金屬導電的原因也可以用「鍵結」來說明！

～ 金屬鍵 ～

金屬有①金屬光澤、②良好的導電體與導熱體、③敲打後可擴展（展性）、伸長（延性）等3種性質。金屬鍵的機制可以幫助我們理解金屬的這些性質。

Fe、Mg、Na等易形成陽離子的金屬元素，以及Cl、F、O等易形成陰離子的非金屬元素兩者會形成離子鍵。由非金屬元素所構成的H_2、Cl_2、CH_4等分子內，原子間則會形成共價鍵。那麼，由Fe、Mg、Na等單一元素所形成的金屬物質，原子之間又是以什麼方式結合的呢？事實上，金屬原子之間會以名為「金屬鍵」的第3種結合方式連接在一起。以金屬鍵連接彼此的金屬原子會共用最外層的所有電子。

金屬原子最外層的電子可以在所有金屬原子之間內自由活動，故也稱為自由電子。自由電子運動時可以攜帶電能與熱能，故金屬是良好的導電體與導熱體。自由電子也是金屬帶有特殊光澤的原因。自由電子如其名所示，可以自由移動，且移動時可以攜帶各種能量。當金屬被有多種波長的光照射到時，自由電子會反射這些有多種波長的光，使金屬表面看起來閃閃發光。

另外金屬還有一個很重要的特性，那就是可以拉成像鐵絲般細長的樣子（延性），也可以打得像金箔或鋁箔般又廣又薄（展性）。金屬之所以被敲打後也不會裂開，就是因為金屬原子間有許多自由電子來來去去。就算原子間的相對位置會因為敲打而偏離原位，自由電子也會立刻

跟著移動過去，包覆住移位的原子核。這是共價鍵與離子鍵等電子固定不動的鍵結所沒有的特徵。

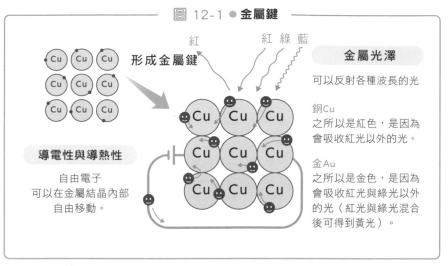

圖 12-1 ● **金屬鍵**

形成金屬鍵

紅　　　　紅綠藍

金屬光澤

可以反射各種波長的光

銅Cu
之所以是紅色，是因為會吸收紅光以外的光。

金Au
之所以是金色，是因為會吸收紅光與綠光以外的光（紅光與綠光混合後可得到黃光）。

導電性與導熱性

自由電子
可以在金屬結晶內部
自由移動。

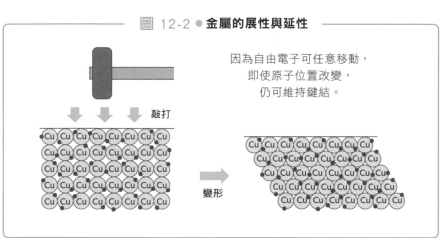

圖 12-2 ● **金屬的展性與延性**

敲打

因為自由電子可任意移動，
即使原子位置改變，
仍可維持鍵結。

變形

13

懂這個的話就是化學通！

～ 配位鍵、氫鍵 ～

配位鍵是共價鍵的特殊形態，氫鍵則是在只有1個電子的氫原子上才看得到的特殊鍵結。

銨離子NH_4^+是一種多原子離子，由氨NH_3與氫離子H^+結合而成，不過兩者間的鍵結卻是由氨的氮原子單方面地貢獻出1對孤對電子，與氫離子共用。這種**由1個原子單方面地提供孤對電子給其他原子形成鍵結，使2個原子共用這個電子對，就稱為配位鍵**。配位鍵的形成方式與一般的共價鍵不太一樣，但形成鍵結之後，就和共價鍵完全相同了。因此，在形成銨離子之後，我們便無法分辨4個N─H中哪個是配位鍵。故會以〔 〕括起來表示。

圖 13-1 ● 配位鍵

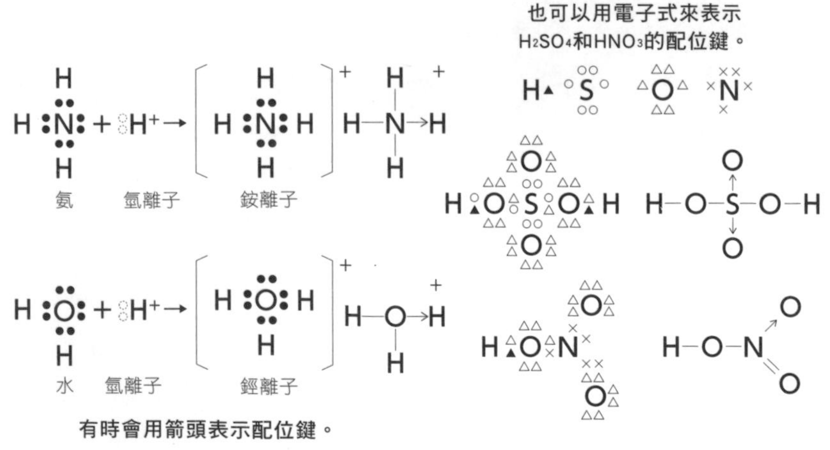

也可以用電子式來表示H_2SO_4和HNO_3的配位鍵。

有時會用箭頭表示配位鍵。

當氫原子與電負度較大的原子（一般是指氟F、氧O、氮N等3種原子，常會念成「FON」方便記憶）形成共價鍵時，便會產生名為氫鍵的特殊鍵結。這時的共用電子對會被拉向電負度較大的原子，故H原子會變成接近H⁺的狀態。氫原子與其他原子的不同之處，就在於當氫失去1個電子時，便只剩下1個原子核，相當輕盈。H_2O的H原子會被周圍其他H_2O之氧原子的孤對電子吸引，形成氫鍵，這也是為什麼H_2O的沸點相對較高。當分子之間有很強的吸引力時，就不容易分散，也就是很難成為氣體狀態，使得沸點升高。所以說當H與F、O、N結合，形成HF、H_2O、NH_3時，沸點也會特別高。

── 圖 13-2 ● 氫鍵 ──

氫鍵 原因就出在輕盈又輕浮的氫！

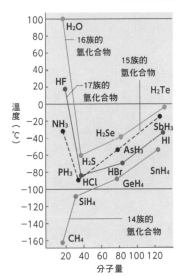

和其他物質相比H_2O、HF、NH_3等3個物質的沸點特別高。

14族元素的氫化合物為無極性分子，故沸點比15、16、17族元素的氫化合物還要低，且隨著分子量的增加，沸點也會逐漸增加。

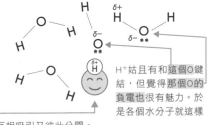

H⁺姑且有和這個O鍵結，但覺得那個O的負電也很有魅力。於是各個水分子就這樣互相吸引又彼此分開。

氫原子在這個狀態下只剩原子核，相當輕盈，所以很容易被吸引。

14

鍵結的整理，
確認各種鍵結的差異

～ 依照鍵結方式為物質分類 ～

至今我們已經介紹了許多種類的鍵結。世界上的結晶可以依照其構成原子的鍵結種類分成4種。

週期表中的元素除了可以分成金屬元素與非金屬元素之外，還可以依照它們所形成的分子結晶進行分類。

首先，非金屬元素的原子間會形成**分子結晶**。呈固態的分子稱為分子結晶，固態的CO_2——乾冰就是代表性的例子。在無極性分子的分子結晶內，分子間的吸引力（稱為**分子間作用力**）相當弱，故需要相當低的溫度才能抑制分子的熱運動，使其保持液態或固態。另一方面，極性分子的電荷分布很不平均，接近離子鍵，故其熔點與沸點都相當高。

非金屬元素的原子之間還可能會以共價鍵連接在一起，形成**共價鍵結晶**。舉例來說，石英的化學式為SiO_2，乍看之下和CO_2很像，不過石英的結構卻與固態CO_2的集合體——乾冰有很大的不同，整個石英結晶是由Si—O共價鍵的網狀結構所形成的固體。這種共價鍵結晶物質的熔點、沸點皆非常高，晶體相當硬，也無法導電（石墨是例外）。除了石英之外，鑽石也是共價鍵結晶。

此外，以離子鍵結合的金屬元素與非金屬元素會形成**離子結晶**。陽離子與陰離子的結合力道很強，若想拆開離子間的鍵結，使其轉變成液體，要很高的溫度才辦得到。另外，離子結晶有個特色，那就是結晶很硬卻很脆，在某些特定方向上容易裂開。固態的離子結晶無法導電，

但高溫下熔化成液體，或者溶解在水中形成水溶液時，離子便可自由運動，使其能夠導電。

最後要介紹的是由金屬元素所組成的金屬結晶。不同金屬的熔點、沸點、結晶硬度各有差異，熔點最低的是常溫下為液體的汞，熔點最高的則是鎢（3422℃）。有良好導電性、導熱性、延性、展性、有金屬光澤等，皆為金屬結晶的特徵。

表 14-1 ● 以鍵結方式分類物質

結晶種類		分子結晶	共價鍵結晶	離子結晶	金屬結晶
鍵結種類		分子內：共價鍵 分子間：分子間作用力	共價鍵	離子鍵	金屬鍵
組成元素		非金屬－非金屬	非金屬	金屬－非金屬	金屬－金屬
性質	熔點	多為易昇華的物質	非常高	因庫倫力而有很高的熔點	大多熔點很高，但也有像Hg般熔點較低的物質
	機械性質	又軟又脆	非常硬	硬且脆，敲打後就會從特定方向裂開	有很好的延性、展性
	導電性	無	無 （石墨為例外）	無 （液態與水溶液中，陽離子與陰離子可自由活動，故有導電性）	有
	水中溶解度	難溶	不溶	多為易溶	不溶
物質範例		乾冰 CO_2 蔗糖 $C_{12}H_{22}O_{11}$	鑽石 C 二氧化矽 SiO_2	氯化鈉 NaCl 硫酸鉀 K_2SO_4	鐵 Fe 銅 Cu

CO_2

O=C=O O=C=O
O=C=O O−C=O
O=C=O O=C=O

SiO_2

−O−Si−O−Si−O−
　　 O　　 O
−O−Si−O−Si−O−
　　 O　　 O

即使化學式的形式相似，鍵結方式卻有很大的不同

15

從微觀的角度觀看
固體的結構……

～ 金屬結晶與離子結晶的結構 ～

我們可以把金屬結晶與離子結晶想成是由球狀的原子或離子堆疊而成的結晶。讓我們來看看各種晶體的堆疊方式吧。

　　金屬結晶中的球狀原子是如何堆疊起來的呢？在各種堆疊方式中，堆得最緊密的結構是**面心立方晶格**與**六方最密堆積**（圖15－1）。這2種結構中，1個原子會與周圍的12個原子接觸（稱為配位數），填充率——也就是原子占晶格的體積比例為74％。除了這2種結構之外，還有一種叫做**體心立方晶格**的結構，這種結構中的1個原子會與周圍的8個原子接觸，填充率為較低的68％。不同金屬會形成不同的晶體結構，即使是同一種金屬也可能因環境差異而有不同晶體結構。譬如說鐵在溫度超過911℃時，便會從體心立方晶格轉變成面心立方晶格。考試常會出現單位晶格（晶體的最小單位）中有幾個原子，或者是由單位晶格的邊長求出原子半徑等問題。以下讓我們以密度為2.7g/cm^{3}的鋁Al為例，算算看鋁的原子半徑吧。

　　Al的原子量為27，1個Al原子的質量為其原子量除以亞佛加厥常數（註：第16節將會詳細説明什麼是亞佛加厥常數），即27/（6.0×10^{23}）＝4.5×10^{-23}〔g〕。而晶體的密度為單位晶格的質量／單位晶格的體積。設Al的原子半徑為r，那麼單位晶格的邊長就是$2\sqrt{2}r$〔cm〕，故晶格密度就是（$4.5 \times 10^{-23} \times 4$）/（$2\sqrt{2}r$）^{3}＝2.7。解這條方程式，可以得到r＝$1.43 \times 10^{-8}$〔cm〕。也就是說，**若知道結晶結構，那麼只要再測量它**

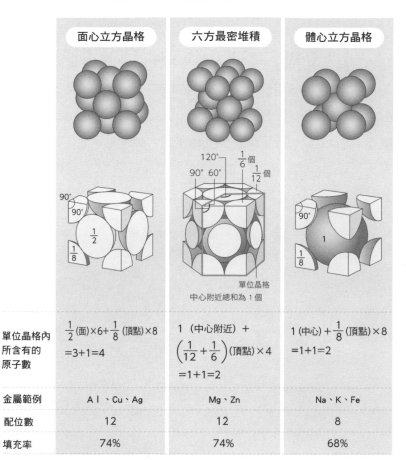

圖 15-1 ● 金屬結晶的結構

	面心立方晶格	六方最密堆積	體心立方晶格
單位晶格內所含有的原子數	$\dfrac{1}{2}$(面)$\times 6+\dfrac{1}{8}$(頂點)$\times 8$ $=3+1=4$	1(中心附近)$+$ $\left(\dfrac{1}{12}+\dfrac{1}{6}\right)$(頂點)$\times 4$ $=1+1=2$	1(中心)$+\dfrac{1}{8}$(頂點)$\times 8$ $=1+1=2$
金屬範例	Al、Cu、Ag	Mg、Zn	Na、K、Fe
配位數	12	12	8
填充率	74%	74%	68%

原子半徑r與單位晶格邊長a的關係

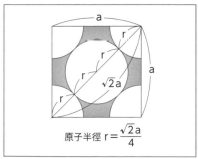

原子半徑 $r=\dfrac{\sqrt{2}a}{4}$

面心立方晶格

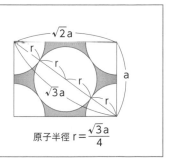

原子半徑 $r=\dfrac{\sqrt{3}a}{4}$

體心立方晶格

的密度，就可以計算出原子半徑。

那麼，離子結晶的情況又該怎麼計算呢？陽離子：陰離子＝1：1的離子結晶主要可分為**氯化銫CsCl型**與**氯化鈉NaCl型**2種，如圖15－2所示。NaCl型結晶中，若以其中一種離子為準，可以發現其結構與面心立方晶格相同，在任2個相鄰的Cl^-之間都夾著1個Na^+。在離子結晶中，如果1個離子被愈多電荷相異的離子包圍，結晶就愈穩定。CsCl型結晶中，每個離子有8個配位，若陽離子與陰離子的大小差得過大，CsCl型的結晶會顯得很不穩定（試想當CsCl型結構的單位晶格中，Cs^+變得很小的話會發生甚麼事。這時各Cl^-會碰在一起），故只會形成NaCl型結晶。

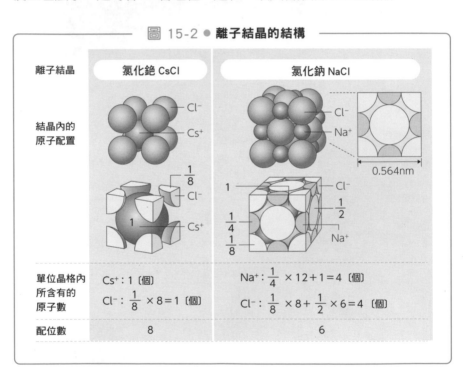

圖 15-2 ● 離子結晶的結構

離子結晶	氯化銫 CsCl	氯化鈉 NaCl
結晶內的原子配置	Cl^-　Cs^+	Cl^-　Na^+　0.564nm
單位晶格內所含有的原子數	Cs^+：1〔個〕　Cl^-：$\frac{1}{8} \times 8 = 1$〔個〕	Na^+：$\frac{1}{4} \times 12 + 1 = 4$〔個〕　Cl^-：$\frac{1}{8} \times 8 + \frac{1}{2} \times 6 = 4$〔個〕
配位數	8	6

第 **3** 章

物質量與化學反應式

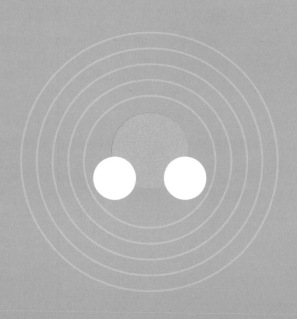

16

了解莫耳就能了解化學

～ 原子量與亞佛加厥常數 ～

1個原子的尺寸相當小，因為小到連肉眼都看不到，所以也不可能測量出每1個原子的質量。那麼我們該用什麼方法才能夠得知原子的質量呢？

【原子量】

原子的質量非常小，要測量單一原子的質量可以説是不可能的任務。比方説，質量數12的碳原子，其質量為1.9926×10^{-23}〔g〕，實在輕得難以想像！故我們會設1個^{12}C原子的質量為12，再以此為標準，表示出其他原子的相對質量，又稱為相對原子質量。由相對原子質量規則，可以知道^{1}H原子的質量為1，^{16}O為16。由於是相對的數值，故沒有單位。實務上我們會用「原子量」來表示原子的質量，週期表中的每個元素符號旁邊都會標註它的原子量是多少。請看一下週期表，除了H與O以外，幾乎所有元素的原子量都不是整數。舉例來説，C碳原子的原子量就是12.01。為什麼不是整數呢？

我們在第3節中曾經提過同位素，而幾乎所有元素都存在同位素。自然界中的碳C有98.9%為^{12}C，另外還存在1.1%的同位素^{13}C。因此平均之後可以得到碳的原子量為$12 \times 0.989 + 13 \times 0.011 = 12.011$。這就是為什麼原子量不是整數（圖16－1）。

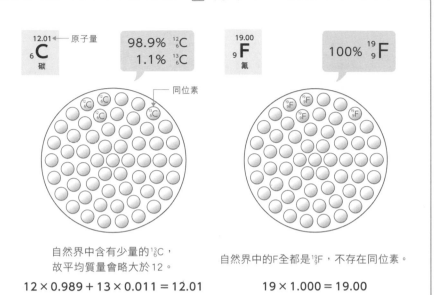

圖 16-1

| 12.01 ← 原子量
₆C
碳 | 98.9% ¹²₆C
1.1% ¹³₆C | 19.00
₉F
氟 | 100% ¹⁹₉F |

同位素

自然界中含有少量的 ¹³₆C，
故平均質量會略大於 12。

$12 \times 0.989 + 13 \times 0.011 = 12.01$

自然界中的F全都是 ¹⁹₉F，不存在同位素。

$19 \times 1.000 = 19.00$

【亞佛加厥常數 6.02×10^{23}】

　　原子非常小，故計算原子質量時，將一群固定數量的原子包裹起來一起計算會比較方便。既然如此，不如就將 ^{12}C 的相對原子質量12加上質量的單位g，看看多少個 ^{12}C 原子會是12g，就知道要將幾個原子算成一個包裹。那麼，多少個碳 ^{12}C 的質量總和會是12g呢？答案是12〔g〕÷（1.9926×10^{-23}）〔g/個〕＝6.02×10^{23}〔個〕。這裡的 6.02×10^{23} 就是亞佛加厥常數。也就是説，**若蒐集 6.02×10^{23}〔個〕相同的原子，這些原子的總質量就是該原子的原子量後面再加上g。**

　　每 6.02×10^{23}〔個〕原子可以組成一個包裹，包裹的數量稱為物質量，單位為mol（莫耳），故一個包裹表示為1mol。 12個同樣的物品稱為1打，而在化學的世界中，個數為亞佛加厥常數（6.02×10^{23}）的物質就稱為1mol。

第
3
章

物質量與化學反應式

17

如何分辨並正確使用原子量、式量、分子量？

～ 莫耳的使用說明書 ～

　　各位了解「莫耳」的概念了嗎？我想大部分的人應該都是「嗯，好像有點懂了」的感覺吧。不過，莫耳的概念在化學領域中非常重要，讓我們再好好把它說明清楚吧。

　　前一節中我們提到，個數為亞佛加厥常數的物質就稱為1mol，而若聚集1mol的原子，則其質量〔g〕與該原子的原子量相同。同樣的，**1mol的CO_2、O_2等分子的質量，就是它們的分子量再加上g，而分子量又可以從原子量的和求出。**舉例來說，CO_2的分子量為44（＝C的原子量12＋O的原子量16×2）。這表示1mol的CO_2質量就是44g。**計算分子質量時會用到分子量，至於以離子鍵結合的離子結晶、離子本身，以及金屬等不以分子存在的物質，則會使用式量來計算其質量。**雖然式量與分子量的名稱不同，但都可以用原子量的和來表示1mol物質的質量。比方說，碳酸根離子CO_3^{2-}的式量為C的原子量12＋O的原子量16×3＝60，2個電子的部分則可無視，因為電子的質量遠比整個原子還要小。另外，**金屬元素的原子量本身即為式量，譬如說銅Cu的式量就是原子量的63.5。**

　　那麼莫耳和體積有沒有關係呢？1mol的液態或固態物質，其體積會隨著物質種類不同而各有差異；不過，不管氣體種類為何，1mol的氣體體積都是22.4L。由於氣體粒子會在空間中四處飛舞，故可以無視粒子間的鍵結或作用力，而且在廣大的空間下，粒子小到可以忽略本身

的體積。因此，無論氣體的種類為何，1mol的氣體體積皆為22.4L。不過要注意的是，氣體的體積會隨著溫度與壓力的變化而改變，**只有在0°C，1大氣壓的標準狀態下，1mol的氣體體積才是22.4L。**

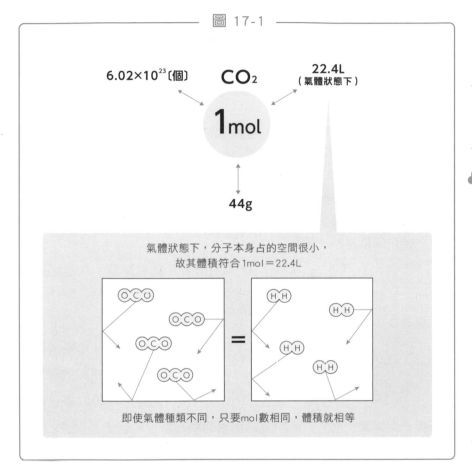

圖 17-1

18

使用化學式
來表示化學反應

～ 化學反應式的寫法 ～

「氫氣燃燒後會變成水」，若將這句話寫成各國文字，會得到各種不同的句子。但若用化學式表示成$2H_2 + O_2 \rightarrow 2H_2O$的話，就是世界通用的化學反應式了。

讓我們試著用化學反應式來寫出「氫氣燃燒時，會與氧氣反應產生水」這個化學反應吧（圖18－1）。

所謂的化學反應式，就是以化學式來表示化學反應。在上述這個反應中，反應前的物質是氫氣與氧氣，反應後的物質則是水，將兩者皆用化學式表示，並用→連接起來。接著比較左邊與右邊的原子數。左邊有H原子與O原子各2個，右邊則有2個H原子與1個O原子。兩邊的原子數量不合，故需將兩邊調整成相同才行，卻不能動到化學式內的數字。比方說，如果把O_2改成O，或者把H_2O改成H_2O_2的話，兩邊的原子數就會一樣，但這麼一來，氧氣和水的化學式就不對了。因此，我們會藉由「係數」來平衡兩邊的原子數，那就是在這個化學反應式的H_2O前加上係數2。**這裡的係數2表示有2個H_2O，即右邊有4個H原子與2個O原子。**而左邊的H_2也加上係數2，這樣兩邊的原子數便達成平衡。

常有人問我，會把所有化學反應式的生成物都記下來嗎？其實不需要這麼做。所謂的「燃燒」，其實就是指「和氧氣反應」。反應物與氧氣反應後，反應物中的H原子就會變成H_2O、C原子就會變成CO_2、金屬原子就會變成金屬氧化物。了解這個原則之後，就知道甲烷CH_4與乙醇

C_2H_5OH在燃燒後只會產生CO_2和H_2O，故只需要平衡係數，就可以完成化學反應式了。

化學反應式還有另一種類型，那就是2個反應物分別拆開成陽離子與陰離子，然後交換對象重新組合起來。譬如說鹽酸與氫氧化鈉水溶液的中和反應即屬於這類。

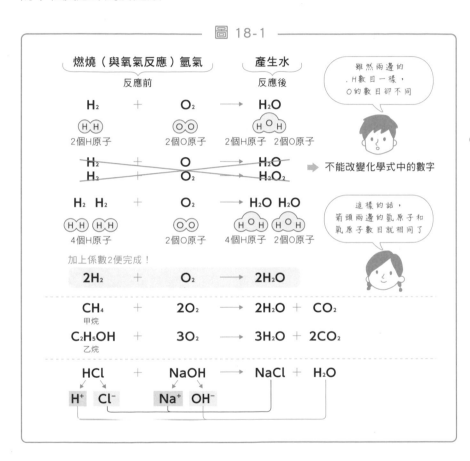

圖 18-1

19

學習化學反應式可以做什麼？

～ 化學反應的量 ～

　　使用化學反應式會有哪些好處呢？實際上使用化學反應式就可以知道幾g的反應物反應之後，會得到幾g的生成物。這稱為化學反應的質量關係。

　　讓我們再看一下氫氣燃燒的化學反應式。這個反應式表示2分子的H_2會與1分子的O_2反應，產生2分子的H_2O。從物質量的觀點來看，則是2mol的H_2會與1mol的O_2反應，產生2mol的H_2O。用物質量來表示的時候，感覺好像突然變得很難的樣子，不過1mol的分子其實就是由$6.02×10^{23}$〔個〕分子所形成的集團，所以這和從分子個數的角度來思考化學反應時並沒有什麼差別。

　　那麼從質量的觀點來看的話又是如何呢？H的原子量為1，O的原子量為16，我們可依此來計算反應物的質量比。H_2的分子量為2，係數為2，合計為4；O_2的分子量為32；H_2O的分子量為18，係數為2，合計為36。因此這個化學反應的質量比為4：32：36＝1：8：9。舉例來說，若要完全燃燒2mol（4g）的氫氣，便需要1mol（32g）的氧氣才行。

　　從體積的觀點來看的話會是如何呢？假設反應得到的H_2O全都是水蒸氣，<u>由於標準狀態下，1mol氣體的體積皆為22.4L，故體積量的比例會與物質量的比例相同</u>。也就是說，這個反應中的反應物H_2、O_2與生成物H_2O（水蒸氣）的體積比，就是係數比2：1：2。舉例來說，若要完全燃燒2mol（44.8L）的氫氣，便需要1mol（22.4L）的氧氣。

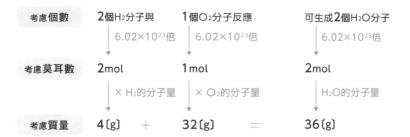

2H₂ + O₂ ⟶ 2H₂O

考慮個數	2個H₂分子與	1個O₂分子反應	可生成2個H₂O分子
	↓6.02×10²³倍	↓6.02×10²³倍	↓6.02×10²³倍
考慮莫耳數	2mol	1mol	2mol
	↓×H₂的分子量	↓×O₂的分子量	↓H₂O的分子量
考慮質量	4〔g〕 +	32〔g〕 =	36〔g〕

化學反應前後的物質質量相同，
即「**質量守恆定律**」成立

	2mol	1mol	2mol
	⬇	⬇	⬇
考慮標準狀態下的體積	44.8L	22.4L	44.8L

> 1g水的體積為1mL，
> 故44.8L的水蒸氣
> 凝結成水時應為36mL

20

再講些和莫耳有關的東西

～ 質量百分濃度與莫耳濃度 ～

各位念小學的時候，是否曾為食鹽水的濃度計算所苦呢？當時可能會出現像「4％食鹽水100g與7％食鹽水200g混合後，得到的食鹽水為幾％？」之類的問題。不過，化學領域中，比較常用的其實是莫耳濃度。

上面的問題該怎麼解呢？2種水溶液混合後會是300g。其中，100g的4％食鹽水含有100×0.04＝4〔g〕的食鹽，200g的7％食鹽水含有200×0.07＝14〔g〕的食鹽。故混合後的濃度為（水溶液中的食鹽質量）／（水溶液的質量）×100，即（4＋14）/300×100＝6％（圖

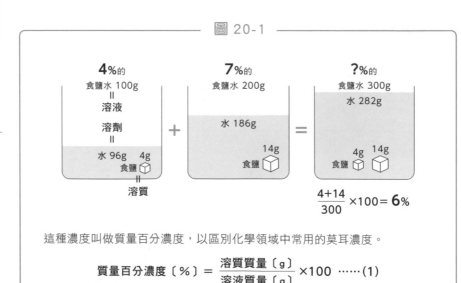

圖 20-1

這種濃度叫做質量百分濃度，以區別化學領域中常用的莫耳濃度。

$$質量百分濃度〔\%〕 = \frac{溶質質量〔g〕}{溶液質量〔g〕} \times 100 \quad \cdots\cdots(1)$$

20-1）。

　　用這種方式計算出來的濃度稱為質量百分濃度。食鹽水中的食鹽是溶質，水是溶劑，食鹽水則是溶液。計算質量百分濃度的算式可寫成（1）式。**我們日常生活中經常用到質量百分濃度，不過化學領域中比較常用到的是圖20－2中（2）式的莫耳濃度。**這是因為化學領域中常會以mol計算物質量。由於質量百分濃度是以質量計算物質量，故在探討化學反應式中的物質量關係時還得再轉換成mol才行，實在是有些麻煩。以第18節最後的鹽酸與氫氧化鈉的中和反應為例：「若要中和100g的3％鹽酸，需要多少質量的3％氫氧化鈉水溶液呢？」若題目

圖 20-2

化學領域中主要用的是莫耳濃度。

$$莫耳濃度〔mol/L〕 = \frac{溶質的物質量〔mol〕}{溶液體積〔L〕} \quad \cdots\cdots(2)$$

為什麼呢？

$$HCl \quad + \quad NaOH \longrightarrow NaCl + H_2O$$

以質量百分濃度來思考反應式……

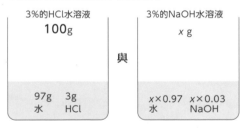

3％的HCl水溶液
100g

97g　3g
水　　HCl

與

3％的NaOH水溶液
x g

$x×0.97$　$x×0.03$
水　　　　NaOH

由於HCl與NaOH會以1：1的莫耳數比進行反應，故需將質量轉換成莫耳數才行。

$$\frac{3}{(1+35.5)} = \frac{x×0.03}{(23+16+1)}$$

H的　Cl的　　Na的　O的　H的
原子量　原子量　　原子量　原子量　原子量

$$x = 109.6$$

麻煩得要命！

以莫耳濃度來思考的話……

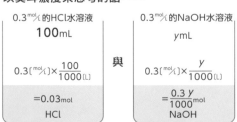

0.3$\frac{mol}{L}$的HCl水溶液
100mL

$0.3〔\frac{mol}{L}〕×\frac{100}{1000〔L〕}$

$=0.03$mol
HCl

與

0.3$\frac{mol}{L}$的NaOH水溶液
ymL

$0.3〔\frac{mol}{L}〕×\frac{y}{1000〔L〕}$

$=\frac{0.3y}{1000}$mol
NaOH

$$0.03 = \frac{0.3y}{1000}，故 y=100$$

馬上就能算出來！

這樣問的話，我們很難馬上給出答案（答案不是100g喔）。計算這題時，需先算出100g的鹽酸中含有3g的HCl，接著計算3g的HCl有多少物質量，然後計算要有多少質量的3%NaOH水溶液，才含有相同物質量的NaOH⋯⋯是不是很麻煩呢？那該怎麼辦呢？只要改用莫耳濃度〔mol/L〕表示就行了。莫耳濃度即代表1L溶液內的溶質物質量。如果題目改成：「若要中和100mL的0.3mol/L鹽酸，需要多少體積的0.3mol/L NaOH水溶液呢？」的話，我們便能馬上回答出答案是「100mL」，方便多了。

第 **4** 章

物質的狀態變化

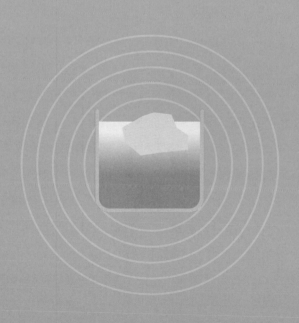

壓力是什麼？在化學領域中最難以理解的單位

～ 複習國中時學到的壓力 ～

請試著想像有一個體重60kg的人踩在你的肚子上。嗯……光是想像就覺得很痛苦對吧。不過這時候肚子承受的壓力其實只有1大氣壓的1/8而已。

從本節開始的理論化學內容中，常會出現「氣壓」這個字，表示氣體產生的壓力。氣壓這個字常出現在天氣預報中，譬如說「中心氣壓為960hPa（百帕）的強烈颱風正在靠近」之類的報導。先讓我們來看看氣壓的單位「hPa」是什麼樣的單位吧。

請試著想像有一個體重60kg的人踩在你的肚子上。嗯……光是想像就覺得很痛苦對吧。此時肚子承受的壓力大概是多少呢（圖21－1）？

60kg的人受地球的吸引力約為600N（N讀做牛頓，是力的單位）。這600N的力分布在雙腳的腳掌上，雙腳腳掌的面積約為0.25〔m〕×0.20〔m〕＝0.05〔m^2〕。Pa（帕斯卡，或簡稱帕）代表單位面積1m^2所承受的力，故肚子承受的壓力就是600÷0.05＝12000〔N/m^2〕。讓我們將這個數字與大氣壓力比較看看吧。**地球上海拔0m處的平均大氣壓力為1013hPa，也稱為1大氣壓。**由於這個壓力來自氣體分子之間的碰撞，所以叫做氣壓。〔hPa〕讀做百帕，由h（hecto）與Pa（Pascal）組成。h是代表100倍的前綴語（1km＝1000m，其中k（kilo）就是代表1000倍的前綴語），故1013hPa就是101300Pa的意思。體重60kg的人站在身上時，雙腳所施加的壓力是12000Pa；1大氣壓則約略相當於超

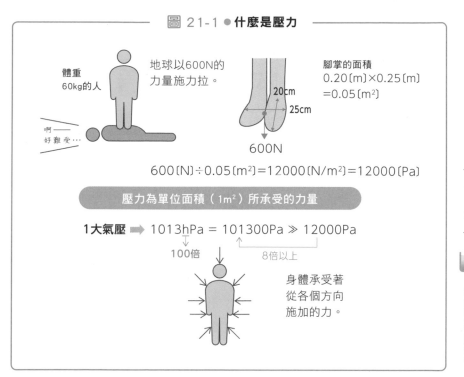

圖 21-1 ● 什麼是壓力

體重 60kg的人

地球以600N的力量施力拉。

啊——好難受⋯

腳掌的面積
0.20〔m〕×0.25〔m〕
＝0.05〔m²〕

20cm
25cm

600N

600〔N〕÷0.05〔m²〕＝12000〔N/m²〕＝12000〔Pa〕

壓力為單位面積（1m²）所承受的力量

1大氣壓 ➡ 1013hPa ＝ 101300Pa ≫ 12000Pa

100倍

8倍以上

身體承受著
從各個方向
施加的力。

過8個體重60kg的人，從各個方向施加在人體上的壓力。日常生活中，我們便一直承受著這麼大的壓力。

地球上的人類之所以不會被氣壓壓扁，是因為人類身體內側也有相同大小的壓力往外推。就像充滿空氣的氣球一樣，雖然外界以1013hPa的壓力壓著氣球，但氣球內側也會以1013hPa的氣壓往外推，故氣球可以保持一定的大小。

22

從粒子的角度來看
固體、液體、氣體

～ 物質的三態與狀態變化 ～

冰在溫度高於0℃時會融化成水，若溫度繼續上升到100℃便會沸騰，化為水蒸氣。我們在日常生活中所看到的鐵通常是固體，氧通常是氣體，但其實這些物質也分別有它們的固態、液態、氣態，也就是物質的三態。

對於世界上的任何物質來說，只要確定了溫度與壓力條件，便會呈現唯一的狀態，也就是固態、液態、氣態中的某種狀態。這些稱為物質的三態，從微觀角度來看這3種狀態，大致上會像是圖22－1的樣子。接下來會陸續說明各種理論化學的概念，學習這些概念時，我們常需將物質想像成粒子的樣子。

那麼，讓我們來詳細看看圖22－1吧。當物質是固體狀態時，看起來好像沒有在動，但其組成粒子並非真的完全不動。**若從微觀的角度來觀察固體物質，會發現即使它們的粒子依照固定規則排列，但這些粒子卻會在所在位置小小地振動、旋轉。**若加熱這個固體，粒子的熱振動便會愈來愈大，加熱到某個溫度時便會轉變成液體，這種現象稱為**熔化**，而物質**開始熔化的溫度就稱為熔點**。液體內的粒子會以比較鬆散的方式連接在一起，但大致上還是能自由活動，這就是為什麼液體有流動性。若繼續加熱液體，液體內部會開始出現氣泡，這就是所謂的**沸騰**現象。物質**開始沸騰的溫度就稱為沸點**。轉變成氣體的粒子會擺脫分子間作用力的束縛，自由在空間中飛舞。以氧氣為例，室溫下的氧氣會以秒速約

400m的速度在空間中飛行。

　　我們剛才提到，若從微觀角度觀察固體物質，會發現粒子仍會有振動、旋轉的現象，但**如果溫度下降至－273℃，那麼粒子的振動、旋轉皆會完全停止，一切事物皆會固定不動。**我們平常用的溫度單位是「℃（攝氏溫度）」，這是以水為基準，設定水在結凍時的溫度為0℃，沸騰時的溫度為100℃。不過在化學的世界中，會設所有物質皆停止振動的溫度，也就是－273℃為0，這樣在計算上會方便許多。這種溫度單位稱為**絕對溫度，單位為K（Kelvin，克耳文）**（0℃＝273K、100℃＝373K，依此類推）。

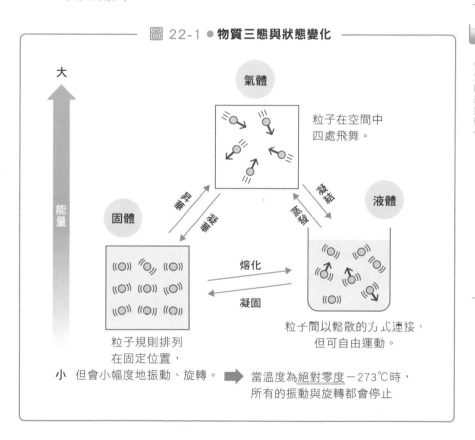

圖 22-1 ● 物質三態與狀態變化

大

能量

小

氣體

粒子在空間中四處飛舞。

固體

液體

熔化

凝固

粒子規則排列在固定位置，但會小幅度地振動、旋轉。

粒子間以鬆散的方式連接，但可自由運動。

當溫度為絕對零度－273℃時，所有的振動與旋轉都會停止

23

「灑水」會變涼 並不是因為水本身很涼

～ 熔化熱與蒸發熱 ～

以一定的火力加熱－20℃的冰時，冰的溫度會如何變化呢？事實上，冰的溫度並不會直線增加，而是在0℃與100℃的地方會保持一定溫度一段時間。

請先看圖23－1。這是將1mol、－20℃的冰以一定火力加熱時的溫度變化圖。從－20℃到0℃的地方，圖形呈現往右上的直線。這段期間內，冰所獲得的熱能全都會用在增加冰分子的熱振動幅度。1g冰每上升1℃，需吸收2.1J的熱能，這又稱為冰的比熱。當冰的溫度提升到0℃時便會開始融化，在冰融化完之前，溫度會一直維持在0℃。而融化期間所吸收的熱**全都會用來改變狀態，使固態的冰轉變成液態的水**。這個過程所需要的熱能稱為**熔化熱**（冰融化成水時，亦稱為融化熱）。等到冰完全融化之後，溫度才會繼續上升，從0℃到100℃的過程也會是一條往右上方前進的直線。這段期間內獲得的熱能全都會用在增加水分子的熱振動幅度。1g水每上升1℃，需要吸收4.2J的熱能。溫度上升到100℃時便會開始沸騰，在所有水都變成水蒸氣之前，溫度會一直維持在100℃。而在沸騰期間所吸收的熱，**全都會用來改變狀態，使液態的水轉變成氣態的水蒸氣**。這個過程所需要的熱能稱為**汽化熱**。冰融化時，只需要將原本堅固的連結變得不那麼堅固，故1mol冰的融化熱僅為6.0kJ；不過，水汽化時，需讓原本的連結完全崩解，使水分子成為能自由在空間中飛舞的粒子，故1mol水的汽化熱需要41kJ才行。不管

是哪種物質，都有著熔化熱＜＜汽化熱的關係。

　　在炎熱的夏日，常會有人把水往地上灑，這是因為水蒸發時會從周圍吸收大量熱能，所以有使周圍變得涼快的效果，並不是因為水很涼而使周圍冷卻的緣故。

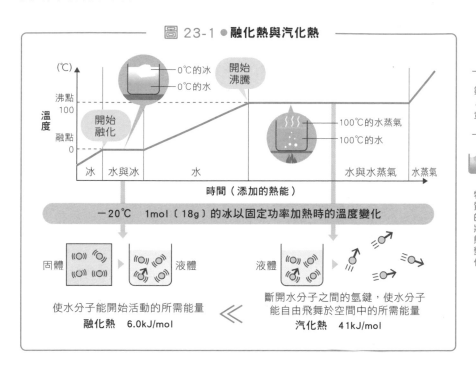

圖 23-1 ● 融化熱與汽化熱

－20℃　1mol〔18g〕的冰以固定功率加熱時的溫度變化

使水分子能開始活動的所需能量
融化熱　6.0kJ/mol

斷開水分子之間的氫鍵，使水分子能自由飛舞於空間中的所需能量
汽化熱　41kJ/mol

表 23-1 ● 物質的熔化熱與汽化熱（1013hPa）

物質	化學式	熔點〔℃〕	熔化熱〔kJ/mol〕	沸點〔℃〕	汽化熱〔kJ/mol〕
氮	N_2	－210	0.72	－196	5.6
水	H_2O	0	6.0	100	41
鐵	Fe	1535	13.8	2750	354

氮氣分子之間僅靠著相對較弱的分子間作用力（凡得瓦力）彼此吸引，故熔化熱、汽化熱皆相當小。
鐵原子之間靠著金屬鍵彼此結合，故熔化熱、汽化熱都相對較大，其中汽化熱又特別大。

第4章

物質的狀態變化

24

水在富士山山頂 只要88℃就會沸騰

～ 液體的蒸氣壓 ～

用壓力鍋可以煮出很好吃的料理、在富士山山頂泡不出熱騰騰的泡麵，這些現象都與蒸氣壓有關。

　　將水倒入鍋子內靜置，只要時間夠久，水便會蒸發光。若加熱鍋子使水沸騰的話，就蒸發得更快了。就算有加上鍋蓋，只要鍋蓋沒有密合，使蒸氣有辦法竄出，水也會蒸發光。也就是說，水就算沒有加熱都會緩慢蒸發，加熱後更是會劇烈蒸發。這種由水分子的蒸發強度所決定的壓力，便稱為蒸氣壓。在密閉容器內，某個固定溫度下，如果液體→氣體的分子數與氣體→液體的分子數相同，外觀看來液體量不會增加也不會減少的話，這種狀態下的液體所產生的蒸氣壓為一定值，故會再加上「飽和」兩字，稱為<u>**飽和蒸氣壓**</u>。這裡要注意的是，此時的蒸發作用並沒有停止，只是蒸發的分子數與凝結的分子數相同而已。

　　隨著溫度的提高，蒸氣壓會快速上升。兩者的關係圖便稱為<u>**蒸氣壓曲線**</u>（圖24－1）。

　　由水的蒸氣壓曲線可以看出，水在沸點100℃時的蒸氣壓為1013hPa，也就是1大氣壓。這代表**將水一直加熱到其蒸氣壓與周圍的大氣壓相同時，水就會開始沸騰。而當水開始沸騰時，液體內部也會劇烈蒸發。**

　　水在蒸氣壓與大氣壓力相等時會沸騰，**當大氣壓力比1013hPa還低時，水的沸點便會低於100℃；而大氣壓力比1013hPa還高時，水的**

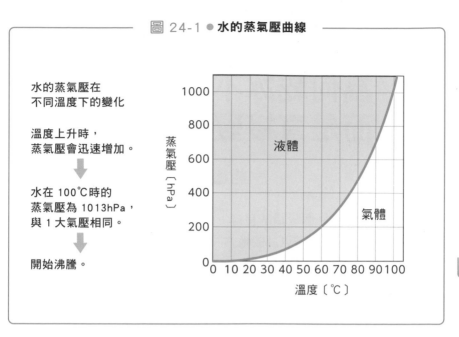

圖 24-1 ● **水的蒸氣壓曲線**

水的蒸氣壓在
不同溫度下的變化

溫度上升時，
蒸氣壓會迅速增加。

水在 100℃時的
蒸氣壓為 1013hPa，
與 1 大氣壓相同。

開始沸騰。

液體

氣體

蒸氣壓〔hPa〕

1000
800
600
400
200
0

溫度〔℃〕

0 10 20 30 40 50 60 70 80 90 100

沸點便會高於100℃。若用壓力鍋做料理，便可以使內部壓力提升到
1013hPa以上，使食材能加熱到100℃以上，在高溫下迅速煮熟入味。
相對的，富士山山頂的氣壓約只有地面的6成左右，因此水在88℃時便
會沸騰。也就是説，就算想泡泡麵，也只能得到溫溫的泡麵。

為何乾冰不會變成液體，而是直接變成氣體呢？

～ 相圖 ～

我們常說地球是個奇蹟的星球。至今我們已在太空中做過許多探測，但目前卻仍未在地球以外的地方找到液態水。這是為什麼呢？

在1013hPa，也就是1大氣壓下，若水的溫度低於融點0℃，便會結成冰；若高於沸點100℃便會蒸發成水蒸氣。那麼當周圍的壓力變化時，融點與沸點會如何變化呢？我們在第24節中曾提到，沸點會沿著該節中的蒸氣壓曲線變化，那麼融點又是如何呢？**將蒸氣壓曲線中的溫度與壓力的範圍擴大之後，便可得到相圖。**水的相圖如圖25－1所示。讓我們藉由這個相圖，說明1大氣壓，0℃下的冰在加壓之後會發生什麼變化吧。

請想像一下，當壓力提高時，冰被壓碎的樣子。請回想一下過去曾學過，當水結成冰的時候體積會增加。而當壓力提高時，便會使冰融化成水。這時若希望水再凍結成為冰，就必須使溫度降得更低才行。也就是說，壓力愈高，冰的融點會愈低；相對的，壓力愈低，冰的融點會愈高。圖25－1的融化曲線就是在說明這個概念。壓力下降時，融點上升、沸點下降，因此1大氣壓時，水的融點與沸點相差100℃，然而隨著壓力的下降，這段差距會愈來愈小。直到6.1hPa，0.01℃時，融點與沸點便會重合。**這個點就叫做三相點，水在這個環境下能同時以固態、液態、氣態等狀態存在。**若壓力比三相點還要低，水便無法以液體的型態存在。無法以液體型態存在的水雖然很難想像，但其實就像乾冰一

樣，會從固態直接昇華成氣態的二氧化碳，而不會形成液體。

　　水的相圖中，由3條曲線分隔成3個區域。而地球上之所以會存在大量液態水，就是因為地球環境正好位於相圖中的液態水範圍內，這實在是件很難得的事。目前人類雖然在努力進行太空探測，但至今仍未在地球以外的地方發現液態水。

　　二氧化碳的相圖如圖25－2所示。包括二氧化碳在內，大部分物質的熔化曲線都是往右傾。這是因為一般物質在固態下的密度比液態還大，故液態物質在加壓後便會轉變成固態。而融化曲線往左傾的水則是特例，水在固態下的密度比液態還要小。

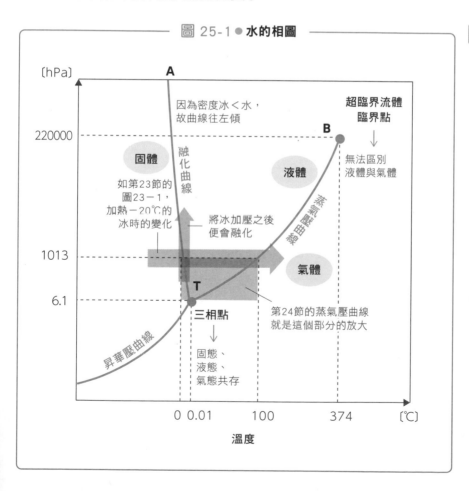

圖 25-1 ● 水的相圖

〔hPa〕

A

超臨界流體
臨界點
↓
無法區別
液體與氣體

因為密度冰＜水，故曲線往左傾

220000　　　　　　　　　　　　　　B

固體

如第23節的
圖23－1，
加熱－20℃的
冰時的變化

融化曲線

液體

將冰加壓之後
便會融化

蒸氣壓曲線

1013

6.1　　　　　T　　　　　　　氣體

昇華壓曲線

三相點
↓
固態、
液態、
氣態共存

第24節的蒸氣壓曲線
就是這個部分的放大

0　0.01　　　100　　　　374　　〔℃〕

溫度

圖 25-2 ● 二氧化碳的相圖

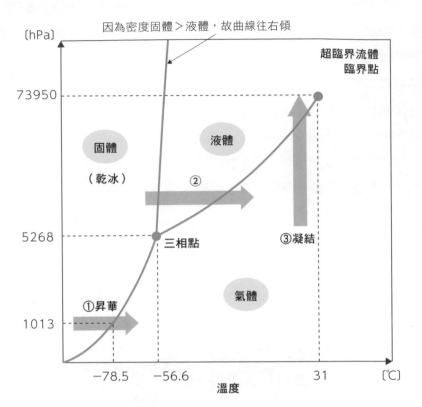

→①1013hPa的壓力下，溫度上升時，乾冰會直接昇華。
→②在超過5268hPa的壓力下，溫度上升時，會依固體→液體→氣體變化。
→③在常溫下，只要提高壓力，也可以轉變成液體。

第 **5** 章

氣體的性質

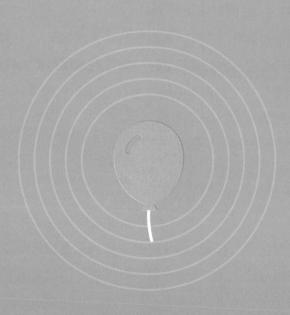

用數學式表示氣體的性質……

～ 波以耳定律與查理定律 ～

　　充有氣體的氣球在什麼樣的情況下體積會膨脹呢？沒錯，就是在氣球被加熱的時候。另外，當周圍的氣壓變低時，氣球也會膨脹。那麼，我們能不能用數學式來表示這種現象呢？

【波以耳定律】

　　爬山的時候，零食包裝會膨脹，這是因為山上的氣壓比較低的關係。那麼，如果我們把氣球從1大氣壓（1013hPa）的地面帶到富士山山頂（約630hPa）或聖母峰山頂（約300hPa）時，這個氣球的體積又會膨脹多少呢？波以耳定律可以幫助我們回答這個問題。**波以耳定律中提到「當氣體的溫度與物質量固定時，氣體的體積與壓力成反比」**。簡單來說，當周圍的氣壓變為一半時，氣球體積就會變成2倍。由於富士山山頂的氣壓約為地面的2/3，故氣球體積會變成約1.5倍；而聖母峰山頂的氣壓約為地面的30％，故氣球體積會變成約3.4倍（圖26－1）。

【查理定律】

　　加熱氣球後，氣體分子會運動得更為激烈，故體積也會增加。那麼，氣球從27℃增加到57℃時，體積會變成幾倍呢？查理定律可以幫助我們回答這個問題。**查理定律中提到「當物質量與氣壓固定時，氣體的體積與絕對溫度成正比」**。要注意的是，這裡所說的溫度指的是絕對溫度。27℃為300K，57℃為330K，溫度變成了1.1倍。由於絕對溫度與體積成正比，故體積也會變成1.1倍（圖26－2）。

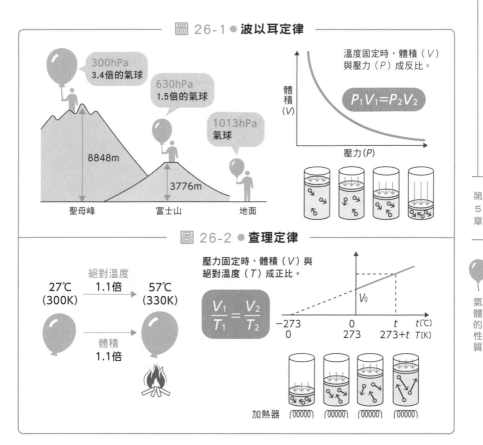

圖 26-1 ● 波以耳定律

溫度固定時，體積（V）與壓力（P）成反比。

$$P_1V_1 = P_2V_2$$

300hPa
3.4倍的氣球

630hPa
1.5倍的氣球

1013hPa
氣球

8848m

3776m

聖母峰　　富士山　　地面

圖 26-2 ● 查理定律

壓力固定時，體積（V）與絕對溫度（T）成正比。

$$\frac{V_1}{T_1} = \frac{V_2}{T_2}$$

27℃
(300K)

絕對溫度
1.1倍

57℃
(330K)

體積
1.1倍

加熱器

將波以耳定律與查理定律整合在一起後，可以寫成「**對於一定物質量的氣體而言，其體積與壓力成反比，且體積與絕對溫度成正比**」這個單一定律，又稱為**波以耳－查理定律**。

圖 26-3 ● 波以耳－查理定律

對於一定物質量的氣體，
其體積V與壓力P成反比，
且與絕對溫度T成正比。

$$\frac{P_1V_1}{T_1} = \frac{P_2V_2}{T_2}$$

27

氣體的計算中 最常被用到的公式

~ 理想氣體方程式 ~

理想氣體方程式可將壓力P、體積V、物質量n、絕對溫度T等參數以單一關係式來表示，善加利用的話會是很強大的武器。

你還記得標準狀態（$0°C = 273K$，1013hPa）下，1mol氣體的體積是幾L嗎？如果早就忘光的人，請翻回第17節再看一下。沒錯，就是22.4L。讓我們試著把這個數字代入波以耳－查理定律吧（（1）式）。於是，可以得到83.1hPa・L/mol・K這個數值。因這個數值永遠保持固定，故也**稱為氣體常數，以符號R表示**。將氣體常數R代回算式，可以知道1mol的氣體會符合方程式$Pv_1 = RT$（（2）式）。物質量為$n$mol的氣體，占有的體積V為1mol氣體體積v_1的n倍，故$V = nv_1$，將$v_1 = V/n$代回算式，可以得到$PV = nRT$（（3）式）。這條方程式叫做**理想氣體方程式**。這個描述氣體狀態的方程式對氣體而言相當重要。為什麼很重要呢？因為這個方程式可以解決多種不同的問題。

舉例來說，試求27°C，831hPa下，3.0L氮氣的物質量。

將上述條件代入公式$PV = nRT$，便可得到以mol為單位的物質量n。P為831hPa，V為3.0L，R為氣體常數83.1hPa・L/mol・K，T為273＋27＝300 K。將這些數字代入公式就可以求出n：

$831 × 3.0 = n × 83.1 × 300$

從上面算式可得$n = 1/10 = 0.10$〔mol〕。

圖 27-1 ● 理想氣體方程式

波以耳－查理定律

$$\frac{PV}{T} = k$$
定值

定值
是多少？

不管是哪種氣體，在標準狀態（0℃＝273 K，1013 hPa）下，1mol的體積皆為22.4L。讓我們先以這個數據求出k（常數）。

$$\frac{Pv_1}{T} = \frac{1013\,(hPa) \times 22.4\,(L/mol)}{273\,(K)} = 83.1 \left[\frac{hPa \cdot L}{mol \cdot K} \right] \quad \cdots\cdots(1)$$

這裡的 $83.1 \left[\dfrac{hPa \cdot L}{mol \cdot K} \right]$ 便稱為氣體常數，以R表示。

也就是説 $\dfrac{Pv_1}{T} = R$ ，即 $Pv_1 = RT$ ……(2)

物質量n〔mol〕之氣體體積V〔L〕為v_1〔L〕（←1mol的體積）的n倍，故

$$V = nv_1$$

將 $v_1 = \dfrac{V}{n}$ 代入式（2），可得到

$$P \times \frac{V}{n} = RT$$

$$PV = nRT \quad \cdots\cdots\cdots\cdots\cdots\cdots\cdots\cdots\cdots\cdots\cdots\cdots\cdots(3)$$

這就是理想氣體方程式。

第5章

氣體的性質

該如何考慮混合氣體中各種氣體的壓力？

～ 混合氣體與分壓 ～

大氣中不僅含有氮氣與氧氣，也含有少量的水蒸氣與二氧化碳等，但為了簡化問題，我們可以假設大氣內的氮氣與氧氣比例為4：1，氣壓為1000hPa。

這裡的1000hPa指的是大氣中所有氣體的總壓力，又稱為全壓。那麼氮氣與氧氣各自的壓力（稱為氮氣與氧氣的分壓）又分別是多少hPa呢？

這應該很簡單吧。由於氮氣與氧氣以4：1的比例混合，故氮氣就是800hPa、氧氣則是200hPa。

也就是說，**混合氣體的全壓，便等於各成分氣體的分壓總和。**這叫做分壓定律，由英國的道耳頓發現（圖28-1）。

不過先等一下，為了確認你有沒有真正理解其中的意義，讓我們來看看下面的問題。

假設一個10L的容器內裝有1000hPa的空氣，其中氮氣和氧氣的莫耳數比為4：1。如果我們用隔板將容器分成兩邊，兩邊體積比為4：1，也就是8L和2L，並將氮氣全都趕到8L那邊，將氧氣全都趕到2L的那邊（當然，實際上做不到）。那麼，這2種氣體的分壓又分別會是多少呢？

你的答案是什麼呢？「和剛才的答案一樣吧。氮氣分壓是800hPa、氧氣分壓是200hPa不是嗎？」如果這麼想的話就錯了。請看

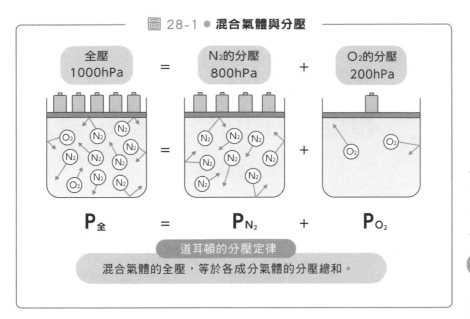

圖 28-1 ● 混合氣體與分壓

全壓
1000hPa

=

N₂的分壓
800hPa

+

O₂的分壓
200hPa

$P_全$ = P_{N_2} + P_{O_2}

道耳頓的分壓定律

混合氣體的全壓，等於各成分氣體的分壓總和。

圖28－2。道爾頓的分壓定律中，需在相同的體積下考慮氣體的全壓與分壓。然而這個問題中，2種氣體的體積不同，且氣體組成比例等於體積比例，故分壓＝全壓。

在固定溫度下，**壓力與單位體積內所含有的分子數成正比**，故這個問題中，2種氣體的壓力相同。

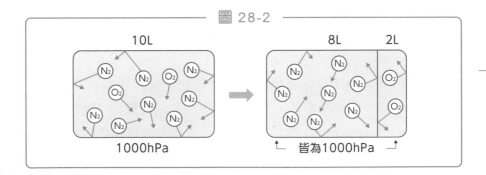

圖 28-2

10L

8L   2L

1000hPa

皆為1000hPa

第
5
章

氣
體
的
性
質

實際事物往往
和理想中的樣子差距甚大

～ 理想氣體與實際氣體 ～

　　實際測量標準狀態下1mol氣體的體積，可得到表29－1。由表可以看出，這些氣體的體積皆與22.4L有些微差距。我們把在任何溫度、任何壓力下皆符合理想氣體方程式的想像中氣體稱為理想氣體，不過，平常會接觸的各種氣體（稱為實際氣體），其分子本身都有一定體積，也存在分子間作用力，故其體積會與理想氣體有些微差距。

表 29-1 ● **標準狀態下 1mol 實際氣體的體積**

像是氨這種有氫鍵等強力分子間作用力的分子，其體積會與理想氣體差距較大。

化學式	分子量	沸點〔℃〕	1mol的體積〔L〕
H_2	2	−253	22.42
CH_4	16	−161	22.37
HCl	36.5	−85	22.24
NH_3	17	−33	22.09

　　理想氣體方程式並非在任何溫度下都能使用。若溫度降至一定程度，氣體便會凝結成液體，體積和壓力也會跟著驟減（圖29－1、2）。另外，當提升壓力，即壓縮氣體時，也會將其轉變成液體，使體積驟減（圖29－3）。

　　也就是說，只有在氣體不易凝結成液體的高溫環境、低壓環境下，理想氣體方程式才成立。若氣體溫度偏低，即使沒有低到會使其凝結成液體，氣體分子的熱運動動能也會變得很小，使分子間的吸引力（分

子間作用力）的影響相對變大而無法忽略不計，導致氣體體積與理論值之間產生較大的偏差。相反的，氣體分子在高溫環境下的熱運動相當激烈，故可忽略其分子間作用力的影響，其體積會很接近理論數值（圖29－4）。

另外，若分子大小較大、壓力較高（也就是氣體粒子之間較擁擠時），計算理想氣體方程式時還須考慮到氣體本身的體積才行，故其實際體積也會和理論值之間有很大的差異（圖29－5）。

也就是說，像氦這種在極低溫下也不會變成液體或固體、**分子間作用力很小、分子本身的體積也很小的氣體，就相當適用於理想氣體方程式。**

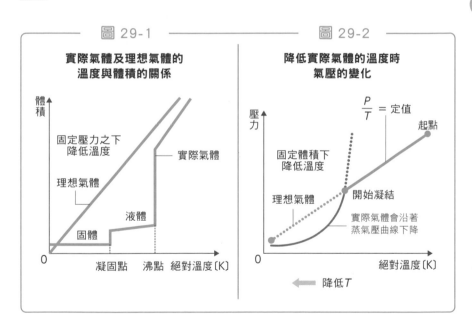

圖 29-3 ● 將實際氣體加壓後的體積變化

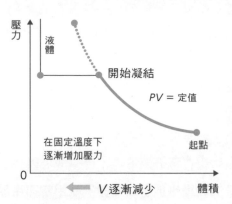

壓力

液體

開始凝結

$PV = 定值$

在固定溫度下
逐漸增加壓力

起點

0

V 逐漸減少　　體積

圖 29-4

**不同溫度下，隨著壓力改變，
與理想氣體的差距變化**

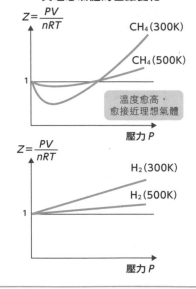

$Z = \dfrac{PV}{nRT}$

CH$_4$(300K)

CH$_4$(500K)

1

溫度愈高，
愈接近理想氣體

壓力 P

$Z = \dfrac{PV}{nRT}$

H$_2$(300K)

H$_2$(500K)

1

壓力 P

圖 29-5

**H$_2$、CH$_4$、NH$_3$
與理想氣體的差距**

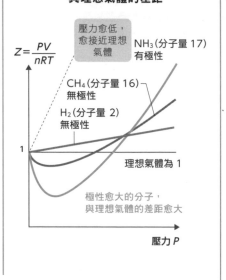

壓力愈低，
愈接近理想
氣體

NH$_3$(分子量 17)
有極性

$Z = \dfrac{PV}{nRT}$

CH$_4$(分子量 16)
無極性

H$_2$(分子量 2)
無極性

1

理想氣體為 1

極性愈大的分子，
與理想氣體的差距愈大

壓力 P

第 **6** 章

溶液的性質

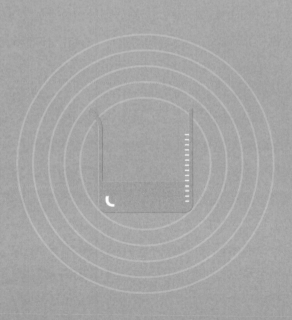

鹽和砂糖都會溶於水中，但溶解機制卻不同

～ 溶解機制 ～

食鹽（氯化鈉）和砂糖（蔗糖）都會溶於水中。但若從微觀角度來看，兩者的溶解機制可說是完全不同。接著就讓我們來看看兩者的差別在哪裡吧。

當物質從固態轉變成液態，譬如説冰轉變成水時，我們會用「融」或「熔」等字，以「融化」或「熔化」等詞來描述這個過程。另一方面，當固體的食鹽與水均勻混合在一起時，我們則會用「溶」這個字，以「溶解」來形容這個過程。食鹽溶解於水時會成為食鹽水，此時的食鹽稱為**溶質**，水稱為**溶劑**，溶解所得的食鹽水稱為**溶液**。之後這3個名詞會頻繁出現，請先牢牢記住。

那麼，氯化鈉是用什麼機制溶於水中的呢？請參考圖30－1，水分子H_2O中，H—O共價鍵的電子分布會偏向一邊，電負度較大的O原子帶有負電，H原子則會帶有正電，形成極性分子。將氯化鈉丟入水中時，Na^+會吸引O原子，使Na^+被O原子包圍；同樣的，Cl^-會吸引H原子，使Cl^-被H原子包圍，於是氯化鈉中的Na^+和Cl^-就這樣一個個被拆開（這種現象稱為**水合**）。這就是以離子鍵結合之離子結晶的溶解機制。

蔗糖又是用什麼機制溶於水中的呢？請看一下圖30－2的蔗糖結構式。蔗糖是非電解質的分子結晶，即使溶在水中也不會解離，故不會像氯化鈉那樣被拆成一個個離子。不過，蔗糖也擁有大量與水分子類似的—OH極性結構。這些大量的—OH結構會與水分子形成氫鍵，在水合

作用下溶於水中。像—OH（羥基）這種有極性、容易產生水合作用的部分就叫做親水基，而可以藉由親水基溶於水中的物質，稱為親水性物質。

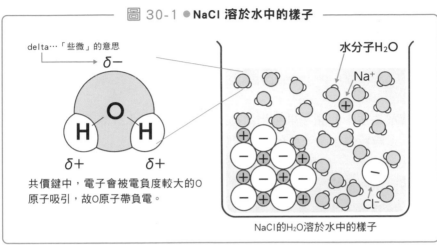

圖 30-1 ● NaCl 溶於水中的樣子

delta…「些微」的意思

$\delta-$

水分子H_2O

Na⁺

共價鍵中，電子會被電負度較大的O原子吸引，故O原子帶負電。

$\delta+$ $\delta+$

Cl⁻

NaCl的H_2O溶於水中的樣子

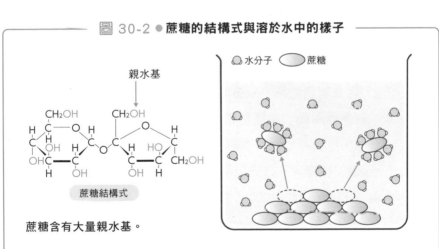

圖 30-2 ● 蔗糖的結構式與溶於水中的樣子

親水基

水分子 蔗糖

CH₂OH CH₂OH

蔗糖結構式

蔗糖含有大量親水基。

31

100g的水可以
溶解多少g的NaCl呢？

～ 固體的溶解度 ～

溶於海水中的鹽類以氯化鈉為主，而100g的水只能溶解約36g的氯化鈉。這時我們會說「氯化鈉的溶解度為36」。

溶解度與溶質種類及溫度有很大的關係。

硝酸鉀的一大特徵，就是溶解度會隨著溫度而有很大的變化。另一方面，當氯化鈉以水為溶劑時，溶解度卻不會因水溫而有很大的改變。物質的溶解度差異有什麼實際應用嗎？比方說，將各種純物質從混合物中分離出來時就會用到。假設眼前有一堆硝酸鉀KNO_3粉末，裡面混有少量的硫酸銅（Ⅱ）五水合物$CuSO_4 \cdot 5H_2O$。KNO_3是白色結晶，而$CuSO_4 \cdot 5H_2O$則是藍色結晶，故這堆粉末看起來就像是混有藍色顆粒的白色粉末。若選擇用鑷子將藍色顆粒一顆一顆夾出來的話，會花上很多時間。不過，我們可以利用2種鹽類的溶解度差異（圖31-1），以**再結晶**法分離這2種物質。首先以熱水溶解所有混合物，接著逐漸冷卻這種水溶液，此時含量較少的$CuSO_4$會持續溶於水中，但溶解度較小的KNO_3卻無法繼續溶解，而析出部分結晶。接著只要過濾這些液體，便可得到純KNO_3。

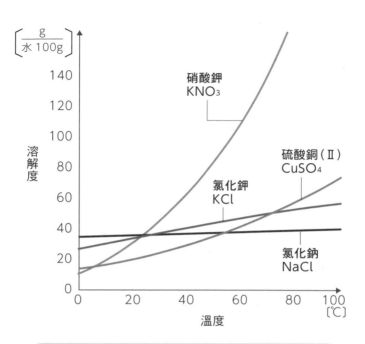

圖 31-1 ● **各種固體的溶解度曲線**

$\left[\dfrac{g}{水\ 100g}\right]$

溶解度

140
120
100
80
60
40
20
0

硝酸鉀
KNO₃

硫酸銅（Ⅱ）
CuSO₄

氯化鉀
KCl

氯化鈉
NaCl

0　20　40　60　80　100

溫度 〔℃〕

各種溶質的溶解度與溫度的關係，又稱為溶解度曲線。

32

進行水肺潛水時
應該要注意些什麼呢？

～ 氣體的溶解度 ～

進行水肺潛水時要特別注意減壓症（潛水夫病）的問題。當潛水者從水底深處迅速浮起時，溶於血液中的氮氣會轉變成氣態，使血管內出現氮氣氣泡，阻礙血管內的血液循環。這裡說的減壓症和亨利定律有密切關係。

2L寶特瓶裝的碳酸飲料可以溶入多少CO_2呢？一般而言，飲料廠商會以4大氣壓（4052hPa）的高壓將CO_2打入碳酸飲料內，讓我們以此為例，計算飲料的CO_2含量吧。

由表32－1，在0℃，1大氣壓（1013hPa）時，CO_2在1L水中的溶解度僅為$7.67×10^{-2}$〔mol〕。由**亨利定律**可知，當壓力增加到4大氣壓時，溶解度也會變成4倍，1L水可溶解0.307mol的CO_2。這些CO_2的體積為22.4〔L/mol〕×0.307〔mol〕＝6.88〔L〕。也就是說，2L寶特瓶裝的碳酸飲料含有其3倍體積以上的CO_2。

> **亨利定律**
> 對於溶解度小的氣體而言，在固定溫度下，固定量的溶劑可溶解的氣體物質量，與氣體的壓力（混合氣體的分壓）成正比。

接下來試著想想看，將0℃，1L的水靜置在空氣中時，這些水最終可以溶解多少空氣呢？空氣是由80%氮氣和20%氧氣混合而成的混合物，由表32－1可以得知，氮氣的溶解量為$10.3×10^{-4}×0.8 = 8.24×10^{-4}$〔mol〕，氧氣的溶解量則是$21.8×10^{-4}×0.2 = 4.36×10^{-4}$〔mol〕。若將其轉換成體積，可以得到加總後的兩者體積為（$8.24×10^{-4}＋4.36×10^{-4}$）$×22.4 = 0.0282$〔L〕，也就是28.2mL。意外地很少對吧。

再來讓我們看看減壓症的情況。在海裡每往下潛10m，身體就會多承受相當於1大氣壓的水壓。故當潛到30m深時，身體需承受4大氣壓的壓力，包括3大氣壓的水壓與1大氣壓的大氣壓力。因體重60kg的人有4.5L的血液，由剛才的計算可以知道：1大氣壓下，1L的血液可溶解28.2mL的空氣，其中氮氣占80%，再乘以血液體積4.5L，可以得到約有100mL的氮氣溶於血中。當潛水者從30m深處迅速浮起至水面時，溶於血中的100mL氮氣的3/4，也就是75mL的氮氣會在血管內轉變成氣體。為了防止這種事發生，通常會改用相對不易溶於血液的氦氣80%取代水肺中的氮氣，使潛水者比較不會出現氮氣醉、潛水夫病等症狀。

表 32-1 ● **各種氣體在水中的溶解度**

1大氣壓時，氣體於1L水中的溶解量〔mol〕。

溫度	N_2	O_2	He	CO_2	NH_3
0℃	$10.3×10^{-4}$	$21.8×10^{-4}$	$4.21×10^{-4}$	$7.67×10^{-2}$	21.2
20℃	$6.79×10^{-4}$	$13.8×10^{-4}$	$3.90×10^{-4}$	$3.90×10^{-2}$	14.2
40℃	$5.18×10^{-4}$	$10.3×10^{-4}$	$3.87×10^{-4}$	$2.36×10^{-2}$	9.19
60℃	$4.55×10^{-4}$	$8.71×10^{-4}$	$4.03×10^{-4}$	$1.64×10^{-2}$	5.82

33

煮滾的味噌烏龍麵的
溫度明顯高於100℃

～ 蒸氣壓下降與沸點上升 ～

　　咕嚕咕嚕燉煮中的味噌烏龍麵溫度可高達150℃左右，遠遠超過水的沸點100℃，要是不小心打翻的話可能會發生慘劇。這種現象可以用「蒸氣壓下降」與「沸點上升」這2個關鍵字來說明。

　　請回顧一下我們在第24節中提到的蒸氣壓曲線。溫度上升時，水的蒸氣壓也會跟著提升，當水的蒸氣壓來到1013hPa，也就是與外在環境的氣壓相等時，便會開始沸騰。那麼，如果在水中溶入少量蔗糖的話，又會變得如何呢？如圖33－1的示意圖所示，此時的蒸氣壓會略微下降。這種現象稱為**蒸氣壓下降**。蒸氣壓下降指的是「**將非揮發性（不容易蒸發）物質溶入液體內之後，溶液的蒸氣壓會變得比原本的液體還要低**」的現象。

　　在1013hPa之下，沸騰中的純水為100℃，此時若加入100℃的蔗糖，會發生什麼事呢？溫度仍會是100℃，但因為蒸氣壓下降的關係，溶液的蒸氣壓會比1013hPa還要低。若要使溶液再次沸騰，就需要將溫度提高到超過100℃才行。這種「**將非揮發性物質溶入液體內後，溶液的沸點會變得比原本的液體還要高**」的現象，就叫做沸點上升（圖33－2）。煮味噌烏龍麵時，需將食鹽與各種調味料溶入湯中，故會使湯的沸點遠遠超過100℃，要是不小心打翻熱湯的話，容易造成嚴重燙傷。

圖 33-1 ● 蒸氣壓下降的機制

(A) 液態水表面的水分子飛出。
這些飛出的水分子所產生的
壓力就是蒸氣壓。

(B) 將蔗糖溶於水中時，
蔗糖分子會妨礙
水分子飛出。 ➡ 蒸氣壓下降。

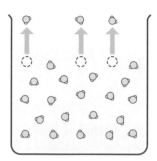

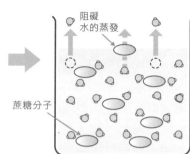

阻礙
水的蒸發

蔗糖分子

圖 33-2 ● 蒸氣壓下降與沸點上升

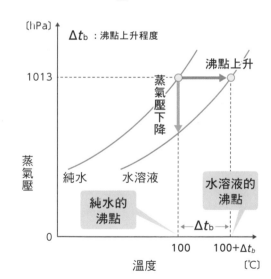

〔hPa〕

Δt_b：沸點上升程度

沸點上升

1013

蒸氣壓下降

蒸氣壓

純水

水溶液

純水的
沸點

水溶液的
沸點

Δt_b

0

100   100+Δt_b

溫度   〔℃〕

水溶液溫度要比純水的
100℃再高△t_b℃，才能
使水溶液的蒸氣壓達到
1013hPa。

34

為什麼冰＋食鹽可以得到相當於冷凍庫的低溫？

～ 凝固點下降 ～

　　將鹽與冰混合，可以使溫度下降至－20℃。在以前沒辦法在便利商店輕易買到冰淇淋的年代，需將蛋黃、牛奶、砂糖等原料混合，放在導熱良好的金屬容器內，再將容器放在裝有冰與鹽混合物的缽盆內混合攪拌，才能製作出冰淇淋。這就是凝固點下降現象的應用。

　　試想像在浮有冰塊的0℃水中溶入食鹽，如圖34－1所示。在加入食鹽之前，冰塊浮在水面上，外觀看起來完全沒有變化，但事實上一直有水轉變成冰，也一直有冰轉變成水，只是兩者分子數目相等（Ａ）。若此時加入食鹽，溶解後的食鹽會解離成Na^+與Cl^-，阻礙水轉變成冰。於是，水→冰的分子數便會比冰→水的分子數還要少，故冰塊會逐漸融化（Ｂ）。若此時想再讓水溶液結凍，就必須將溫度降得更低，增加水轉變成冰的分子數才行。這種現象就叫做**凝固點下降**。

　　那麼，將冰與鹽混合後可使溫度下降的現象，又怎麼用凝固點下降來說明呢？將鹽撒在冰上後，鹽會溶解在冰表面的些許水滴中。於是表面水溶液的融點下降，無法再次結凍成冰，還會讓周圍的冰融得更多。而冰在融化成水時會吸熱（融化熱），故會使溫度降得比0℃還低。將食鹽撒在冰上後，會使溫度降至－20℃左右，但冰塊的融化速率卻比沒加食鹽時還要快。融雪劑就是應用了這種原理發揮其作用。在積雪的道路撒上主成分為氯化鈉的融雪劑，可以讓雪的凝固點下降，使積雪不容易結成冰，防止道路的積雪結凍。

圖 34-1 ● **凝固點下降**

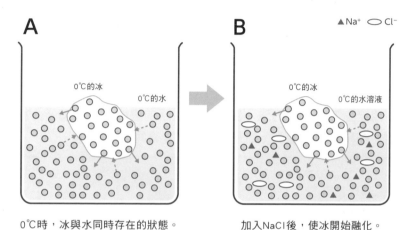

浮在純水上的冰。

冰→水的分子，以 ── 標記 ⎱ 數量
水→冰的分子，以 ---▸ 標記 ⎰ 相等

在A狀態的水中溶入食鹽。

食鹽會阻礙水→冰的分子，使
---▸ 標記的數量減少。

➡ 冰開始融化！

▲ Na⁺ ◯ Cl⁻

A

0℃的冰
0℃的水

B

0℃的冰
0℃的水溶液

0℃時，冰與水同時存在的狀態。

加入NaCl後，使冰開始融化。

35

進一步提升
自己的計算能力

～ 沸點上升與凝固點下降的計算方法 ～

　　本節將介紹若加入多少溶質後，會使沸點上升至幾℃，或者會使凝固點下降至幾℃的計算方法。計算時所使用的濃度並非前面所介紹的莫耳濃度（體積莫耳濃度），而是要使用質量莫耳濃度。

質量莫耳濃度
用來表示1kg溶劑可以溶解的溶質物質量〔mol〕的濃度。

$$質量莫耳濃度〔mol/kg〕= \frac{溶質物質量〔mol〕}{溶劑質量〔kg〕}$$

溶質
1mol

溶劑
1kg

　　在化學領域中，常會使用莫耳濃度〔mol/L〕進行計算（第20節）。莫耳濃度可表示體積1L的溶液中，含有多少莫耳的溶質。不過當我們考慮沸點上升與凝固點下降的情形時，溶液體積會隨著溫度的改變而產生很大的變化。故此時會改用不受溫度變化影響的溶劑質量做為單位，計算質量莫耳濃度〔mol/kg〕。

【沸點上升與凝固點下降的計算方法】

　　沸點上升度指的是沸點上升了幾℃，凝固點下降度則是指凝固點下降了幾℃，這兩者皆與質量莫耳濃度成正比。不過，物質量相同的溶質，使溶液沸點上升的程度與凝固點下降的程度並不相同；不同溶劑的沸點上升度與凝固點下降度也不同。於是規定**當質量莫耳濃度為1.0mol/kg時，其沸點上升的溫度稱為莫耳沸點上升，凝固點下降的溫度**

進一步提升自己的計算能力

稱為莫耳凝固點下降，各種溶劑的相關數值整理如表35－1。

―――― 表 35-1 ● **各種溶劑的莫耳沸點上升與莫耳凝固點下降** ――――

溶劑	沸點〔℃〕	莫耳沸點上升(K_b)〔K·kg/mol〕	莫耳凝固點下降(K_f)〔K·kg/mol〕
水	100	0.52	1.85
苯	80.0	2.53	5.12
醋酸	118	2.53	3.90

沸點上升度Δt_b與凝固點下降度Δt_f，皆與溶液的質量莫耳濃度m〔mol/kg〕成正比。

$$\Delta t_b = K_b m$$

$$\Delta t_f = K_f m$$

　　這裡有一點要特別注意，那就是像氯化鈉NaCl這種電解質在溶液中會解離。假如我們將0.10mol的NaCl溶於1kg的水中，則NaCl在完全解離後會產生Na^+與Cl^-各0.10mol，故水溶液中共含有0.20mol的離子。因此，沸點會上升0.52×0.20＝0.10〔K〕，凝固點則會下降1.85×0.20＝0.37〔K〕。如果溶質在解離後會產生更多離子，那麼沸點上升程度和凝固點下降程度便會與溶質粒子的總物質量成正比，也就是說，此NaCl水溶液的沸點上升程度與凝固點下降程度，會是0.10mol/kg的非電解質水溶液的2倍（表35－2、35－3）。

表35-2●**水溶液的沸點上升度（Δt_b）**

	濃度〔mol/kg〕	0.10	0.20
溶質	葡萄糖	0.052	0.104
	尿素	0.052	0.104
	氯化鈉	0.104	0.208
	氯化鈣	0.156	0.312

表35-3●**水溶液的凝固點下降度（Δt_f）**

	濃度〔mol/kg〕	0.10	0.20
溶質	葡萄糖	0.185	0.370
	尿素	0.185	0.370
	氯化鈉	0.370	0.740
	氯化鈣	0.555	1.110

因NaCl → $Na^+ + Cl^-$，故Δt_b和Δt_f會變成2倍；若$CaCl_2$ → $Ca^{2+} + 2Cl^-$，則Δt_b和Δt_f會變成3倍。

　　除了氯化鈉之外，氯化鈣也常用來做為道路的融雪劑。當然，氯化鈉NaCl就已有很好的融雪效果，不過1個氯化鈣$CaCl_2$分子可以解離出1個Ca^{2+}和2個Cl^-，效果會是非電解質分子的3倍。

36

在青菜上撒鹽會使其萎縮
也能用化學來解釋

～ 滲透壓 ～

日語中有「在青菜上撒鹽」的說法。青菜在撒上鹽後便會萎縮，故這句話常用來形容受到心理上的衝擊而感到失落的人。青菜撒上鹽後會萎縮的現象可以用滲透壓這個關鍵字來說明。

若要了解什麼是滲透壓，就需要先知道什麼是**半透膜**。「膜」倒是很好懂，不過「半透」又是什麼意思呢？半透的意思是「有『一半』的物質會『穿透』過去」的意思，也就是說，**半透膜是種有孔洞的膜，雖然較大的物質無法穿透，較小的物質卻能通過。**簡單來說，水分子可以通過半透膜，但蛋白質或澱粉等較大的分子卻沒辦法通過半透膜。**纖維素膜和細胞膜等就是代表性的半透膜。**

水分子撞擊半透膜時會在膜的兩側產生壓力，這種「欲通過半透膜，滲透至另一邊的壓力」稱為滲透壓。若半透膜的兩側皆為同數量的水分子，那麼兩邊撞擊半透膜所產生的壓力相同，故兩邊的滲透壓也相同。請看圖36－1。如圖①，在A、B兩側皆加入純水，那麼兩邊的液面高度會維持相等。這時如果在A側加入澱粉，那麼由A移動到B的水分子便會被澱粉阻礙，使A→B的水分子數減少，打破滲透壓平衡。於是，由於B→A的水分子數目比較多，故A側的液面會上升，直到兩側穿過半透膜的水分子數量相等為止（②）。若希望A側的液面不要上升，需以蓋子般的結構將A側液面蓋住，施加壓力壓回去才行（③）。這裡的壓力就是**滲透壓**。由實驗得知，**在濃度很低的稀薄溶液中，滲透壓與其他**

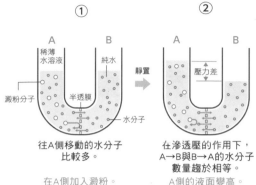

圖 36-1 ● 滲透壓

①

A 稀薄水溶液
B 純水

澱粉分子
半透膜
水分子

往A側移動的水分子
比較多。

在A側加入澱粉。

②

A B

靜置

壓力差

在滲透壓的作用下，
A→B與B→A的水分子
數量趨於相等。

A側的液面變高。

③

施加的壓力＝滲透壓

A B

若希望A側液面不要上升，
需要另外施加壓力才行。

在A側施加與滲透壓相等的壓力。

滲透壓可以用來測量高分子物質的平均分子量！（凡特何夫定律）

澱粉等高分子物質會因為串聯的小分子數目不同而有不同分子量，
故得到的會是其平均分子量。

$$\pi V = nRT$$

R為氣體常數。
將方程式變形成理想氣體方程式，
再將n拆成分子量M與溶質質量w〔g〕，便可由

π：滲透壓〔hPa〕　n：物質量〔mol〕
V：體積〔L〕　　　T：絕對溫度〔K〕

$M = \dfrac{wRT}{\pi V}$，求得M。

參數的關係可以寫成類似理想氣體方程式的形式。

　　若在青菜上撒鹽，青菜表面會形成濃度較高（滲透壓較大）的水溶液，使青菜細胞內的水分被擠出來（細胞膜與半透膜的機制類似）。在蛞蝓身上撒鹽會使蛞蝓萎縮也是同樣的道理，由於蛞蝓體表是滲透壓較大的食鹽水，故蛞蝓體內的水分會被榨出來。

名字很特別，
卻是隨處可見的東西

～ 膠體 ～

膠體這個名字聽起來好像很難理解，但其實是我們身邊隨處可見的物質。舉例來說，牛奶約含有3～4％的脂肪，卻不會浮著一層油。美乃滋約含有70％的脂質，卻不會油水分離。這都是因為脂質粒子被切成了夠小的膠體粒子，變得相對穩定，不會產生油水分離的現象。

膠體粒子指的是：比透明水溶液（在討論膠體時，會特別稱這種透明水溶液為真溶液）的溶質大，無法通過半透膜的粒子；且比懸濁液、乳濁液中無法通過濾紙之粒子還要小的粒子（圖37－1）。這些膠體粒子分散於液體中所形成的溶液（溶解是專用於描述真溶液的現象，膠體溶液則使用分散一詞）便稱為膠體溶液。

如圖37－2，膠體溶液可依照膠體粒子（分散質）以及使膠體粒子散布其中的物質（分散劑）分成許多種類。另外，也可以分成有流動性的膠體（溶膠：鮮奶油、美乃滋等）與無流動性的膠體（凝膠：奶油、棉花糖等）。

膠體溶液有個特徵，那就是**經過很長一段時間也不會沉澱**。喝牛奶之前就算沒有搖勻，也不會只喝到上方味道較淡的澄清液部分。不過，較濃的牛奶含有高達3％左右的脂肪，既然脂肪比水還輕，為什麼靜置後脂肪不會浮在液面上呢？事實上，牛奶內的脂肪會被切成一顆顆細小粒子，且粒子周圍由名為酪蛋白的蛋白質包圍住，使其成為容易與水混合的狀態，這個過程稱為乳化。而美乃滋則含有來自蛋黃的某種蛋白

質，可包裹住細小的脂肪粒子，使其不會聚集成團。這種蛋白質也稱為**保護膠體**。

若在牛奶內加入大量食鹽，膠體粒子會彼此黏在一起，形成較大顆

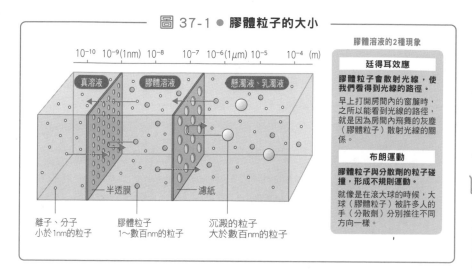

圖 37-1 ● **膠體粒子的大小**

膠體溶液的2種現象

廷得耳效應

膠體粒子會散射光線，使我們看得到光線的路徑。

早上打開房間內的窗簾時，之所以能看到光線的路徑，就是因為房間內飛舞的灰塵（膠體粒子）散射光線的關係。

布朗運動

膠體粒子與分散劑的粒子碰撞，形成不規則運動。

就像是在滾大球的時候，大球（膠體粒子）被許多人的手（分散劑）分別推往不同方向一樣。

離子、分子
小於1nm的粒子

膠體粒子
1～數百nm的粒子

沉澱的粒子
大於數百nm的粒子

真溶液　膠體溶液　懸濁液、乳濁液

半透膜　濾紙

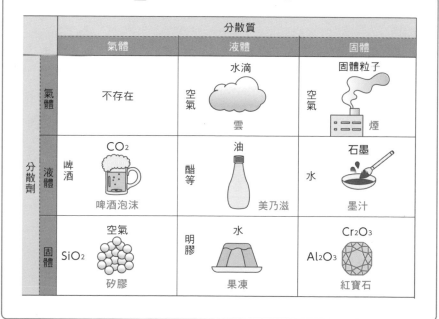

圖 37-2 ● **分散質與分散劑**

		分散質		
		氣體	液體	固體
分散劑	氣體	不存在	水滴 空氣 雲	固體粒子 空氣 煙
	液體	CO_2 啤酒 啤酒泡沫	油 醋等 美乃滋	石墨 水 墨汁
	固體	SiO_2 空氣 矽膠	明膠 水 果凍	Cr_2O_3 Al_2O_3 紅寶石

的粒子，並產生沉澱。這叫做**鹽析**（圖37－3）。以鹵水使豆腐凝固的過程也是鹽析。

　　汙水處理廠也會利用膠體粒子的沉澱作用來處理汙水。為了使汙水中的髒汙沉澱，處理廠會在沉澱池中加入硫酸鋁做為沉澱劑，使膠體粒子沉澱，易於回收處理。這種狀況下，欲使其沉澱的膠體粒子為疏水性，故不叫做鹽析，而稱為**凝析**（圖37－4）。

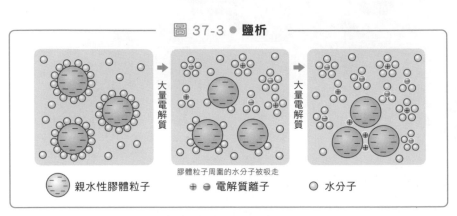

圖 37-3 ● 鹽析

大量電解質 → 大量電解質

膠體粒子周圍的水分子被吸走

⊕⊖ 親水性膠體粒子　　⊕ ⊖ 電解質離子　　○ 水分子

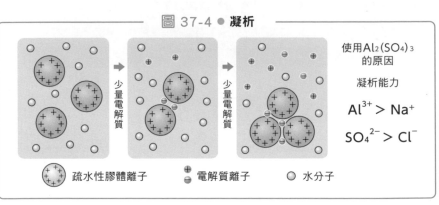

圖 37-4 ● 凝析

少量電解質 → 少量電解質

使用Al₂(SO₄)₃的原因

凝析能力

$$Al^{3+} > Na^+$$

$$SO_4^{2-} > Cl^-$$

疏水性膠體離子　　⊕ 電解質離子　　○ 水分子

洗腎時是用什麼原理清潔血液的呢？

～ 透析 ～

當腎臟失去功能時，就必須用人工透析的方式維持生理運作。相信各位應該知道人工透析器，也就是洗腎機的工作，就是「去除血液內的老舊廢物」。那麼，人工透析主要又會用到什麼樣的技術呢？事實上，只要知道「半透膜」、「膠體」等關鍵字，就可以明白透析的原理了。

首先，透析是什麼樣的技術呢？一言以蔽之，就是**將膠體粒子與雜質分離的技術**。將氯化鐵（Ⅲ）投入沸水中時，會產生以下化學反應 $FeCl_3 + 3H_2O \rightarrow Fe(OH)_3 + 3HCl$。此時生成的氫氧化鐵（Ⅲ）並不會於水中解離，但也不會沉澱，大量的$Fe(OH)_3$會聚集在一起形成膠體粒子，分散於水中（圖38-1）。這個膠體溶液內含有氯化氫HCl。而將膠體溶液中的HCl去除，就是所謂的透析。將混有HCl的氫氧化鐵（Ⅲ）膠體溶液裝入由纖維素製成的透析袋內，然後將透析袋靜置於水中，此時較小的H^+與Cl^-便會跑出袋外，只有膠體粒子會留在透析袋內。若使純水緩緩流過透析袋的周圍，跑出袋外的H^+與Cl^-便會被沖走，使袋內的HCl濃度逐漸降低，最後完全被去除。

「人工透析」如圖38-2所示，使含有老舊廢物的血液流過名為透析器（dialyzer）的裝置。透析器包含長約30cm的透明筒狀塑膠管，內有數千條細線，這些線上有許多小洞，液體分子可以通過這些小洞，紅血球、白血球、蛋白質卻無法通過。在這些線內流動的血液會將老舊廢物丟到線外側的透析液中，藉此去除老舊廢物。HCO_3^-則會從透析液

進入血液中，補充血液不足的部分。腎臟有著將多餘的H^+藉由尿液排出，使血液保持弱鹼性的功能；不過，當腎臟衰竭時，血液的酸鹼度就會偏向酸性，故需補充弱鹼性的HCO_3^-至血液中，使酸鹼度維持在弱鹼性才行。

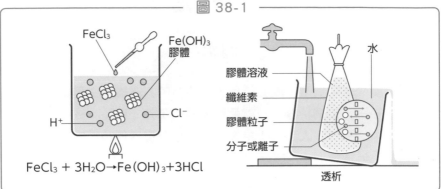

圖 38-1

$$FeCl_3 + 3H_2O \rightarrow Fe(OH)_3 + 3HCl$$

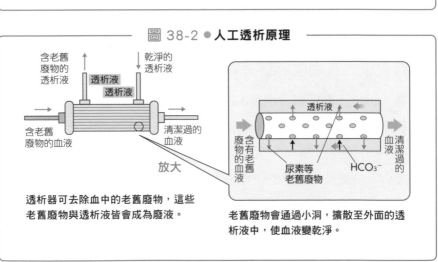

圖 38-2 ● 人工透析原理

透析器可去除血中的老舊廢物，這些老舊廢物與透析液皆會成為廢液。

老舊廢物會通過小洞，擴散至外面的透析液中，使血液變乾淨。

第 **7** 章

化學反應與熱

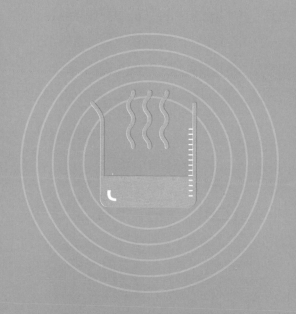

39

熱量的單位──
卡路里（cal）與焦耳（J）

～ 熱的基礎 ～

在我們的日常生活中，經常聽到「甜甜圈1個200kcal，卡路里很高」之類的說法。這裡的卡路里是熱量的單位。若用火將甜甜圈燒成灰燼，那麼過程中會釋放出來的熱能，就是200kcal。油炸食物的卡路里特別高，就是因為油炸食物通常含有大量脂肪，可以燒出比較多熱量。

熱量或熱能的單位是卡路里〔cal〕與焦耳〔J〕。**1cal定義為讓1g水的溫度上升1K（克耳文：也就是絕對溫度的單位）所需要的熱量。這就是比熱的概念，水的比熱為1cal/(g·K)。**直到約20年前，熱量都還是以cal為標準單位，不過現在的國際標準中，是以焦耳〔J〕為單位。**1cal＝4.2J，故水的比熱也可寫成4.2J/(g·K)。**

與其他物質相比，水的比熱相對較大，也就是比較難加熱，也比較

圖 39-1

表示熱量的單位

卡路里　　　　　　　　焦耳

1cal ＝ 4.2J

使1g水的溫度
上升1K所需要的熱量。
僅用於營養學領域。

1W的鎳鉻電熱絲
在4.2秒內所釋放的熱能。
是國際標準的熱能單位。
本書主要以J為熱能單位。

比熱：使某個物質的溫度上升1K所需要的熱能

難冷卻。舉例來說，鐵的比熱為0.44J/(g・K)，約只有水的10分之1。欲讓1.0L的水溫度從0℃上升到100℃，需要的熱能為420kJ；不過要讓同質量的鐵溫度從0℃上升到100℃，卻只需要44kJ的熱能。

表 39-1 ● **各種物質的比熱**

物質名稱	比熱 J/(g・K)	物質名稱	比熱 J/(g・K)
水	4.2	鐵	0.44
乙醇	2.4	銅	0.39
玻璃	0.80	鋁	0.90
水銀	0.14	銀	0.23

目前在化學領域中，已經不使用cal這個單位，不過因為「1cal是讓1g水的溫度上升1℃所需要的熱量」的概念很好理解，故世界各國的營養標示至今仍會用cal做為熱量單位。食物熱量常會用kcal表示，那麼1個甜甜圈的能量又是多少呢？讓我們試著計算看看吧。首先，200kcal的k（kilo）代表1000倍，故200kcal就是20萬cal，相當於讓200L的浴缸水上升1℃所需要的熱量。由此可以知道1個甜甜圈含有相當多的熱量。

40

如何表示化學反應
所伴隨的熱量進出？

～ 放熱反應、吸熱反應及熱化學方程式 ～

　　化學反應常會伴隨著熱能的流動。暖暖包就是利用鐵氧化時所產生的熱來溫暖身體；用瓦斯爐做料理時，也是藉由燃燒天然氣中的甲烷來釋放大量熱能，藉此煮熟食物。

【放熱反應與吸熱反應】

　　各位使用瓦斯爐時，會燃燒天然氣中的甲烷釋放熱能，藉此煮熟食物。1mol的甲烷CH_4燃燒之後可以釋放出891J的熱能。若以圖來表示這個反應中各種物質所含能量的相對關係，可以得到如圖40－1的能量圖。能量圖中，擁有較多能量的物質位於上方，擁有較少能量的物質位於下方。因此，如果該化學反應是會釋放出熱能的放熱反應的話，表示能量的箭頭便會由上而下。

　　另一方面，有些化學反應會從周圍吸收熱能。將炭加熱到發出紅光，再使其接觸水蒸氣，此時炭中的石墨C便會與水蒸氣發生化學反應，生成一氧化碳與氫氣。1mol的石墨C在反應過程中會吸收131kJ的熱能。這個吸熱反應的能量圖可以表示成圖40－2。

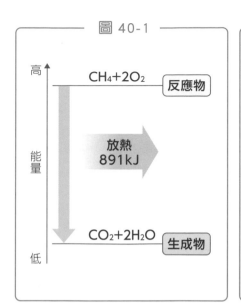

圖 40-1

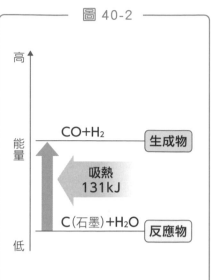

圖 40-2

在化學反應中，**釋放出的熱能或吸收的熱能稱為反應熱。所有物質都擁有其固有能量，在發生化學反應時，從反應物轉變成生成物的過程中，固有能量的變化就是這裡說的反應熱。**

【熱化學方程式】

　　氫氣燃燒的化學式如下方（1）式所示。若在這個化學反應式中再加上熱能流動的資訊，便可得到如（2）式般的熱化學方程式。讓我們將2個式子排在一起比較，你看得出這兩者有什麼不同嗎？答案就在下一頁。

$$2H_2 + O_2 \rightarrow 2H_2O + 572〔kJ〕 \quad \cdots\cdots（1）$$

$$H_2 + \frac{1}{2}O_2 = H_2O（液）+ 286〔kJ〕 \quad \cdots\cdots（2）$$

①係數可能是分數。

②→變成了＝。

③H_2O的後方加上了（液）。

兩式差異包括以上3點。為什麼會出現這些差異呢？以下將逐一說明。

①熱化學方程式中，會將關注物質的係數定為「1」。本式想表達的是H_2的燃燒熱，故需將H_2的係數定為1，即使O_2的係數變成分數也沒關係。

②化學反應式中，會以→來表示反應方向。而寫成熱化學方程式時，重點在於表達出1mol的H_2與$\frac{1}{2}$mol的O_2所擁有的能量總和，與1mol的液態水所擁有的能量再加上286kJ的總和相同，因此不需要特地寫出反應方向，故會以＝取代→。也就是說，我們可以像是處理數學方程式一樣，將其改寫成H_2O（液）＝$H_2+\frac{1}{2}O_2-286$〔kJ〕。這個式子表示：給予水286kJ的能量之後，就可以將其分解成氫氣與氧氣。不過這裡的「給予能量」沒那麼好理解對吧。請想像一下電解的情況。水在通電之後會分解成氫氣與氧氣，這就是透過給予電能，將水分解成氫氣與氧氣的過程。

③熱化學方程式中，會將物質的狀態寫在其化學式的後方，如果是液態就會加上（液），如果是氣態就會加上（氣）等。不過，因為H_2和O_2一般來說都是氣體，所以通常會省略。

41 不只化學變化，物理變化也能用熱化學方程式表示

〜 各種熱化學方程式 〜

　　既然知道怎麼寫出熱化學方程式，就讓我們試著來實際寫寫看吧。冰融化成水的過程只是單純的狀態變化，不是化學反應，但因為這個過程中有熱能的流動，故也可以用熱化學方程式表示。其他像是溶解熱、中和熱等，也可以用熱化學方程式表示。

《用來表示狀態變化的熱化學方程式》

　　我們在第23節中曾經說明過水的狀態變化。在1013hPa下，0℃、1mol的冰完全融化時需吸收6.0kJ的熱能，稱為融化熱，可以用（1）式表示。當然，也可以像（2）式一樣反過來，凸顯出水轉變成冰時所釋放出來的熱能（凝固熱）。

　　另外，1013hPa下，25℃、1mol的水完全蒸發時需吸收44kJ的熱能，稱為汽化熱，可以用（3）式表示。

融化熱　$H_2O（固）= H_2O（液）- 6.0〔kJ〕$ ……（1）

凝固熱　$H_2O（液）= H_2O（固）+ 6.0〔kJ〕$ ……（2）

汽化熱　$H_2O（液）= H_2O（氣）- 44〔kJ〕$ ……（3）

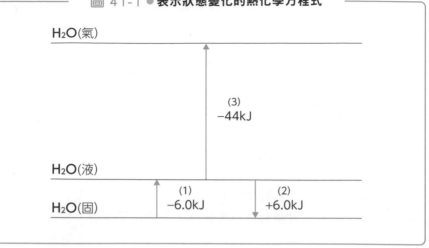

圖 41-1 ● 表示狀態變化的熱化學方程式

H₂O（氣）

(3)
−44kJ

H₂O（液）

H₂O（固）

(1)
−6.0kJ

(2)
+6.0kJ

《用來表示生成熱的熱化學方程式》

　　由各種單一元素物質生成某種化合物所需要的能量，稱為這種化合物的生成熱。「單一元素物質」是一大重點。單一元素物質的生成熱定義為0kJ/mol。舉例來說，下方的熱化學方程式（4）、（5）式分別表示CH_4、NaCl的生成熱。其中，碳之所以不寫成C（固）而用C（石墨），是因為碳除了石墨，還有鑽石這種同素異形體。如果反應物換成鑽石的話，生成熱會多2kJ。因此當某種元素在常溫下可能存在多種同素異形體時，需明確標記該元素是哪一種類型。

$$C（石墨）+2H_2（氣）=CH_4（氣）+74.9〔kJ〕\cdots\cdots（4）$$

　　如果是鑽石的話，會變成76.9kJ。

$$Na（固）+\frac{1}{2}Cl_2（氣）=NaCl（固）+411〔kJ〕\cdots\cdots（5）$$

《用來表示溶解熱的熱化學方程式》

　　（6）、（7）式可表示**當1mol的溶質溶解在大量溶劑內時，會釋放或吸收多少熱能，稱為溶解熱。**溶解並不是化學反應，但就和狀態變

化的反應熱一樣，皆會出現熱能的流動。

$$H_2SO_4（液）＋aq＝H_2SO_4\ aq＋95.3〔kJ〕\ \cdots\cdots（6）$$

$$NaCl（固）＋aq＝NaCl\ aq－3.9〔kJ〕\ \cdots\cdots（7）$$

aq表示大量的水。寫在化學式後方時，表示其為水溶液。

《用來表示中和熱的熱化學方程式》

氫離子H^+與氫氧根離子OH^-中和，產生1mol的H_2O的同時，會釋放出56.5kJ的熱能，稱為中和熱。一般而言，在低濃度的強酸或強鹼水溶液中，可將酸或鹼視為完全解離，故鹽酸與氫氧化鈉的反應，或者是硫酸與氫氧化鉀的反應皆可用（8）式的熱化學方程式表示。

$$H^+aq＋OH^-\ aq＝H_2O（液）＋56.5〔kJ〕\cdots\cdots（8）$$

在熱化學的計算問題中可以說一定會用到的定律

～ 赫斯定律 ～

石墨C在不完全燃燒（氧氣不足狀態下的燃燒）時，除了產生一氧化碳CO之外，也會產生二氧化碳CO_2。也就是說，我們沒辦法讓石墨燃燒時的生成物只出現一氧化碳CO，故無法直接計算出CO的生成熱。這時就需要用到赫斯定律。

計算石墨的燃燒熱後，可以得到（1）式。雖然沒辦法使生成物只出現CO，但我們可以將生成物中的CO分離出來。石墨經不完全燃燒後會產生CO與CO_2，將這些氣體通過鹼性水溶液後，酸性的CO_2會被水溶液吸收，故可藉此分離出CO。接著將蒐集到的CO拿去做燃燒實驗，便可得到其燃燒熱，如（2）式所示。而我們想知道的是CO的生成熱，這裡可以先假設它是xkJ，並列出（3）式。

$$C（石墨）+O_2=CO_2+394〔kJ〕\cdots\cdots（1）$$

$$CO+\frac{1}{2}O_2=CO_2+283〔kJ〕\cdots\cdots（2）$$

$$C（石墨）+\frac{1}{2}O_2=CO+x〔kJ〕\cdots\cdots（3）$$

1840年，化學家赫斯發現「**反應熱與反應途徑無關，僅由反應初始狀態與最終狀態決定**」，這又叫做赫斯定律。我們可以藉由這個定律求出x。有2種方式可以求出x。一種是用解一般數學式的方式，解出熱

化學方程式中的x是多少；另一種則是用能量圖來解出x（圖42－1）。要是化學式很複雜的話，畫出來的能量圖也會很複雜，故建議用解一般數學式的方式來解。

─── 圖 42-1 ───

◎當成數學式來解

C（石墨）＋O_2（氣）＝CO_2（氣）＋394〔kJ〕

CO（氣）＋$\frac{1}{2}$$O_2$（氣）＝$CO_2$（氣）＋283〔kJ〕

用（1）式減去（2）式，消去CO_2，可得下式

C（石墨）＋$\frac{1}{2}$$O_2$（氣）＝CO（氣）＋111〔kJ〕

故可得知，CO的生成熱為111kJ/mol。

◎用能量圖來解

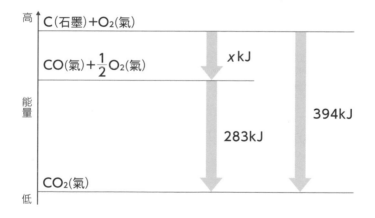

115

以下讓我們再用一個例子來說明赫斯定律（圖42－2）。

在鹽酸與氫氧化鈉酸鹼中和時，可以在稀鹽酸中直接加入固態氫氧化鈉（反應途徑Ⅰ）；也可以先將固態氫氧化鈉溶於水中，再將氫氧化鈉水溶液與稀鹽酸混合（反應途徑Ⅱ）。由赫斯定律可知，反應途徑Ⅰ釋放的熱能與反應途徑Ⅱ的2個反應釋放的熱能總和相等。這表示，無論反應途徑為何，固態氫氧化鈉與鹽酸中和時所產生的反應熱皆為101kJ/mol。

反應途徑Ⅰ　直接將固態氫氧化鈉與稀鹽酸中和的反應。

NaOH（固）＋HCl aq＝NaCl aq＋H_2O（液）＋101〔kJ〕……（4）

反應途徑Ⅱ　首先，將固態氫氧化鈉溶解於水中。

NaOH（固）＋aq＝NaOH aq＋44.5〔kJ〕……（5）

接著，再將此水溶液與鹽酸酸鹼中和。

NaOH aq＋HCl aq＝NaCl aq＋H_2O（液）＋56.5〔kJ〕……（6）

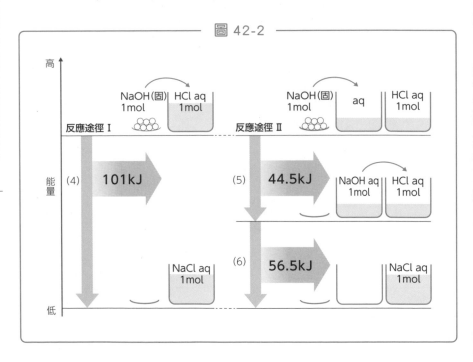

圖 42-2

43

必須具備多少能量
才能切斷共價鍵？

～ 鍵能 ～

甲烷CH_4有4個C—H共價鍵。如果想要硬生生拔開其中1個共價鍵，拆成CH_3和原子狀態的H，此時所需要的能量就是C—H共價鍵的鍵能。若再提供3倍鍵能的能量，便可以將其拆成1個原子狀態的C和4個H。

若以熱化學方程式來表示，可寫成如下形式。

$$CH_4（氣）＝C（氣）＋4H（氣）－1644〔kJ〕$$

1個CH_4分子中有4個C—H鍵，故1mol的C—H鍵鍵能平均值就是411kJ/mol，這又稱為C—H的鍵能。

由圖43－1可以得知，雙鍵與三鍵的鍵能比單鍵還要大。

當反應物與生成物皆為氣體時，我們可以用鍵能求出化學反應的反應熱。之所以會強調「皆為氣體時」，是因為當生成物是液體時，還需考慮到生成物在反應後凝結成液體時所釋放的能量，才能計算出正確的反應熱。

接著，讓我們來看看氫氣與氯氣反應產生氯化氫的反應熱是多少。這裡的反應熱QkJ可以用（1）式表示。由表中資料可以得知各分子鍵結的鍵能，寫成（2）～（4）的熱化學方程式，再經過（2）＋（3）－（4）×2的操作，便可求出Q為185kJ。

圖 43-1

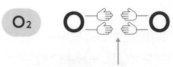

表　共價鍵鍵能一覽

鍵結(分子)	鍵能〔kJ/mol〕
H–H	432
Cl–Cl	239
H–Cl	428
C–H(CH₄)	411
N–H(NH₃)	386
O–H(H₂O)	460
C–C(C₂H₆)	366
C=O(CO₂)	799
O=O	494
C=C(C₂H₄)	719
C≡C(C₂H₂)	957
C–C(鑽石)	354

平均1個鍵為411kJ/mol

CH₄

O₂

2個鍵總和為494kJ/mol

此為0K下的數值。鍵結後方有以（ ）列出分子種類者，表示這個鍵能是該分子其中1個鍵結的鍵能。

H_2（氣）$+Cl_2$（氣）$=2HCl$（氣）$+Q$〔kJ〕……（1）

H_2（氣）$=2H$（氣）-432〔kJ〕……（2）

Cl_2（氣）$=2Cl$（氣）-239〔kJ〕……（3）

HCl（氣）$=H$（氣）$+Cl$（氣）-428〔kJ〕……（4）

由（2）＋（3）－（4）×2可得

$Q=（-432）+（-239）-（-428×2）=185$〔kJ〕

若以能量圖來表示的話，可以得到圖43－2。

必須具備多少能量才能切斷共價鍵？

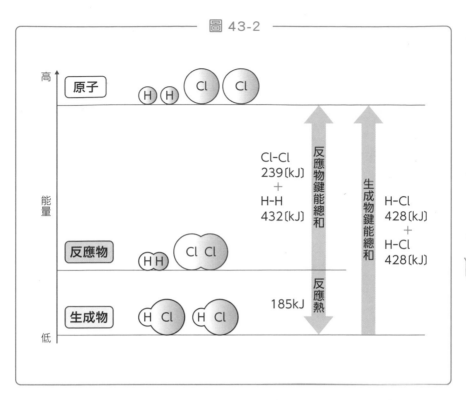

圖 43-2

一般而言，我們可以藉由反應物與生成物的鍵能，計算出氣體反應的反應熱，如下所示。

反應熱＝生成物鍵能總和－反應物鍵能總和

吸熱反應會自然發生嗎？

　　我們前面提過的熱化學方程式幾乎都是放熱反應。就像水會從高處往低處流一樣，原則上「自然界中所有物質都會往能量較低的狀態移動」。也就是說，放熱反應是常例，吸熱反應則是特例。那麼，吸熱反應又為什麼會發生呢？

　　事實上，自發性的化學反應除了需遵守「自然界中所有物質都會往能量較低的狀態移動」這個原則之外，還需遵守「自然界中所有物質都會趨於變得更雜亂」這個原則。將雜亂的程度數值化後，便是所謂的熵。物質愈是雜亂，熵就愈大。

　　因此，即使生成物的能量比反應物高（吸熱反應），若是反應後增加之熵值所對應的能量大於這個差距，那麼這種吸熱的化學反應便會自發性地產生。

　　以氯化鈉$NaCl$在水中溶解的過程為例。1mol的$NaCl$溶於水中時會吸收3.88kJ的熱量。$NaCl$溶解時會解離成鈉離子Na^+和氯離子Cl^-，隨意分布於做為溶劑的水中，此時雜亂的程度會變大，故熵值也會變大。在熵值趨於增加的原則下，這種吸熱反應便會自發性產生。尿素與硝酸銨溶於水中時，吸收量的熱能更多，故可做成冰包等。敲打冰包，使裡面的水袋破裂後，尿素與硝酸銨便會溶於其中，使溫度下降。

第 **8** 章

反應速率與平衡

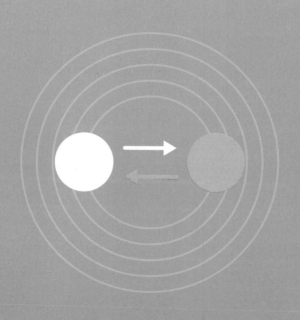

44

●⇄● 用結婚來比喻
化學反應的機制……

～ 反應機制與活化能 ～

假設我們想將反應物「A」與「B」經化學反應得到產物「C」。如果想要一口氣得到大量的C，就必須投入大量的A與B參與反應，但反應物過多時會有起火、爆炸的危險。工廠、製造廠之所以會發生火災或爆炸，大多是因為沒辦法好好地控制住化學反應的關係。在安全防護上，相關人員需熟知化學反應機制，才能夠控制住反應進行。

「A」物質與「B」物質反應成「C」物質，我們可以把這種A ＋ B → C的化學反應模型比喻成「結婚」。舉例來說，男性是A、女性是B，結婚後的夫妻則是C（圖44－1）。

A與B相撞就像男女相遇，經化學反應後生成C就像是男女結婚後成為夫妻。這裡要注意的是，在大部分的情況下，相遇的男女並不會一路走到結婚這步。相遇後的男女必須進入某種興奮狀態（!?）之後，才有可能會結婚。而在結婚之後，彼此才會回歸到「平靜」的狀態。

化學反應也一樣，A與B相撞後不一定會生成C。**若要發生化學反應，必須進入名為過渡態的高能量狀態才行。進入過渡態所需要的最小必要能量，稱為反應的活化能。**只有當彼此相撞之物質的能量超過這個活化能時，化學反應才會發生，就像結婚一樣對吧。將氫氣釋放於空氣中，點火之後會產生爆炸性的反應，但要是沒點火的話就不會反應，這就是因為氫氣沒有跨過活化能這個門檻。點火之後，先產生反應的氫氣所釋放的熱能便會傳遞給周圍的氫氣，產生爆發性的反應。

図 44-1

A + B → C

男性　　　　女性　　　　夫妻

個性不合　分手

喜好不同　分手

沒有結婚意願　分手

夫妻

經濟問題　分手

雙親反對　分手

相遇的男女中，只有能跨過活化能（結婚前的障礙）的男女才能夠結為夫妻。

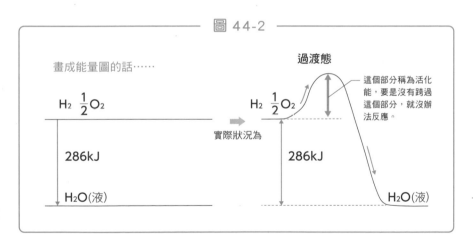

図 44-2

畫成能量圖的話……

$H_2 \frac{1}{2}O_2$

286kJ

H_2O(液)

實際狀況為

過渡態

$H_2 \frac{1}{2}O_2$

這個部分稱為活化能，要是沒有跨過這個部分，就沒辦法反應。

286kJ

H_2O(液)

H_2O(液)

45

用結婚來比喻化學反應速率

～ 反應速率的表示方式 ～

若以〔km/小時〕之類的單位來表示物體的移動速度，便很容易看出自行車與汽車的速度差異。同樣的，若能用統一的單位表示化學反應速率的話會方便許多。那麼，反應速率會用什麼方式來表示呢？

前節中我們以結婚來比喻A與B發生化學反應後產生C的過程，而反應速率也可以用結婚為例來說明。當男性與女性的人數愈多時，彼此相遇的機率愈高，故一年內結婚的對數也會跟著增加。

一年內結婚的對數＝（比例常數）×（男性人數）×（女性人數）

這裡的比例常數有著很重要的意義。譬如說，當處於適婚年齡的男性或女性人數愈多，或者男女想要結婚的想法愈強烈，比例常數就愈大。但光是這樣仍不算正確，就算男女人數相同，在人口密度高的都市與人口密度低的鄉村，男女相遇的機率也不一樣。換言之，在相同人口數下，結婚對數會與男性或女性的人口密度成正比。

某固定人口數下，一年內結婚的對數
＝（比例常數）×（男性人口密度）×（女性人口密度）

讓我們回到原本的例子。在A＋B→C這個化學反應中，在一段時間

內生成C的反應速率v，是A與B的莫耳濃度〔A〕、〔B〕相乘後，再乘上比例常數k，一般會寫成以下形式（若反應物是氣體，則會以氣體分壓來取代濃度）。

$$v=k〔A〕×〔B〕$$

此時的k稱為速率常數，各種化學反應都有其固定的常數。就像前面提到的男女結婚例子一樣，這裡的k是可以影響反應速率的重要常數。比方說，溫度上升時，k會變得比較大，反應速率也會跟著增加。**一般而言，溫度每上升10℃，k就會變成3倍**，因此進行化學反應時，溫度管理是件很重要的事。溫度上升時，①所有粒子的平均熱運動速率會跟著提升，故相撞的粒子數也會增加；②動能超過活化能的粒子會增加。在這2個原因之下，即使〔A〕與〔B〕保持原樣，也會因為k變大，使反應速率變得更快（圖45-1）。以結婚為例，當男女對結婚的動機變得更為強烈時，①以結婚為目的的見面次數會增加、②擁有足夠能量，可以跨越結婚門檻的情侶數目會增加，大概就是這樣。

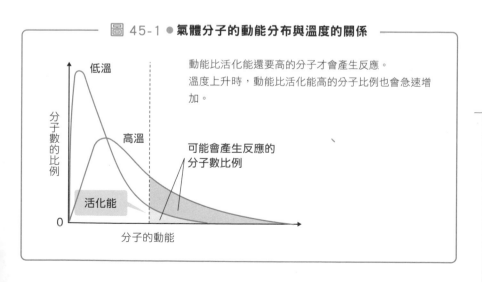

圖 45-1 ● **氣體分子的動能分布與溫度的關係**

動能比活化能還要高的分子才會產生反應。
溫度上升時，動能比活化能高的分子比例也會急速增加。

低溫

高溫

可能會產生反應的分子數比例

活化能

分子數的比例

0

分子的動能

鐵生鏽是 反應速率很慢的化學反應

～ 速率快的反應和速率慢的反應 ～

　　氫氣的燃燒會在一瞬間結束，可說是反應速率非常快的化學反應。相較於此，氫與碘反應產生碘化氫的反應速度就相當慢。一起來看看為什麼會這樣吧。

　　氫氣的燃燒會於一瞬間結束，不過在前一節中也有提到，如果只是把氫氣和氧氣混合的話並不會產生反應，而是要使分子動能超過活化能，才會產生反應。接著再詳細說明這個部分吧。圖46－1為氫氣燃燒時的能量圖，並列出了其反應途徑。起點是左下的H_2（氣）與$\frac{1}{2}$ O_2（氣），終點則是右下的H_2O（液）。

　　在跨越活化能門檻時，如果選擇的是讓反應物回歸到單原子狀態的H和O這個反應途徑的話，就必須提供足以切斷H—H共價鍵的能量432kJ，再加上足以切斷O＝O共價鍵能量的一半247kJ，總共是679kJ。而要提供那麼多能量，必須讓溫度上升到數千℃才行。但實際上只要加熱到數百℃，氫氣便會產生爆炸性的反應。這是因為**氫氣燃燒時，並不是選擇讓反應物回歸到單原子狀態的H和O這個反應途徑，而是經由過渡態達成反應。**而且，這個反應的反應熱高達286kJ，這些釋放出來的熱能會促使附近的分子跨越活化能的門檻，產生化學反應，故會引起一連串的鏈鎖反應。這就是氫氣燃燒時，反應速率相當快的原因。

　　另一方面，速率慢的化學反應則以氫氣H_2與碘I_2（漱口藥、消毒用藥的成分）的反應為代表，反應後的生成物為碘化氫HI。一般要測量化

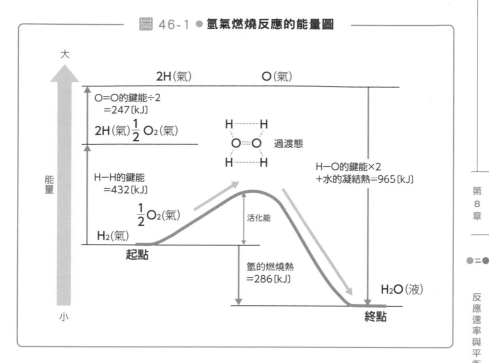

圖 46-1 ● 氫氣燃燒反應的能量圖

大

能量

2H（氣）　　　　O（氣）

O＝O的鍵能÷2
＝247〔kJ〕

2H（氣）$\frac{1}{2}$O₂（氣）

H-----H
O=====O　過渡態
H-----H

H－H的鍵能
＝432〔kJ〕

$\frac{1}{2}$O₂（氣）

H₂（氣）

H－O的鍵能×2
＋水的凝結熱＝965〔kJ〕

活化能

起點

氫的燃燒熱
＝286〔kJ〕

H₂O（液）

終點

小

學反應的活化能時，需要多次反覆實驗才行。不過已有人正確測出這個反應的活化能為178kJ，故這個例子很適合用來說明反應機制。

　　圖46－2是這個反應的能量圖。進行這個反應時，如果選擇的是讓反應物回歸到單原子狀態的氫H和碘I的話，需要數千℃以上的高溫才行。但實際上只要加熱到數百℃，就會開始生成碘化氫HI了。不過，碘化氫的生成並不像前面提到的氫氣燃燒反應那麼劇烈，這個反應所釋放的反應熱只有9kJ而已，反應進行得相當緩慢。這個**反應的反應熱很小，活化能卻很大，故反應速率相當低。**

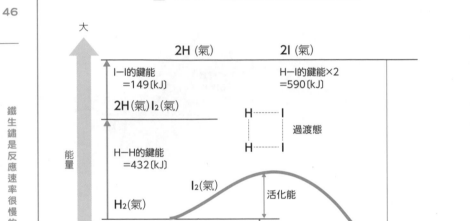

圖 46-2 ●**碘化氫的生成反應能量圖**

鐵生鏽是反應速率很慢的化學反應

47

●⇄● 降低活化能
可以提升反應速率

～ 催化劑 ～

你知道催化劑或觸媒是什麼嗎？它們是本身在反應過程中不會改變，卻能夠幫助反應進行，提升反應速率的物質。

使用催化劑時，可使反應物改由活化能較低的途徑進行反應，藉此提升反應速率（圖47－1）。

前一節中我們曾介紹過$H_2 + I_2 \rightarrow 2HI$這個反應，它的反應速率很緩慢，但如果在反應時加入鉑Pt做為催化劑，便可以提升反應速率。這是因為Pt催化劑可以將活化能從174kJ降至49kJ。此時，

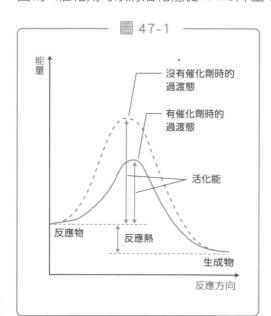

圖 47-1

能量

沒有催化劑時的過渡態

有催化劑時的過渡態

活化能

反應物

反應熱

生成物

反應方向

$$v = k \times [H_2] \times [I_2]$$

這個反應速率式中的速率常數k會變大。不過，反應熱的9kJ是反應物與生成物之間的能量差，並不會因為加入催化劑而改變。換言之，**即使加入催化劑也不會改變反應熱**，這點要特別注意。

Pt是種很好用的催化劑。光是將氧氣與氫氣混合

在一起並不會產生反應，但如果有Pt的話，即使不點火也可以在室溫下引起爆炸性反應。不過，Pt並非永遠都是最好用的催化劑。對於不同的化學反應來說，最適合的催化劑也不一樣，就現實層面而言，目前也只能一一試過各種物質的組合比例，才能找出最適合的催化劑。

看到這裡，你可能會覺得催化劑好像和我們的日常生活沒什麼關係，但事實並非如此。汽車便會使用Pt、鈀Pd、銠Rh等物質的組合做為催化劑，將廢氣內的氮氧化物、一氧化碳、碳氫化合物等有害成分轉變成無害的氮氣、二氧化碳、水蒸氣（圖47-2）。

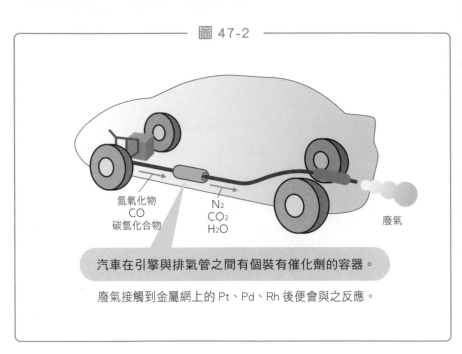

圖 47-2

氮氧化物
CO
碳氫化合物

N_2
CO_2
H_2O

廢氣

汽車在引擎與排氣管之間有個裝有催化劑的容器。

廢氣接觸到金屬網上的 Pt、Pd、Rh 後便會與之反應。

催化劑在第一次世界大戰扮演著重要角色

第一次世界大戰於1914年7月28日爆發，當時許多人都抱著「聖誕節之前應該會打完」的樂觀想法，最後卻成了長達5年的長期戰爭。其中有個重要原因，那就是大戰前德國成功合成出了火藥的原料，而德國的火藥製造又與催化劑的使用密切相關。

製造槍械所使用的火藥時，必須用到硝酸。當時的硝酸原料來自智利開採的硝石（主成分為硝酸鉀）。歐洲各國為了製造火藥，都必須橫越大西洋以進口硝石。不過在第一次世界大戰前夕，德國化學家哈伯研發出了新的製氨法，以催化劑促進氮氣與氫氣反應，合成出氨，接著只要再使氨氧化便可得到硝酸，是相對簡便許多的硝酸製造方式。當時的大西洋由世界最大海軍國家英國的艦隊所控制，不過在新的製氨法研發出來之後，德國就不需要從大西洋的另一側進口硝石了，故哈伯的製氨法可說是相當重大的發明。戰爭時，封鎖了海上通道，阻止硝石運入德國的英國覺得相當奇怪，為什麼火藥存量應該已經見底的德國，還能夠持續應戰呢？

由氮氣與氫氣合成出氨的方法，寫成化學反應式為$N_2 + 3H_2 \rightarrow 2NH_3$。這個反應的活化能為234kJ，正常狀況下很難發生反應。但如果在反應時使用以Fe_3O_4為核心物質的催化劑，便可將活化能從234kJ降至96kJ。這種催化劑的發現，成功提升了合成氨的效率。

可以前進或者後退的反應及單方向進行的反應

～ 可逆反應與不可逆反應 ～

　　試考慮反應物為物質「A」與物質「B」，生成物為化合物「C」的化學反應（A＋B→C）。這裡先將其視為正反應，此時逆向的反應C→B＋A（又稱為逆反應）可能也會同時進行。如果生成C的正反應與分解C的逆反應皆會發生，便稱為可逆反應。最後，C的莫耳濃度會停在一定的數值，此時我們便說這個反應達成平衡。

　　首先來看看氫氣的燃燒反應（$2H_2＋O_2→2H_2O$）。在這個反應中，生成1.0mol的H_2O時，會釋放出286kJ的熱能，而且在瞬間便會完成反應。**一般來說，反應熱愈大，反應速率愈快的化學反應，愈不會發生逆反應。這種反應又稱為不可逆反應。**中和反應以及產生氣體的反應皆屬於不可逆反應。

　　那麼，氫氣與碘反應生成碘化氫（$H_2＋I_2→2HI$）又是如何呢？這個反應中，生成1.0mol的碘化氫HI時，只會釋放出4.5kJ的熱能，故反應速率相當慢。氫與碘化氫的氣體皆為無色，碘的氣體則是紫色。將氫氣與碘氣體放入密閉容器內，保持溫度固定，反應便會持續往右移動，形成碘化氫（設其為正反應）。由於紫色的碘氣體會逐漸減少，故容器內的氣體顏色也會愈來愈淡，卻不會完全變成透明無色。另一方面，如果將碘化氫氣體放入密閉容器內，保持溫度固定，碘化氫就會逐漸分解成氫氣和碘的氣體，使容器內部由無色轉變成紫色，但碘化氫氣體並不會全部反應完畢。由於這個放熱反應只會釋放出很小的熱能，故會產生逆

反應。

　　像這種**正反應與逆反應皆可能發生的反應，稱為可逆反應。可逆反應在經過一段時間後，正反應速率會與逆反應速率相等，看起來就像是反應停止了一樣。這種狀態稱為平衡狀態**（圖48-1）。

圖 48-1 ● **可逆反應的例子**

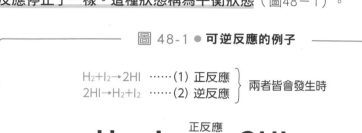

$$H_2 + I_2 \xrightarrow{正反應}[逆反應] 2HI \cdots\cdots(3)$$

會以 ⇌ 表示

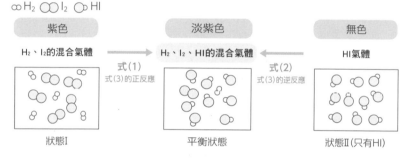

不管是從狀態I還是狀態II開始反應，
只要溫度、H原子數、I原子數固定，最後都會達到同樣的平衡狀態。

要注意的是，平衡狀態下，反應系統看似已不再出現變化，但此時的正反應與逆反應仍會持續進行，只是因為正反應速率與逆反應速率相等，才會一直保持相同狀態。

以數學式
來表示化學平衡⋯⋯

～ 反應速率與平衡常數的關係 ～

預測化學反應中會產生多少生成物是很重要的問題。如果是不可逆反應的話，可以從化學反應式中的物質量關係，計算出會得到多少反應物；除此之外，最好也了解一下平衡反應的生成物產量該如何計算。

請看圖49－1。設正反應的反應速率為v_1，逆反應的反應速率為v_2，兩者的反應速率常數分別為k_1、k_2，則可將這2個反應寫成（1）、（2）兩式。在平衡狀態下$v_1＝v_2$，故可得到式（3），經整理後可得到式（4）。此時的速率常數k_1、k_2在固定溫度下會保持一定，故$\frac{k_1}{k_2}$在固定溫度下也是常數，可以用大寫K來表示，寫成式（5）。這裡的K稱為可逆反應的平衡常數。

我們可以藉由這個式子計算出在體積為1L的密閉容器內放入1.0mol的氫氣與1.0mol的碘氣體，並保持溫度為448℃時，會形成多少mol的碘化氫。其中，這個反應的平衡常數K在448℃時為64（圖49－2）。

在達到平衡狀態之前，假設H_2與I_2分別有$x$mol參與反應，那麼方程式（6）便會成立。

解這個方程式，可以得到$x＝0.80$，故共會生成0.80×2＝1.60mol的碘化氫。不論H_2、I_2、HI的濃度為何，只要溫度是448℃，平衡常數就會固定為64。即使在平衡狀態下再加入額外氫氣，也可以藉由類似的計算過程，計算出最後會得到多少碘化氫。

圖 49-1

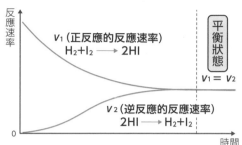

$$H_2 + I_2 \underset{v_2}{\overset{v_1}{\rightleftharpoons}} 2HI$$

反應速率

v_1（正反應的反應速率）
$H_2+I_2 \longrightarrow 2HI$

平衡狀態

$v_1 = v_2$

v_2（逆反應的反應速率）
$2HI \longrightarrow H_2+I_2$

0

時間

正反應可寫成　　$v_1 = k_1\,[H_2]\,[I_2]$　　　　　$\cdots\cdots$(1)

逆反應可寫成　　$v_2 = k_2\,[HI]\,[HI] = k_2[HI]^2$ $\cdots\cdots$(2)

平衡狀態下 $v_1 = v_2$，故

$$k_1[H_2]\,[I_2] = k_2[HI]^2 \qquad\cdots\cdots(3)$$

變形後可以得到 $\dfrac{k_1}{k_2} = \dfrac{[HI]^2}{[H_2]\,[I_2]}$　　　$\cdots\cdots$(4)

將 $\dfrac{k_1}{k_2}$ 換成 K。　$K = \dfrac{[HI]^2}{[H_2]\,[I_2]}$　　　$\cdots\cdots$(5)

●＝●

反應速率與平衡

圖 49-2

H_2	$+$	I_2	$\rightleftharpoons$	$2HI$	
反應前	1.0		1.0		0
反應量	$-x$		$-x$		$+2x$
平衡時	$1.0-x$		$1.0-x$		$2x$

$$K = \frac{[HI]^2}{[H_2]\,[I_2]} = \frac{(2x)^2}{(1.0-x)(1.0-x)} = 64 \quad\cdots\cdots(6)$$

50

看似不溶於水的鹽類，其實會微微溶於水中

～ 溶解平衡與溶度積 ～

氯化銀AgCl與硫酸鋇BaSO₄皆為難溶於水的鹽類，稱為難溶鹽。雖說是難溶鹽，但它們其實仍會稍稍溶解於水中。我們會用溶度積來表示難溶鹽溶於水中的量。

用有AgCl沉澱的水溶液，也就是AgCl飽和水溶液來思考。然後，溶解於水中的微量AgCl會解離成Ag^+與Cl^-，即AgCl（固）$\rightleftarrows Ag^+ + Cl^-$，達成溶解平衡。圖50-1中的化學平衡式可以用來描述這種溶解平衡，進而導出溶度積。與平衡常數一樣，只要溫度不變，溶度積就會是常數。

圖 50-1 ● AgCl 的溶解平衡

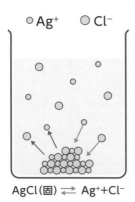

○ Ag^+　　○ Cl^-

AgCl（固）$\rightleftarrows Ag^+ + Cl^-$

左方的平衡狀態亦可用化學平衡來描述，寫成平衡常數的形式，如下所示。

$$K = \frac{[Ag^+][Cl^-]}{[AgCl(\text{固})]}$$

這個方程式中，只要AgCl的沉澱持續存在，AgCl（固）的濃度便不會變動，而是保持固定。這表示，只要溫度不變，K〔AgCl（固）〕就會保持一定，故我們將這個數定義為溶度積K_{sp}，如下所示。sp為solubility product（英語的溶度積）的簡稱。

$$[Ag^+][Cl^-] = K[AgCl(\text{固})] = K_{sp}$$

我們可藉由表50－1的溶度積，計算出1L的水可以溶解多少g的 AgCl。AgCl溶解後〔Ag^+〕＝〔Cl^-〕，而K_{sp}＝1.8×10^{-10}，故〔Ag^+〕 ＝〔Cl^-〕＝$\sqrt{(1.8 \times 10^{-10})}$＝$1.34 \times 10^{-5}$。AgCl的分子量為143.5， 而$143.5 \times 1.34 \times 10^{-5}$＝$1.92 \times 10^{-3}$，故1L的水可以溶解1.92mg的 AgCl，可見AgCl溶解量真的很少。

表 50-1 ● **各種鹽類的溶度積**

鹽類	溶度積K_{sp}〔mol/L〕^{2}
AgCl	1.8×10^{-10}
AgBr	5.2×10^{-13}
AgI	2.1×10^{-14}
CuS	6.5×10^{-30}
ZnS	2.2×10^{-18}
$CaCO_3$	6.7×10^{-5}

【同離子效應】

　　若將HCl氣體灌入NaCl飽和水溶液，會產生新的NaCl沉澱。這是因 為進入水溶液中的HCl會解離成H^+與Cl^-，使水溶液中的Cl^-濃度增加， 導致NaCl（固）$\rightleftarrows$$Na^+$＋$Cl^-$的溶解平衡往左移動。此時NaCl與HCl皆會 解離出Cl^-離子，由於反應平衡往使Cl^-濃度降低的方向移動，使得表面 上NaCl的溶解度變小。這種現象就稱為同離子效應。

如何判斷平衡會往哪個方向移動呢？

～ 勒沙特列原理（平衡移動原理）～

氮氣與氫氣反應後生成氨的反應$N_2+3H_2\rightleftarrows 2NH_3$（＋92kJ）為代表性的可逆反應，最後會達到平衡狀態。若想要獲得大量的氨，就必須使反應平衡盡可能往右側移動。

若希望製氨反應盡可能往右側移動，就必須了解勒沙特列原理（也叫做平衡移動原理）。這個原理一言以蔽之，就是**使反應平衡往能夠緩和外部影響的方向移動**。請記好這個原則。以下來看看幾個例子。

①改變反應物、生成物的濃度

達成平衡狀態後，加入新的氮氣。這麼一來，為了「緩和外部影響」，反應平衡就會朝著減少氮氣的方向移動，生成更多氨。另一方面，如果抽走生成的氨，反應平衡就會偏向右側，產生更多氨。

②改變壓力容器的體積，使壓力產生變化

改變壓力容器的體積時，壓力也會發生變化。體積愈小，壓力愈大，單位體積內的粒子數也愈多。依照勒沙特列原理，這時反應平衡會往減少粒子數目的方向移動。當反應往右側進行時，1分子的氮氣N_2會與3分子的氫氣H_2反應，產生2分子的氨NH_3，整體而言會減少2分子。相反的，要是反應往左側進行，則會增加2分子。也就是說，增加壓力，便可製造出更多的氨。不過要注意的是，**即使加入He等與反應無關的惰性氣體，提升整體壓力，也不會改變反應物的分壓，故平衡並不會移動**。

③改變溫度

當溫度上升時，反應平衡會往「緩和溫度上升」的方向，即吸熱的方向移動。也就是說，反應平衡會往將氨分解成氫氣與氮氣的方向移動。由此可知，若將反應系統冷卻，使反應平衡往放熱方向移動，便可得到更多氨。

④增加催化劑

增加催化劑可以降低活化能，使反應速率變得更快。不過，由於正反應與逆反應的速率都會變快，故平衡狀態並不會改變。

由以上①～④可以知道，若想製造出更多氨，可以在灌入做為原料的氫氣與氮氣的同時，抽出製造出來的氨，並盡可能在高壓、低溫的環境下進行反應。

雖說壓力愈高愈好，但反應時需考慮到裝置的耐久度；雖說溫度愈低愈好，但低溫下即使用催化劑，氨的生成速度也會變得很慢。經過各

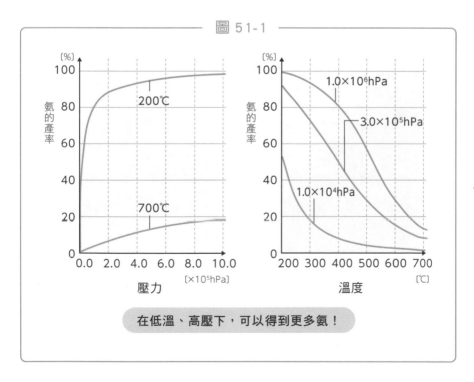

圖 51-1

在低溫、高壓下，可以得到更多氨！

種嘗試後，目前的製氨反應會在300～500大氣壓、約500℃的環境下進行。

─── 圖 51-2 ───

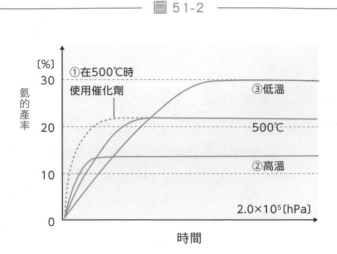

達到平衡的時間取決於溫度與催化劑的有無。
目前的製氨反應多於500℃進行，並會使用催化劑（①）。
溫度高於500℃時，雖然會更快達到平衡，
但氨的產率會變得很低（②）。
溫度低於500℃時，雖然氨的產率較高，
但卻會花更多時間才能達成平衡（③）。

第9章

酸與鹼

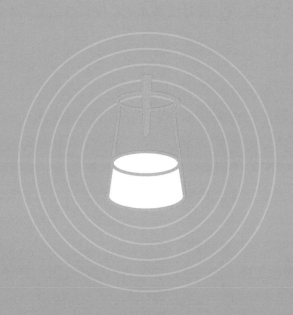

基

酸與鹼是什麼？

～ 酸與鹼的定義 ～

我們常可聽到酸性、鹼性之類的詞。在日本，國中以下的教材中會把鹼性稱為alkali性，不過在高中以上的教材中便會稱其為鹼性（為什麼稱呼會改變呢？我們將在下一節的專欄中說明）。那麼，我們又是用什麼基準來判斷物質的酸鹼呢？

醋含有醋酸、檸檬含有抗壞血酸、梅干含有檸檬酸……會酸的食物皆含有某些名稱為「～酸」的酸性物質。另一方面，某些物質為鹼性，稱為鹼性物質。常見的鹼性物質包括氫氧化鈉、氨等，肥皂、小蘇打亦屬於鹼。最初定義酸鹼的是阿瑞尼士，他提出**「酸是溶於水中時會釋放出氫離子H^+的物質」**、**「鹼是溶於水中時會釋放出氫氧根離子OH^-的物質」**。

然而，在阿瑞尼士的定義下，像是NH_3這種擁有鹼的性質的分子，卻因為不含OH^-而不屬於鹼。另外，後來的研究證明，H^+在水中並不會單獨存在，而是與H_2O結合成H_3O^+（H_3O^+叫做鋞離子）的形式存在於水中（不過，本書除了本節以外，皆會將H_3O^+簡單寫成H^+的形式）。故我們可以將阿瑞尼士酸鹼理論稍微擴展，修正成**「酸是可提供H^+的物質」**、**「鹼是可接受H^+的物質」**。這個酸鹼定義便以提倡這個概念的2位科學家命名為「布忍司特—羅瑞酸鹼理論」。在這個理論之下，擁有OH^-的物質之所以會是鹼，是因為$OH^- + H^+ \rightarrow H_2O$這個反應會消耗掉$H^+$。也就是說，鹼之所以有鹼的性質，並不是因為它有$OH^-$，而是因為它有接受$H^+$的能力。就氨的情況而言，在$NH_3 + H^+ \rightarrow NH_4^+$的反應中，氨有接受$H^+$的能力，故可歸類為鹼。

圖 52-1 ● 酸與鹼定義的整理

阿瑞尼士的定義

酸 溶於水中時會釋放出氫離子 H^+ 的物質
例　$HCl \rightarrow H^+ + Cl^-$

鹼 溶於水中時會釋放出氫氧根離子 OH^- 的物質
例　$NaOH \rightarrow Na^+ + OH^-$

布忍司特—羅瑞的定義

酸 可提供 H^+ 的物質
例　$HCl + H_2O \rightarrow H_3O^+ + Cl^-$

鹼 可接受 H^+ 的物質
例　$NH_3 + H_2O \rightarrow NH_4^+ + OH^-$

在這樣的定義下，不只 H_3O^+ 是酸，NH_4^+ 也可以是酸；不只 OH^- 是鹼，Cl^- 也可以是鹼。其中，NH_4^+ 稱為 NH_3 的共軛酸，Cl^- 稱為 HCl 的共軛鹼。

53

基

如何表示
酸與鹼的強度？

~ pH ~

　　便利商店飯糰的原料標示中，常可看到pH調整劑的成分。pH是用來表示酸鹼強度的指標。若將食物的酸鹼度調整到弱酸性，可以抑制細菌的繁殖，延長食品的保存期限。不過，要是酸性過強的話吃起來會太酸，破壞食物風味，故需控制食物的pH值在足夠酸，卻不會讓人感覺到明顯酸味的範圍內。

　　中性物質並不表示裡面完全不含任何H^+與OH^-，就連純水也會稍微解離。25℃的任何溶液中，**氫離子的莫耳濃度$[H^+]$與氫氧根離子的莫耳濃度$[OH^-]$的乘積永遠是1.0×10^{-14}〔mol/L〕^{2}，換言之，水的離子積會一直維持這個數值。**拿代表性的中性物質——純水來說，$[H^+]=[OH^-]=1.0 \times 10^{-7}$〔mol/L〕，即$H^+$與$OH^-$的莫耳濃度皆等於$10^{-7}$mol/L（圖53-1）。

圖 53-1 ●【水的離子積】純水也會稍微解離！

$$H_2O \rightleftarrows H^+ + OH^-$$

純水中，$[H^+]$ 等於$[OH^-]$；25℃時
$$[H^+]=[OH^-]=1.0 \times 10^{-7} \text{〔mol/L〕}$$

$[H^+]$與$[OH^-]$的乘積稱為水的離子積，以符號K_W表示。

$$K_W = [H^+][OH^-] = 1.0 \times 10^{-14} \text{〔mol/L〕}^2$$

在中性的純水中溶入酸性物質後，$[H^+] > [OH^-]$，因 H^+ 較多，故會呈現酸性。相反的，在純水中溶入鹼性物質後，$[H^+] < [OH^-]$，因 OH^- 較多，故會呈現鹼性。換言之，酸性指的是 $[H^+]$ 大於 10^{-7} mol/L 的狀態，中性指的是 $[H^+]$ 等於 10^{-7} mol/L 的狀態，鹼性則是指 $[H^+]$ 小於 10^{-7} mol/L 的狀態。只是，這些濃度的數值過小，難以理解，故會使用對數工具將其轉換成我們比較熟悉的數值，這就是 pH。pH 值的定義如圖 53－2 所示。

圖 53-2 ● 氫離子濃度與 pH

當 $[H^+] = 1.0 \times 10^{-n}$ (mol/L) 時，pH = n

舉例來說，當 $[H^+] = 1.0 \times 10^{-2}$ (mol/L) 時，pH = 2，
$[H^+] = 1.0 \times 10^{-13}$ (mol/L) 時，pH = 13，
$[OH^-] = 1.0 \times 10^{-2}$ (mol/L) 時，由水的離子積可得知
$[H^+] = 1.0 \times 10^{-12}$ (mol/L)，故 pH = 12。

當然，中性時 $[H^+] = [OH^-] = 1.0 \times 10^{-7}$ (mol/L)，
故 pH = 7。

我們可以藉由 pH 值比較周遭各種酸與鹼的強度，如表 53－1 所示。

光從 pH 的數值仍難以讓人理解物質的酸鹼強度，如果顏色可以直接反應出物質酸鹼強度的話，顯然會便利許多，而這就是酸鹼指示劑的功能。只要將 1、2 滴酸鹼指示劑滴入待測水溶液內，便可判斷出其酸鹼強度。酸鹼指示劑有很多種，高中化學中常用的種類包括甲基橙（pH 小於 3.2 時為紅色，大於 4.3 時為黃色）、酚酞（pH 大於 9.6 時為紅色，小於 8.5 時為無色）、溴瑞香草酚藍（BTB，pH 在 7 附近時為綠色、酸性時為黃色、鹼性時為藍色），這 3 種指示劑請記起來。

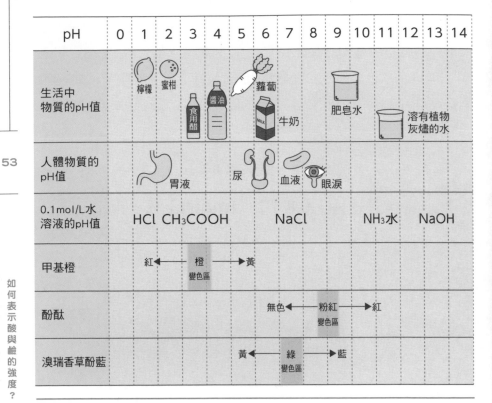

表 53-1 ● 氫離子濃度與 pH 的關係，周遭各種物質的 pH 值

【Alkali（鹼性）這個字的由來】

這個字源自阿拉伯語的al（冠詞）＋kali（灰）。將植物或海藻燒成灰後泡在水中，便會成為強鹼溶液。鹼性物質可以分解蛋白質，故可用來去除皮膚上由皮脂與蛋白質形成的汙垢。在清潔劑、肥皂等產品還沒發明出來之前，人們就是用「灰」來清潔身體的。江戶時代甚至有職業專門販賣做為清潔劑使用的灰。灰的主成分為碳酸鉀和碳酸鈉，兩者皆為鹼性物質，而鉀和鈉皆屬於週期表中的第1族金屬元素，第1族元素也因此被稱為鹼金屬元素。也就是說，氣體的氨在過去的年代中並不被歸類於alkali，不被歸類於鹼性物質。雖然日本在國中以下的教材會使用「alkali性」表示鹼性物質，但高中以後便會改用「鹼性」這個詞，因為「鹼性」所涵蓋的意義較為廣泛。

54

將酸與鹼再進一步詳細分類……

～ 以強弱與價數為酸與鹼分類 ～

酸與鹼的種類很多，我們可以用「價數」或「強弱」來分類這些酸鹼。譬如說「醋酸是1價的弱酸」、「氫氧化鈣是2價的強鹼」之類的。那麼，該如何決定酸鹼的價數與強弱呢？

首先，我們將種類繁多的酸與鹼中，將較具代表性的幾種酸鹼列於表54－1並進行分類。酸的「價數」指的是可以釋放出幾個H^+，鹼的價數則是指可以接受幾個H^+。譬如我們會說「硫酸為2價酸」、「氫氧化鈣是2價鹼」（（1）式、（2）式）。到這裡應該還不難吧！

強弱的分類比較麻煩一點。假設將氯化氫HCl溶於水中，當水溶液的濃度較稀薄時，HCl會解離成氫離子H^+與氯離子Cl^-，成為鹽酸。此時可以由（3）式計算出其解離度，稀鹽酸的解離度為1.0，換言之，溶解於水中的HCl會100%解離。以解離度為基準，若解離度愈接近1.0，則酸鹼性愈「強」；若愈接近0，則酸鹼性愈「弱」。稀鹽酸的解離度為1.0，故屬於「強酸」。

相對於屬於強酸的鹽酸，醋酸則是「弱酸」的代表。醋酸與氯化氫不同，醋酸溶於水中後，只有極少數分子會解離（請注意醋酸的解離反應式中，箭頭為雙向）。水溶液中每60個醋酸分子中，只會有1個解離，剩下的59個皆會保持分子的形式。換言之，解離度僅為0.017。不過要注意的是，解離度會隨著溫度與濃度而有很大的變化。

鹼也會出現一樣的情況。氫氧化鈉NaOH是強鹼，在水中會完全解

表 54-1 ● 依照價數與強弱為酸鹼分類

強酸	弱酸	價數	強鹼	弱鹼
氯化氫 HCl 硝酸 HNO₃	醋酸 CH₃COOH	1	氫氧化鈉 NaOH 氫氧化鉀 KOH	氨 NH₃
硫酸 H₂SO₄	硫化氫 H₂S 草酸 (COOH)₂ 二氧化碳 CO₂	2	氫氧化鈣 Ca(OH)₂ 氫氧化鋇 Ba(OH)₂	氫氧化銅（Ⅱ）Cu(OH)₂ 氫氧化鐵（Ⅱ）Fe(OH)₂ 氫氧化鎂 Mg(OH)₂
	磷酸 H₃PO₄	3		氫氧化鐵（Ⅲ）Fe(OH)₃

硫酸是擁有 2 個 H^+ 的 2 價酸　　　　$H_2SO_4 \rightarrow 2H^+ + SO_4^{2-}$　…（1）

氫氧化鈣是擁有 2 個 OH^- 的 2 價鹼　　$Ca(OH)_2 \rightarrow Ca^{2+} + 2OH^-$　…（2）

$$解離度\,\alpha = \frac{解離的酸（鹼）的物質量〔mol〕（或莫耳濃度）}{溶解的酸（鹼）的物質量〔mol〕（或莫耳濃度）} \quad …（3）$$

$$HCl \rightarrow H^+ + Cl^- \qquad CH_3COOH \leftrightarrows CH_3COO^- + H^+$$

離成鈉離子Na^+與氫氧根離子OH^-。另一方面，氨NH_3是弱鹼，溶於水中時只會有一小部分與水分子反應形成NH_4^+與OH^-，大部分則是保持NH_3分子的形式。

　　這麼看來，可能會覺得「強」與「弱」的界線有些曖昧不明，這個想法並沒有錯。以強酸中的鹽酸與弱酸中的醋酸為例，假設我們想要比較這兩者的酸性強弱，在相同的莫耳濃度下，鹽酸的酸性自然強得多；但如果鹽酸的濃度相當稀薄的話，就必須比較溶液中H^+的莫耳濃度，才能知道哪種酸的強度比較強了（圖54－1）。

圖 54-1 ● 哪種酸的酸性比較強？

pH 值可以用來判斷水溶液的酸性強度，相當方便！

解離度 1.0 的 0.00010 mol/L 鹽酸

解離度 0.010 的 0.10 mol/L 醋酸

由「溶質的莫耳濃度×解離度」可算出H^+的莫耳濃度。

鹽酸釋放出來的H^+

$0.00010 (mol/L) \times 1.0 = 0.00010 (mol/L) = 1.0 \times 10^{-4} (mol/L) \rightarrow pH=4$

醋酸釋放出來的H^+

$0.10 (mol/L) \times 0.010 = 0.0010 (mol/L) = 1.0 \times 10^{-3} (mol/L) \rightarrow pH=3$

⇒醋酸的pH較小，故這2種溶液中，醋酸的酸性較強

55

將酸與鹼混合後……？

～ 中和 ～

　　強酸、強鹼都對生物有害，也會對環境帶來不良影響。故在丟棄強酸、強鹼之前，需將酸與鹼混合，使彼此的性質互相抵銷才行，也就是所謂的中和。以下讓我們來看看酸鹼中和的機制吧。

　　首先，來看看鹽酸與氫氧化鈉水溶液混合之後會發生什麼事吧。圖55－1是將氫氧化鈉水溶液加至鹽酸內的示意圖。在這個過程中，**酸與鹼的反應（（1）式）稱為中和反應，而除了水以外的生成物（本例中為NaCl）就稱為鹽（請注意這裡的鹽指的不是食鹽）。**

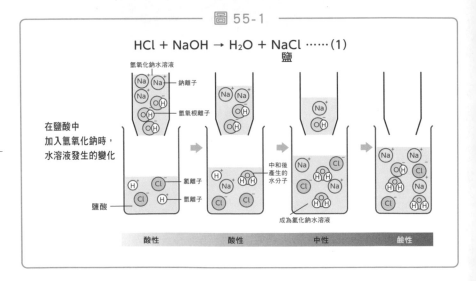

圖 55-1

$$HCl + NaOH \rightarrow H_2O + NaCl \cdots (1)$$

【鹽的種類】

　　如表55－1所示，鹽可以分為正鹽、酸式鹽、鹼式鹽3種。當酸的所有H^+皆被其他陽離子取代時，便會形成正鹽；若只有一部分的H^+被取代，會形成酸式鹽；如果鹼的一部分OH^-被其他陰離子取代，則會形成鹼式鹽。這些分類由鹽類本身的組成決定，與其水溶液的性質無關。舉例來說，硫酸氫鈉為酸式鹽，其水溶液為酸性；不過同為酸式鹽的碳酸氫鈉，其水溶液則是鹼性。

　　有個訣竅可以幫助我們看出鹽的水溶液是酸還是鹼。像是鹽酸與氫氧化鈉水溶液這種強酸與強鹼的中和反應所形成的鹽，其水溶液會是中性。不過，如果是強酸與弱鹼中和的話，由於酸的強度比較強，故會得到弱酸性的鹽；相對的，弱酸與強鹼中和時，由於鹼的強度比較強，故會得到弱鹼性的鹽。詳細理由及計算方式將於後面的第58節中說明。

表 55-1 ● **鹽的種類**

種類	組成	範例		
正鹽	酸的H與鹼的OH皆被取代的鹽	氯化鈉　NaCl 醋酸鈉　CH_3COONa	氯化銨　NH_4Cl 硫酸銅（Ⅱ）　$CuSO_4$	
酸式鹽	仍有酸的H未被取代的鹽	碳酸氫鈉　$NaHCO_3$ 硫酸氫鈉　$NaHSO_4$		
鹼式鹽	仍有鹼的OH未被取代的鹽	鹼式氯化鈣　$CaCl(OH)$ 鹼式氯化鎂　$MgCl(OH)$		

碳酸氫鈉　$NaHCO_3$　⟶　雖然是酸式鹽，但其水溶液為鹼性

氯化銨　NH_4Cl　⟶　雖然是正鹽，但其水溶液為酸性

醋酸鈉　CH_3COONa　⟶　雖然是正鹽，但其水溶液為鹼性

硫酸氫鈉　$NaHSO_4$　⟶　雖然是酸性鹽，但其水溶液為酸性
　　　　　　　　　　　　（有一半的硫酸被中和的狀態）

56

化學很厲害的人
不會講解離度，因為……

～ 用解離常數來計算弱酸、弱鹼的pH值 ～

如表56－1所示，解離度會隨著物質濃度而改變，如果用解離度來計算弱酸、弱鹼的pH值的話會很麻煩。不過，如果用平衡常數中的解離常數來計算pH值的話，便會簡單許多。

醋酸水溶液中會達成 $CH_3COOH \rightleftarrows CH_3COO^- + H^+$ 的平衡，依照第49節的定義，可以知道這個反應式的平衡常數可以表示成

$$K_a = \frac{[CH_3COO^-][H^+]}{[CH_3COOH]}$$

— 表 56-1 ● **醋酸的濃度與解離度** —

醋酸的濃度c〔mol/L〕	解離度 α (25℃)
1.0	0.0052
0.1	0.016
0.01	0.051
0.001	0.15

這裡的平衡常數 K_a 又稱為酸的解離常數。只要溫度不改變，這個解離常數就會是定值，故可以用 K_a 計算出pH值，而且比解離度還要方便。以醋酸為例，假設醋酸的初始濃度為 c mol/L，解離度為 α，讓我們試著算算看醋酸分子的解離達到平衡時pH值會是多少吧（圖56－1）。

那麼，鹼的情況又是如何呢？氨的水溶液中會達成 $NH_3 + H_2O \rightleftarrows NH_4^+ + OH^-$ 的平衡，此時的平衡常數可以表示成

$$K = \frac{[NH_4^+][OH^-]}{[NH_3][H_2O]}$$

圖 56-1 ● 弱酸的解離度與解離常數

$$CH_3COOH \rightleftarrows CH_3COO^- + H^+$$

解離前	c	0	0 〔mol/L〕
變化量	$-c\alpha$	$+c\alpha$	$+c\alpha$ 〔mol/L〕
解離平衡時	$c(1-\alpha)$	$c\alpha$	$c\alpha$ 〔mol/L〕

代入醋酸的
解離常數K_a後，　▶
可得到右式。

$$K_a = \frac{[CH_3COO][H^+]}{[CH_3COOH]} = \frac{c\alpha \times c\alpha}{c(1-\alpha)} = \frac{c\alpha^2}{(1-\alpha)}$$

弱酸的解離度α相當接近0，
故$1-\alpha$可以視為1。因此可得到右方近似式

$$K_a = c\alpha^2$$

於是，解離度α可改寫為右方形式。　▶ $\alpha = \sqrt{\dfrac{K_a}{c}}$

另外，由於弱酸的$[H^+]$等於$c\alpha$
〔mol/L〕，故可再改寫為右列形式。　▶ $[H^+] = c\alpha = c\sqrt{\dfrac{K_a}{c}} = \sqrt{cK_a}$

在達成解離平衡的過程中，由於水的莫耳濃度$[H_2O]$相當大，變化量相對較小，故可視為維持一定。令$K[H_2O]$為K_b，可將平衡常數改寫如下

$$K_b = \frac{[NH_4^+][OH^-]}{[NH_3]}$$

這個平衡常數K_b又稱為鹼的解離常數。計算弱鹼的$[OH^-]$過程，與計算弱酸的$[H^+]$類似，最後可以得到如圖56－2的結果。

圖 56-2 ● 弱鹼的解離度與解離常數

弱鹼的$[OH^-]$與弱酸的$[H^+]$計算過程類似，結果如下。

$$\alpha = \sqrt{\frac{K_b}{c}} \quad , \quad [OH^-] = \sqrt{cK_b}$$

第 9 章

酸 與 鹼

57

從酸鹼中和反應來看pH的變化①

～ 以強鹼滴定強酸的滴定曲線 ～

將鹼性溶液加到酸性溶液中時，pH值會如何改變呢？讓我們試著算算看吧。另外，已加入之鹼性溶液體積與pH值的關係圖稱為滴定曲線。本節將會帶你一起計算強鹼滴定強酸時的滴定曲線。

當我們將0.10mol/L的氫氧化鈉水溶液緩緩加至20mL的同濃度鹽酸時，pH會如何改變呢？在當量點時，H^+的物質量會等於OH^-的物質量，故圖57－1的（1）式會成立。

圖 57-1

H^+的物質量 $= a \times c \times \dfrac{V}{1000}$ 〔mol〕

OH^-的物質量 $= b \times c' \times \dfrac{V'}{1000}$ 〔mol〕

故以下等式成立。

$$\dfrac{acV}{1000} = \dfrac{bc'V'}{1000}$$

或是 $acV = bc'V'$ …… （1）

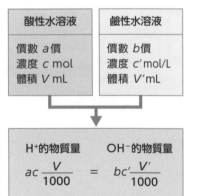

酸性水溶液	鹼性水溶液
價數 a 價	價數 b 價
濃度 c mol/L	濃度 c' mol/L
體積 V mL	體積 V' mL

H^+的物質量		OH^-的物質量
$ac\dfrac{V}{1000}$	$=$	$bc'\dfrac{V'}{1000}$

本例為同濃度之1價酸與1價鹼的中和反應，故達到當量點時，已加入的氫氧化鈉應為20mL。以下我們將計算滴定前、加入5mL之NaOH水溶液時、加入10mL、15mL、18mL、19mL、20mL（當量點）、30mL、40mL時的pH值，並將其畫成滴定曲線。

①滴定前　pH＝1.00

計算pH值時，需先求出H^+的莫耳濃度，再取其對數。鹽酸為強酸，故可完全解離，如下所示。

	HCl	$\rightarrow$	H^+	+	Cl^-
解離前	0.10mol/L		0mol/L		0mol/L
解離後	0		0.10mol/L		0.10mol/L

因 $[H^+]＝0.10$，故$pH＝-\log [H^+] ＝1.0$。

②加入5mL之NaOH水溶液時　pH＝1.22

該怎麼計算此時的pH值呢？若想知道pH值，需先算出$[H^+]$是多少。而此時H^+的物質量會等於一開始溶液中含有的H^+減去被中和掉的部分（已加至溶液中的OH^-物質量）。

0.10〔mol/L〕× 0.020〔L〕－ 0.10〔mol/L〕× 0.005〔L〕＝ 0.0015〔mol〕

這裡要注意的是，計算此時的$[H^+]$時，由於溶液體積已增加至25mL，故分母也需跟著改變。算式如下

$[H^+]＝0.0015$〔mol〕÷0.025〔L〕＝0.060〔mol/L〕

可得$pH＝-\log[H^+]＝1.22$

③加入10mL之NaOH水溶液時　pH＝1.48

以同樣方式計算後可得$pH＝-\log[H^+]＝1.48$

④加入15mL之NaOH水溶液時　pH＝1.85

以同樣方式計算後可得$pH＝-\log[H^+]＝1.85$

⑤加入18mL之NaOH水溶液時　pH＝2.28

以同樣方式計算後可得$pH＝-\log[H^+]＝2.28$

⑥**加入19mL之NaOH水溶液時　pH＝2.59**

以同樣方式計算後可得pH＝－log[H⁺]＝2.59

⑦**加入20mL之NaOH水溶液時（當量點）　pH＝7.00**

⑧**加入30mL之NaOH水溶液時　pH＝12.30**

在當量點之後就不用考慮H⁺的濃度了，這時要計算的是OH⁻的莫耳濃度，也就是[OH⁻]。

[OH⁻]＝0.0010〔mol〕÷0.050〔L〕＝0.020〔mol/L〕

pOH＝－log[OH⁻]＝1.70

pH＝14－pOH＝12.30

⑨**加入40mL之NaOH水溶液時　pH＝12.52**

以同樣方式計算，

[OH⁻]＝0.0020〔mol〕÷0.060〔L〕＝0.033〔mol/L〕

pOH＝－log[OH⁻]＝1.48

pH＝14－pOH＝12.52

將以上計算結果標記於圖上，並連接成線（圖57-2）。由圖可以看出，pH值在當量點附近會快速上升。

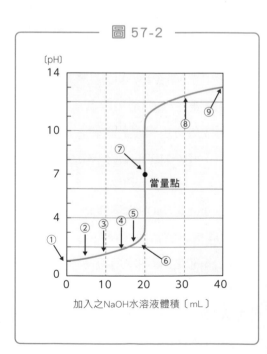

圖 57-2

加入之NaOH水溶液體積〔mL〕

58

從酸鹼中和反應來看pH的變化②

～ 以強鹼滴定弱酸的滴定曲線 ～

接著，讓我們來計算看看弱酸與強鹼中和時的pH值變化，並畫出滴定曲線吧。若要畫出正確的滴定曲線，需要用到解離常數。

當我們將0.10mol/L的氫氧化鈉水溶液緩緩加至20mL的同濃度醋酸時，pH會如何改變呢？

強鹼滴定弱酸時，同樣可以用前一節圖57－1的（1）式求出當量點。這是因為即使弱酸分子在水中只有一小部分解離出H^+，當這些H^+被中和掉之後，又會有其他的弱酸分子解離出新的H^+。這個實驗為同濃度的1價酸與1價鹼的中和反應，故達到當量點時，已加入的氫氧化鈉水溶液應同樣為20mL。以下將計算滴定前、加入5mL之NaOH水溶液時、加入10mL、15mL、18mL、19mL、20mL（當量點）、30mL、40mL時的pH值，並將其畫成滴定曲線。其中，設醋酸的解離常數K_a為$2.7×10^{-5}$。

①滴定前 pH＝2.78

因醋酸為弱酸，可由解離常數K_a計算出$[H^+]=\sqrt{cK_a}$，故可得出pH$=-\log[H^+]=2.78$。

②加入5mL之NaOH水溶液時 pH＝4.09

此時的pH值又該怎麼計算呢？5mL、0.10mol/L的NaOH水溶液內含有$5.0×10^{-4}$〔mol〕的OH^-，故可以中和掉等量的醋酸，生成醋酸鈉。整理如下頁的表格（單位為mol）。

$$CH_3COOH \ + \ NaOH \ \rightarrow \ CH_3COONa \ + \ H_2O$$

將NaOH		CH₃COOH	NaOH	CH₃COONa	H₂O
	加入前	2.0×10^{-3}	5.0×10^{-4}	0	大量
	加入後	1.5×10^{-3}	0	5.0×10^{-4}	大量

將表中mol數除以溶液體積0.025L（20mL＋5mL）便可得到莫耳濃度。

接著請想想看，要將哪些數值代入醋酸的解離式，才能計算出[H⁺]呢？

$$K_a = \frac{[CH_3COO^-][H^+]}{[CH_3COOH]}$$

K_a代入解離常數2.7×10^{-5}。[CH₃COO⁻]為加入NaOH後的CH₃COONa莫耳濃度（$5.0 \times 10^{-4} \div 0.025$）。這是因為鹽類CH₃COONa在水中會完全解離成CH₃COO⁻和Na⁺的關係。[CH₃COOH]則是尚未被中和之醋酸的莫耳濃度，為$1.5 \times 10^{-3} \div 0.025$。於是可以得到以下方程式。

$$2.7 \times 10^{-5} = \frac{\frac{5.0 \times 10^{-4}}{0.025} \times [H^+]}{\frac{1.5 \times 10^{-3}}{0.025}}$$

分子與分母的水溶液體積0.025可以消掉，最後得到[H⁺]＝8.1×10^{-5}，pH＝4.09。由以上計算過程可以得知，在達到當量點前的[H⁺]可以由以下算式算出。

$$[H^+] = \frac{[CH_3COOH]}{[CH_3COO^-]} \times K_a = \frac{尚未被中和的弱酸mol數}{已被中和的弱酸mol數（＝已加入的強鹼mol數）} \times K_a$$

③加入10mL之NaOH水溶液時　pH＝4.57

由於當量點是20mL，故加入10mL的NaOH後，已有一半的醋酸被中和，又稱為半中和點。在半中和點時，已被中和的酸mol數與尚未被中和的酸mol數相等，故[H⁺]＝K_a，由此可計算出pH＝4.57。此時計算pH所用的算式只剩下解離常數，也就是說，弱酸、鹽類的莫耳濃度並不會影響到pH值。這表示，**即使稀釋半中和點狀態下的水溶液，溶液的pH**

也不會改變。**擁有這種特性的水溶液又稱為緩衝液。**這點相當重要，請務必記熟。

由於緩衝液中有相對大量的CH_3COO^-，故即使加入少量的酸（H^+），也會在$CH_3COO^- + H^+ \rightarrow CH_3COOH$的反應下中和掉這些酸，故$H^+$的量幾乎不會改變，pH值也幾乎不會變。

另一方面，由於緩衝液中有相對大量的CH_3COOH，故即使加入少量的鹼（OH^-），也會在$CH_3COOH + OH^- \rightarrow CH_3COO^- + H_2O$的反應下中和掉這些鹼，故pH值幾乎不會改變。像這種**可以自行減緩來自外界的影響，使溶液pH值幾乎保持一定的作用，稱為緩衝作用，而擁有緩衝作用的溶液則稱為緩衝液。**

④加入15mL之NaOH水溶液時　pH＝5.04

由②的式子

$$[H^+] = \frac{\text{尚未被中和的弱酸mol數}}{\text{已被中和的弱酸mol數（＝已加入的強鹼mol數）}} \times K_a$$

可以得到$pH = -\log[H^+] = -\log\left(\dfrac{5.0 \times 10^{-4}}{1.5 \times 10^{-3}} \times K_a\right) = 5.04$

⑤加入18mL之NaOH水溶液時　pH＝5.52

以同樣方式計算後可得

$$pH = -\log[H^+] = -\log\left(\frac{2.0 \times 10^{-4}}{1.8 \times 10^{-3}} \times K_a\right) = 5.52$$

⑥加入19mL之NaOH水溶液時　pH＝5.85

以同樣方式計算後可得$pH = -\log[H^+] = 5.85$

⑦加入20mL之NaOH水溶液時（當量點）　　pH＝8.63

此時，若用以下方程式計算

$$[H^+] = \frac{\text{尚未被中和的弱酸mol數}}{\text{已被中和的弱酸mol數（＝已加入的強鹼mol數）}} \times K_a$$

會因為分子是0而算不出答案。此時計算pH值時，需用到「鹽的水解」這個概念，以「鹽的水解常數K_h」來計算才行。

達到當量點時，所有的醋酸皆會轉變成醋酸鈉，而醋酸鈉這種鹽類

溶於水中時會完全解離成醋酸根離子與鈉離子。**醋酸是弱酸，解離度較小，故醋酸鈉解離後所產生的醋酸根離子中，一部分會與水分子反應形成醋酸分子。**

$$CH_3COO^- + H_2O \rightleftarrows CH_3COOH + OH^-$$

這個反應會增加OH^-的濃度，使水溶液轉變成弱鹼性。這個過程稱為鹽的水解。

接下來讓我們實際算算看pH值是多少。此時，醋酸根離子的物質量應與0.10mol/L、20mL之醋酸物質量相同，不過溶液體積變為2倍，故醋酸根離子的濃度會變成一半，也就是0.050mol/L。假設其中的$x$mol/L會產生水解反應，可得到下表。

水解		CH_3COO^-	+	H_2O	$\rightleftarrows$	CH_3COOH	+	OH^-
	前	0.050		大量		0		0
	後	$0.050-x$		大量		x		x

這裡的x遠小於0.050，故$0.050-x \fallingdotseq 0.050$。

$$K_h = \frac{[CH_3COOH][OH^-]}{[CH_3COO^-]} = \frac{x^2}{c-x} \fallingdotseq \frac{x^2}{c} \, (mol/L)$$

$$x = \sqrt{c \times K_h}$$

另一方面，醋酸的解離常數$K_a = 2.7 \times 10^{-5}$，而水的離子積$K_w = 1.0 \times 10^{-14}$，將$K_h$的分子與分母同乘以$[H^+]$，再將式子經過變形，最後便可得到$K_h = K_w/K_a$。

$$K_h = \frac{[CH_3COOH][OH^-][H^+]}{[CH_3COO^-][H^+]} = \frac{[CH_3COOH]K_w}{[CH_3COO^-][H^+]} = \frac{K_w}{\frac{[CH_3COO^-][H^+]}{[CH_3COOH]}} = \frac{K_w}{K_a} = \frac{1.0 \times 10^{-14}}{2.7 \times 10^{-5}} = 3.7 \times 10^{-10}$$

由以上算式可以得知，

$$[OH^-] = x = \sqrt{c \times K_h}$$

故$pH = -\log[H^+] = 14 - pOH = 14 + \log[OH^-]$

$$= 14 + \log\sqrt{c \times K_h} = 8.63$$

⑧、⑨當量點以後的pH

超過當量點以後，pH的變化與第57節中的強酸強鹼滴定相同。

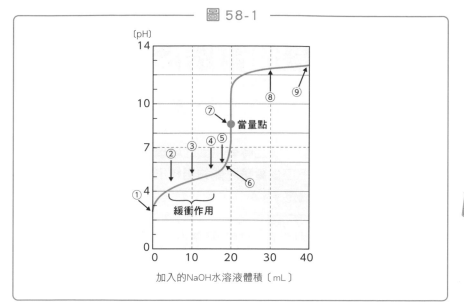

圖 58-1

59 酸鹼中和滴定會用到 什麼樣的實驗器材呢？

基

～ 酸鹼中和滴定的實驗方法 ～

　　接著讓我們把焦點放在滴定時會用到的玻璃器材、判斷是否達到當量點的指示劑，以及要怎麼做實驗才能夠描繪出正確的滴定曲線吧。這個實驗又稱為酸鹼中和滴定。

　　假設我們眼前有一杯濃度待測的稀鹽酸，只知道它的濃度大約是0.1mol/L左右。若想知道這杯鹽酸的正確濃度，需以圖57－1的（1）式，也就是酸鹼中和的公式為基礎，正確量測鹽酸的體積，再計算出大概需要多少體積、多少濃度的NaOH水溶液才能夠中和這些量的鹽酸。

　　接下來要請你以NaOH固體配置出0.100mol/L的NaOH水溶液。不過，實際上在測量4.00g的NaOH顆粒，準備將其溶於1.00L的水中的過程中，這些NaOH顆粒卻會持續吸收空氣中的水分而愈來愈重！

　　這個性質就稱為潮解性。**因為NaOH會潮解，所以如果要確定NaOH的濃度的話，必須先用已知正確濃度的酸性溶液進行酸鹼中和滴定（標定）才行。**這時我們會用無潮解性的2價酸——草酸配置已知濃度的水溶液（又稱為標準溶液），接著用草酸標準溶液滴定NaOH溶液，計算出NaOH的正確濃度。然後再用NaOH溶液來滴定鹽酸，計算出HCl的正確濃度。也就是說，需要兩階段的滴定過程。

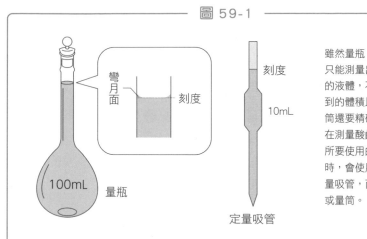

圖 59-1

彎月面
刻度
刻度

10mL

100mL 量瓶

定量吸管

雖然量瓶、定量吸管
只能測量出特定體積
的液體，不過它們量
到的體積比燒杯、量
筒還要精確。
在測量酸鹼中和滴定
所要使用的液體體積
時，會使用量瓶和定
量吸管，而不是燒杯
或量筒。

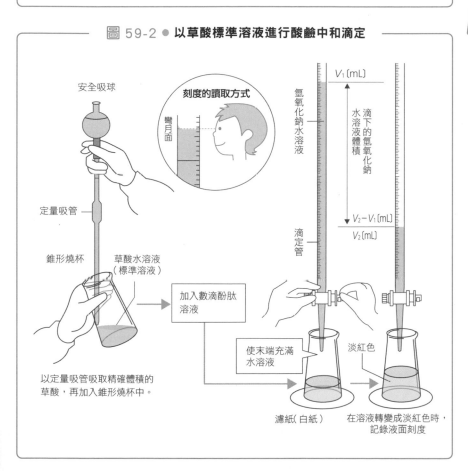

圖 59-2 ● 以草酸標準溶液進行酸鹼中和滴定

安全吸球

刻度的讀取方式
彎月面

氫氧化鈉水溶液

V_1 [mL]

滴下的氫氧化鈉水溶液體積

定量吸管

錐形燒杯　草酸水溶液
（標準溶液）

加入數滴酚酞
溶液

$V_2 - V_1$ [mL]
V_2 [mL]

滴定管

以定量吸管吸取精確體積的
草酸，再加入錐形燒杯中。

使末端充滿
水溶液

淡紅色

濾紙（白紙）

在溶液轉變成淡紅色時，
記錄液面刻度

那麼，要怎麼知道何時會達到當量點呢？這時就要用到我們在第53節中所介紹的pH指示劑了。每種pH指示劑都有自己的變色區，也就是顏色產生變化的pH區域。必須要依酸鹼中和滴定中的酸鹼種類來選擇使用酚酞或甲基橙做為pH指示劑。請看圖59－3與圖59－4，**滴定時，需選擇滴定曲線會垂直貫穿變色區的指示劑。**圖59－3中，滴定鹽酸時，由於滴定曲線會垂直貫穿甲基橙與酚酞的變色區，故這2種指示劑皆可用於鹽酸的滴定。不過，滴定醋酸時，在離當量點還有一段距離時，滴定曲線便會穿過甲基橙的變色區，故甲基橙不適合用於醋酸的滴定。同樣的，如圖59－4所示，以鹽酸滴定氨水時，可以用甲基橙做為指示劑，卻不能用酚酞。

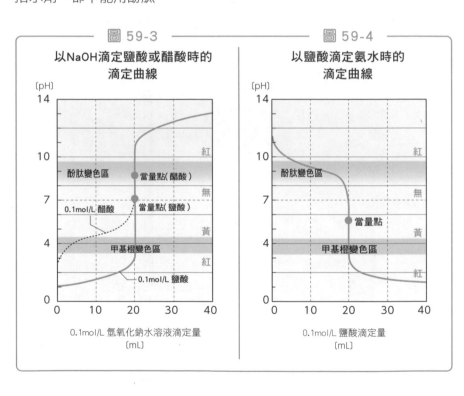

基礎化學　理論化學　無機化學　有機化學　高分子化學

第10章

氧化還原反應

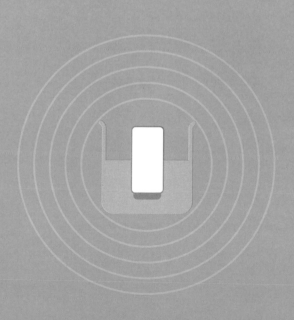

60

為何對「氧化」有壞印象？
實際情形又是如何呢？

～ 氧化與還原的正確定義 ～

60

為
何
對
「
氧
化
」
有
壞
印
象
？
實
際
情
形
又
是
如
何
呢
？

　　「鐵生鏽」指的是鐵與氧氣結合成氧化鐵的過程。鐵生鏽後會變得脆弱，無法發揮正常功能。另外，茶和果汁中也常添加「抗氧化劑」防止變質。在許多類似例子中常可看到「生鏽」、「氧化」等詞，讓我們對這些詞有著不好的印象。那麼事實上又是如何呢？讓我們從化學的角度來看看吧。

　　國中會將「氧化反應」解釋成「與氧結合的反應」，並會將「還原反應」解釋成氧化反應的相反，也就是「將氧原子與其他元素分開的反應」（圖60－1）。

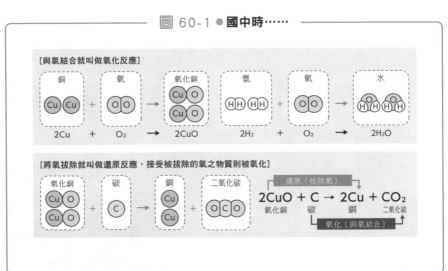

圖 60-1 ●國中時……

[與氧結合就叫做氧化反應]

銅　　　　氧　　　　氧化銅　　　　氫　　　　氧　　　　水

2Cu ＋ O₂ → 2CuO　　　2H₂ ＋ O₂ → 2H₂O

[將氧拔除就叫做還原反應，接受被拔除的氧之物質則被氧化]

氧化銅　　　碳　　　銅　　　二氧化碳

還原（拔除氧）

2CuO ＋ C → 2Cu ＋ CO₂
氧化銅　碳　　銅　二氧化碳

氧化（與氧結合）

不過在高中的化學教科書中，會將氧化與還原描述成電子的傳遞。**當某個原子失去電子時，便會定義「這個原子被氧化了」；而當某個原子獲得電子時，則定義為「這個電子被還原了」**。依照這樣的定義，「鐵生鏽」的反應中，鐵被氧化的同時，氧原子也因為接受電子而被還原。也就是說，**氧化反應與還原反應必定會同時發生，而不會單獨發生**。因此，高中以後的教材中皆稱其為氧化還原反應。這件事相當重要，請務必記住。

那麼，以失去或獲得電子為基準來定義氧化還原反應有什麼優點呢？讓我們以「將氯與加熱後的銅混合後，會反應產生氯化銅」為例來說明（圖60-2）。

反應後所產生的$CuCl_2$為Cu^{2+}與Cl^-以離子鍵結合而成的離子結晶。若考慮電子的移動，由於Cu在反應後失去了2個電子，故可說Cu被氧化；Cl在反應後獲得了1個電子，故可說Cl被還原。因為Cu把電子給予

圖 60-2 ● **高中教材中，會以電子的移動做為氧化還原反應的基準**

$$Cu + Cl_2 \rightarrow CuCl_2$$

Cu被氧化，Cl被還原

$$Cu \rightarrow Cu^{2+} + \boxed{2e^-} \text{（失去e^-）}$$
$$Cl_2 + \boxed{2e^-} \rightarrow 2Cl^- \text{（獲得e^-）}$$

$$2CuO + C \rightarrow 2Cu + CO_2$$

Cu：被還原
C：被氧化
O：被還原

若以電子的移動為基準，
便可判斷O原子本身
是被氧化還是被還原！

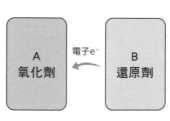

A
氧化劑

電子e^-

B
還原劑

A氧化B，
即A被B還原。
代表A奪走了B的
電子。

B還原A，
即B被A氧化。
代表B將電子
給予A。

Cl，使Cl還原，故Cu是還原劑；而Cl₂奪走了Cu的電子，氧化了Cu，故Cl₂是氧化劑。像這樣以電子的移動來定義氧化或還原，便可明確定義出每一種原子究竟是被氧化還是被還原，是個很有利的優點。

若用以上內容來說明本節一開始提到的例子，鐵的生鏽、食品的氧化（正確來說應該是「食品被氧化」）皆是因為做為氧化劑的氧氣奪走了鐵或食品的電子。之後的內容中氧化劑、還原劑等用語還會常常出現，請務必牢牢記住。

判斷是氧化或還原的強力武器

～ 氧化數 ～

前節提到，氧化還原反應是傳遞電子的過程。不過，從實際的化學反應式並不容易馬上判斷出某原子是被氧化還是被還原。舉例來說，氫氣與氮氣反應產生氨的反應$3H_2 + N_2 \rightarrow 2NH_3$中，乍看之下也無法判斷是哪個原子失去電子，哪個電子獲得電子。這時候，「氧化數」就是一個很好的工具。

我們之所以難以直接從這個化學反應式中馬上看出電子傳遞方向，是因為氨NH_3並不是靠離子鍵結合，而是靠共價鍵結合的分子。而N—H之間的共價鍵中，N的電負度（參考第10節）比較大，故原本屬於H原子的電子會被拉向N原子。如果硬要用離子鍵來比喻的話，我們可以說N接受了電子，而H則是失去電子。也就是說，N_2、H_2等元素態分子經反應形成NH_3時，H會失去1個電子，成為H^+的狀態；而N則會從3個H原子那裡分別獲得1個電子，共獲得3個電子，成為N^{3-}的狀態。假設兩者的初始狀態皆為0，並以數字表示電子的增減，便可得到H為$0 \rightarrow +1$，N為$0 \rightarrow -3$，H原子的數值增加，代表其被氧化，N原子的數值減少，代表其被還原。

圖 61-1

$$N_2 + 3H_2 \rightarrow 2$$

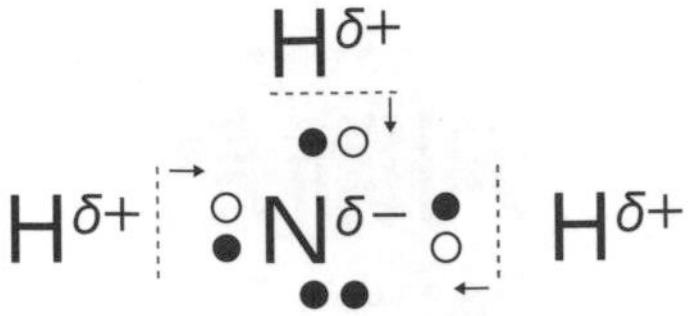

這個數字又稱為氧化數，可用來表示每種原子被氧化的程度。使用氧化數呈現時，**如果某物質的氧化數在反應後增加，就表示該物質的原子被氧化；如果氧化數在反應後減少，就表示該物質的原子被還原。**一眼便可看出物質是被氧化還是被還原，相當方便。

表61－1為氧化數的決定方式與應注意的重點。

表 61-1 ● 氧化數的決定方式

同元素的原子的氧化數也可能會不一樣，這點請特別注意

①	元素態分子的原子，氧化數皆為0。	H_2、Na、Cl_2中，原子的氧化數皆為0
	原因：由單一元素鍵結而成的分子中，電子分布不會特別偏向哪個原子。	
②	化合物中，氫原子的氧化數為＋1，氧原子的氧化數為－2。	$\underset{+1-2}{H_2O}$ $\quad$ $\underset{+1}{NH_3}$
	原因：一般而言，因為氫原子的電負度比較小，故常形成1價陽離子；即使與其他原子形成共價鍵，共用電子對通常也會被另1個原子拉過去。氧原子則剛好相反。 **例外：**H_2O_2以H—O—O—H的形式鍵結而成，而在2個O原子之間的共價鍵中，共用電子對並不會偏向任何一邊，故此時O的氧化數為－1。而NaH等金屬原子與H原子所形成的化合物中，金屬原子的電負度明顯遠小於H原子，因此會形成Na^+與H^-的形態，故此時的H氧化數為－1。	
③	不帶電荷的化合物中，各原子的氧化數總和為0。	$\underset{x+1}{NH_3}$ $\quad$ $x \times 1+(+1) \times 3=0$ 故$x=-3$ $\underset{x-2}{SO_2}$ $\quad$ $x \times 1+(-2) \times 2=0$ 故$x=+4$
④	單原子離子的氧化數與離子的電荷相等。	$\underset{+1}{Na^+}$ $\underset{+2}{Ca^{2+}}$ $\underset{-1}{Cl^-}$
⑤	多原子離子中，各原子的氧化總和等於離子的電荷。	$\underset{x-2}{SO_4^{2-}}$ $\quad$ $x \times 1+(-2) \times 4=-2$ 故$x=+6$ $\underset{x+1}{NH_4^+}$ $\quad$ $x \times 1+(+1) \times 4=+1$ 故$x=-3$

氧化劑與還原劑分別有哪幾種呢？

～ 比較氧化劑、還原劑的氧化力、還原力 ～

本節將會介紹一些常見的氧化劑與還原劑。半反應式可以將氧化還原反應中氧化劑的反應與還原劑的部分分開來表示。圖62－1以氧化力與還原力為基準，列出了各種物質的半反應式。位於愈右上方的物質是愈強的還原劑，愈左下方的物質則是愈強的氧化劑。可能你會想問，那麼在中間的物質又是如何呢？讓我們一起來看看吧。

圖62－1的最上方寫著$K^+ + e^- \rightleftarrows K$的半反應式。這是因為，K是圖62－1中最強的還原劑，K^+則是圖中最弱的還原劑，這個平衡反應（注意正中間有「$\rightleftarrows$」的雙向箭頭）會極端地偏向左側。也就是說，K會將電子盡可能地丟給周圍其他原子，使其在自然狀態下多會以K^+的形式存在。

相反的，表中由下算起的第5個半反應式為$Cl_2 + 2e^- \rightleftarrows 2Cl^-$，其中$Cl_2$為強氧化劑，故反應平衡會極端地偏向右側。與K的狀況相反，單一元素分子Cl_2會盡可能地奪取周圍原子的電子，使其在自然狀態下以Cl^-的形式存在。

不過，若在含有Cl^-的水溶液中加入強氧化劑MnO_4^-，則會使$Cl_2 + 2e^- \rightleftarrows 2Cl^-$往左偏，生成$Cl_2$。

一般我們會以位於這張表中央的半反應式$2H^+ + e^- \rightleftarrows H_2$為基準，測量其他半反應式的平衡比它更偏左還是更偏右，藉此排出半反應的序列。

圖 62-1

$$K^+ + e^- \rightleftarrows K$$
$$Ca^{2+} + 2e^- \rightleftarrows Ca$$
$$Na^+ + e^- \rightleftarrows Na$$
$$Mg^{2+} + 2e^- \rightleftarrows Mg$$
$$Al^{3+} + 3e^- \rightleftarrows Al$$
$$2H_2O + 2e^- \rightleftarrows 2OH^- + H_2$$
$$Zn^{2+} + 2e^- \rightleftarrows Zn$$
$$2CO_2 + 2H^+ + 2e^- \rightleftarrows (COOH)_2$$
$$Fe^{2+} + 2e^- \rightleftarrows Fe$$
$$Ni^{2+} + 2e^- \rightleftarrows Ni$$
$$Sn^{2+} + 2e^- \rightleftarrows Sn$$
$$Pb^{2+} + 2e^- \rightleftarrows Pb$$
$$2H^+ + 2e^- \rightleftarrows H_2$$ ← 基準
$$Sn^{4+} + 2e^- \rightleftarrows Sn^{2+}$$
$$SO_4^{2-} + 4H^+ + 2e^- \rightleftarrows SO_2 + 2H_2O$$ ★
$$S + 2H^+ + 2e^- \rightleftarrows H_2S \ aq$$
$$Cu^{2+} + 2e^- \rightleftarrows Cu$$
$$2H_2O + O_2 + 4e^- \rightleftarrows 4OH^-$$
$$SO_2 + 4H^+ + 4e^- \rightleftarrows S + 2H_2O$$ ★
$$I_2 + 2e^- \rightleftarrows 2I^-$$
$$O_2 + 2H^+ + 2e^- \rightleftarrows H_2O_2$$ ☆
$$Fe^{3+} + e^- \rightleftarrows Fe^{2+}$$
$$Hg_2^{2+} + 2e^- \rightleftarrows 2Hg$$
$$Ag^+ + e^- \rightleftarrows Ag$$
$$HNO_3 + H^+ + e^- \rightleftarrows NO_2 + H_2O$$
$$NO_3^- + 4H^+ + 3e^- \rightleftarrows NO + 2H_2O$$
$$Pt^{2+} + 2e^- \rightleftarrows Pt$$
$$Cr_2O_7^{2-} + 14H^+ + 6e^- \rightleftarrows 2Cr^{3+} + 7H_2O$$
$$Cl_2 + 2e^- \rightleftarrows 2Cl^-$$
$$MnO_4^- + 8H^+ + 5e^- \rightleftarrows Mn^{2+} + 4H_2O$$
$$H_2O_2 + 2H^+ + 2e^- \rightleftarrows 2H_2O$$ ☆
$$Au^+ + e^- \rightleftarrows Au$$
$$O_3 + 2H^+ + 2e^- \rightleftarrows O_2 + H_2O$$

愈強的還原劑，平衡愈往左偏。

位於愈右上的物質，是愈強的還原劑。

位於愈左下的物質，是愈強的氧化劑。

愈強的氧化劑，平衡愈往右偏。

標示♥的反應式中出現的金屬，將在第67節中詳述。

氧化劑與還原劑分別有哪幾種呢？

最後，請注意圖中的★和☆，包括標有★的2個二氧化硫SO_2半反應，以及標有☆的2個過氧化氫H_2O_2半反應。這2種分子在氧化還原反應中可以做為氧化劑，也可以做為還原劑，端視與之反應的分子而定。SO_2常做為氧化劑，與做為還原劑中的硫化氫H_2S反應，使H_2S氧化得到S。另外，H_2O_2一般會做為強氧化劑使用，但也可以做為還原劑，與過錳酸離子MnO_4^-（在教科書中多會以鉀鹽$KMnO_4$的形式出現）或二鉻酸離子$Cr_2O_7^{2-}$（在教科書中多會以鉀鹽$K_2Cr_2O_7$的形式出現）等強氧化劑反應。

重要的氧化劑、還原劑分別有哪些特徵呢？

～ 常見的氧化劑、還原劑 ～

我們挑了前節圖中幾個比較重要的氧化劑與還原劑反應式整理如圖 63－1。讓我們來看看它們有哪些特徵吧。

前節圖62－1中列出了很多種氧化劑與還原劑，但這張圖應該會讓人覺得又多又複雜吧。這張圖中，有♥標記的反應式皆為金屬離子參與的反應。基本上，金屬氧化後大多會形成2價陽離子。我們將在第67節中詳細討論這些金屬離子。拿掉金屬離子的半反應式後⋯⋯就剩沒多少了對吧。接著再從剩下的半反應式中挑出重要的幾個，便可整理出圖 63－1。

圖 63-1 ● 半反應式

$2CO_2 + 2H^+ + 2e^- \rightleftarrows (COOH)_2$		還原劑
$S + 2H^+ + 2e^- \rightleftarrows H_2S\ aq$		還原劑
$SO_4^{2-} + 4H^+ + 2e^- \rightleftarrows SO_2 + 2H_2O$	★	還原劑
氧化劑 $SO_2 + 4H^+ + 4e^- \rightleftarrows S + 2H_2O$	★	
$O_2 + 2H^+ + 2e^- \rightleftarrows H_2O_2$	☆	還原劑
氧化劑 $Cr_2O_7^{2-} + 14H^+ + 6e^- \rightleftarrows 2Cr^{3+} + 7H_2O$		
氧化劑 $MnO_4^- + 8H^+ + 5e^- \rightleftarrows Mn^{2+} + 4H_2O$		
氧化劑 $H_2O_2 + 2H^+ + 2e^- \rightleftarrows 2H_2O$	☆	

如果只有8個半反應式的話就簡單多了吧。這8個半反應式中，有4個與SO_2及H_2O_2有關，如前節所述，它們可做為氧化劑，也可以做為還原劑。另外的4個半反應式中，做為還原劑的物質包括（COOH）$_2$與H_2S，而做為氧化劑的物質則包括MnO_4^-及$Cr_2O_7^{2-}$。以下將分別解說這4種物質。

　　首先是氧化劑中最有名的MnO_4^-。鉀鹽形式的$KMnO_4$（過錳酸鉀）為紫色結晶，溶於水中時會形成非常濃的紫色水溶液。$KMnO_4$在反應後會得到Mn^{2+}，Mn^{2+}水溶液為淡粉紅色，接近無色。另一個也很有名的氧化劑是$Cr_2O_7^{2-}$。其鉀鹽$K_2Cr_2O_7$（二鉻酸鉀）為橙色結晶，其水溶液也是漂亮的橙色，與還原劑反應後會轉變成綠色的Cr^{3+}。會造成環境問題的六價鉻就是來自氧化數＋6的$Cr_2O_7^{2-}$，由於它有很強的氧化力，故對生物來說是毒性很強的物質。

　　再來是還原劑。（COOH）$_2$為2價酸，鈣鹽形式的草酸鈣是造成尿道結石的原因之一。H_2S則是火山附近的臭味來源。我們常說的「硫磺味」，其實並不是硫的氣味，而是H_2S的氣味。

　　過氧化氫H_2O_2與二氧化硫SO_2可以做為氧化劑，也可以做為還原劑，端視與其反應的物質是氧化劑還是還原劑而定。H_2O_2基本上是做為氧化劑參與反應，不過當它碰上$KMnO_4$或$K_2Cr_2O_7$等強氧化劑時，H_2O_2便會做為還原劑參與氧化還原反應。SO_2可做為氧化劑也可做為還原劑，不過SO_2的主要用途是做為氧化劑，將做為還原劑的H_2S氧化成S。

64

不論是誰都能寫出氧化還原反應式

～ 氧化劑、還原劑的半反應式寫法與組合 ～

　　圖63－1所列出的半反應式，皆為高中生考大學時可能會考到的範圍，很辛苦對吧……。不過，記憶這些半反應式時不需完全靠死背，以下將介紹記憶這些半反應式的訣竅。

　　以下介紹的是如何寫出常見氧化劑$KMnO_4$的半反應式。

①記住物質反應前與反應後的氧化數變化。至少氧化數得好好記住。

　　$MnO_4^- \rightarrow Mn^{2+}$

②如果反應中有出現O原子的話，請補上H_2O分子，使兩邊的O原子數相等。

　　$MnO_4^- \rightarrow Mn^{2+} + 4H_2O$

③補上H^+，使兩邊的H原子數相等。

　　$MnO_4^- + 8H^+ \rightarrow Mn^{2+} + 4H_2O$

④補上e^-，使兩邊的電荷相等。

　　$MnO_4^- + 8H^+ + 5e^- \rightarrow Mn^{2+} + 4H_2O$

　　②～④的步驟幾乎不需要思考對吧。當然，其他氧化劑、還原劑的半反應式也可以用同樣的方式寫出。

　　接下來就讓我們以$KMnO_4$與H_2O_2為例，說明氧化劑與還原劑之間的反應，也就是氧化還原反應的反應式要怎麼寫吧。要馬上寫出整個反應式有點難度，但如果先寫出氧化劑與還原劑的半反應式，再將它們組合起來就簡單多了。

①首先，寫出做為氧化劑使用的過錳酸鉀半反應式（（1）式），以及做為還原劑使用的過氧化氫半反應式（（2）式）。

$$MnO_4^- + 8H^+ + 5e^- \rightarrow Mn^{2+} + 4H_2O \cdots\cdots (1)$$

$$H_2O_2 \rightarrow O_2 + 2H^+ + 2e^- \cdots\cdots (2)$$

②為了使還原劑釋放的電子量與氧化劑獲得的電子量相等，需**將（1）式乘以2、（2）式乘以5再相加**。

$$2MnO_4^- + 16H^+ + 10e^- \rightarrow 2Mn^{2+} + 8H_2O$$

$$+)\qquad\qquad 5H_2O_2 \rightarrow 5O_2 + 10H^+ + 10e^-$$

$$2MnO_4^- + 16H^+ + 5H_2O_2 + 10e^-$$

$$\rightarrow 2Mn^{2+} + 8H_2O + 5O_2 + 10H^+ + 10e^-$$

③兩邊皆有$10e^-$，代表釋放的電子量與獲得的電子量相等故可消掉，再整理兩邊的H^+。這樣看起來就清爽多了。

$$2MnO_4^- + 6H^+ + 5H_2O_2 \rightarrow 2Mn^{2+} + 8H_2O + 5O_2$$

④但反應式中還留有許多離子。過錳酸鉀可以溶解於硫酸中，故可以假設反應式中的H^+由硫酸H_2SO_4所釋放。另外，MnO_4^-是由$KMnO_4$解離出來的離子，故溶液中應該還存在著K^+才對。讓我們再把這2種分子加進反應式中。

$$2KMnO_4 + 3H_2SO_4 + 5H_2O_2 \rightarrow 2MnSO_4 + 8H_2O + 5O_2$$

⑤反應式左側多了2個K^+和1個SO_4^{2-}，故需在反應式右側加上K_2SO_4，便完成了化學反應式。

$$2KMnO_4 + 3H_2SO_4 + 5H_2O_2 \rightarrow 2MnSO_4 + 8H_2O + 5O_2 + K_2SO_4$$

　　要馬上寫出這樣的氧化還原反應式並不是件容易的事，但只要能先寫出氧化劑和還原劑的半反應式，不管是什麼反應，都可以一步步推導出最後的總反應式。

65

基

如何藉由氧化還原反應來計算物質的莫耳濃度？

～ 氧化還原滴定 ～

若我們已知氧化劑或還原劑兩者之一的莫耳濃度的話，便可藉由與酸鹼中和滴定相同的方式，求出另一種物質的莫耳濃度。這種方式又叫做氧化還原滴定。

酸鹼中和滴定時，當酸可釋放出來的H^+物質量，與可接受H^+之物質（也就是OH^-）的物質量相等時，便達成酸鹼中和，即滴定終點。同樣的，在氧化還原滴定中，當還原劑可釋放之電子總數量（物質量）與氧化劑可接受之電子總數量相等時，便達到滴定終點。

在以下的例子中，我們將以0.02000mol/L之過錳酸鉀$KMnO_4$水溶液滴定濃度未知的20.00mL過氧化氫H_2O_2水溶液，並藉由滴定結果計算過氧化氫水溶液的濃度（圖65－1）。

圖 65-1

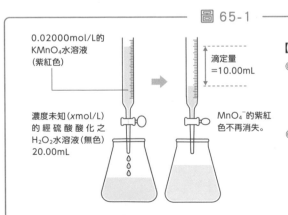

0.02000mol/L的
$KMnO_4$水溶液
（紫紅色）

滴定量
=10.00mL

濃度未知(xmol/L)
的 經硫酸酸化之
H_2O_2水溶液（無色）
20.00mL

MnO_4^-的紫紅色不再消失。

【與酸鹼中和滴定的差異】
◎$KMnO_4$水溶液在光的照射下容易分解，故需選用棕色的玻璃滴定管盛裝。

◎MnO_4^-本身就帶有紫紅色，故不需像酸鹼滴定般，加入酚酞或甲基橙等指示劑。

錐形瓶內為經硫酸酸化後的過氧化氫水溶液，這時若加入過錳酸鉀水溶液，便會產生氧化還原反應，使過錳酸鉀水溶液的紫紅色馬上消失，成為淡粉紅色（不過，這種粉紅色真的非常淡，故外觀看來幾乎是無色透明）。繼續加入過錳酸鉀水溶液，使溶液中的過氧化氫全部被氧化之後，多出來的過錳酸鉀便不再被還原，使水溶液中的紫紅色不再消失。紫紅色不再消失的瞬間，就是反應的終點。舉例來說，假設加了10.00 mL的過錳酸鉀後達到反應終點，那麼由圖65－2的計算，便可得知過氧化氫H_2O_2水溶液的莫耳濃度。這個實驗稱為氧化還原滴定。

可以靠顏色變化來判斷氧化還原滴定是否抵達當量點（氧化劑與還原劑剛好反應完畢的點）的實驗還有一個，那就是碘的氧化還原反應。碘的半反應式為$I_2 + 2e^- \rightleftarrows 2I^-$，而碘可使澱粉呈現藍紫色，若溶液含有少許澱粉，便可藉由溶液轉為紫色或紫色消失，判斷是否達到當量點。

---- 圖 65-2 ----

	濃度	體積	轉移的電子數
$MnO_4^- + 8H^+ + 5e^- \rightarrow Mn^{2+} + 4H_2O$ …(1)	0.02000mol/L	10.00ml	5 個
$H_2O_2 \rightarrow O_2 + 2H^+ + 2e^-$…(2)	x mol/L	20.00ml	2 個

由（1）式可以知道，1mol的MnO_4^-可以從還原劑那裡奪走5mol的e^-。（5價氧化劑）
由（2）式可以知道，1mol的H_2O_2可以給予氧化劑2mol的e^-。（2價還原劑）
氧化還原滴定達到終點時，以下的關係式會成立。
（氧化劑獲得的e^-物質量）＝（還原劑所釋放的e^-物質量）
假設過氧化氫水溶液的濃度為$x$mol/L，那麼

0.02000〔mol/L〕× 10.00/1000〔L〕×5=x × 20.00/1000〔L〕×2

最後得到x**=0.02500〔mol/L〕**，這就是H_2O_2水溶液的濃度。

66

基

如何以實驗比較 Cu與Zn的離子化難易度？

～ 金屬的離子化傾向 ～

　　將鐵放置在空氣中時，會因生鏽而愈來愈脆弱。銀、金、鉑等不會生鏽的金屬又稱為貴金屬，常用來做為戒指、項鍊的材料。這是因為和貴金屬比起來，鐵「比較容易離子化」。各種金屬「容易離子化」的程度也稱為離子化傾向，若將各種金屬原子依離子化傾向依序排列，就是所謂的離子化傾向序列。

　　如何決定金屬在離子化傾向序列中的順序呢？讓我們用鋅Zn與銅Cu的離子化傾向比較實驗來說明吧，如圖66－1。若將銅板浸在硫酸鋅$ZnSO_4$的水溶液內，什麼事也不會發生；但如果將鋅板浸在硫酸銅$CuSO_4$的藍色水溶液內，鋅板的周圍便會逐漸析出銅（由於銅逐漸析出，水溶液的藍色會愈來愈淡。我們也可以由此看出水溶液中的Cu^{2+}在逐漸減

圖 66-1 ● 鋅 Zn 與銅 Cu 的離子化傾向差異

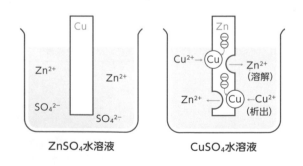

$ZnSO_4$水溶液　　　　$CuSO_4$水溶液

少）。

　　這樣的實驗結果可以說明鋅Zn與銅Cu的離子化傾向不同。硫酸鋅為硫酸根離子SO_4^{2-}與鋅離子Zn^{2+}以離子鍵結合的物質。若將銅板浸置於水溶液，水溶液中便會同時存在SO_4^{2-}、Zn^{2+}、Cu等物質。這種狀況下什麼事都不會發生。如果我們將鋅板浸置於硫酸銅水溶液，水溶液中便會同時存在SO_4^{2-}、Zn、Cu^{2+}等物質。此時，Zn便會將自己的2個電子交給Cu^{2+}，成為Zn^{2+}；同時Cu^{2+}會轉變成Cu，析出於鋅板的表面。這樣的結果表示Zn的離子化傾向比Cu還要大。

　　圖66－2中的離子化傾向序列雖名為金屬的離子化傾向序列，其中卻包含了氫H_2（外有括弧）。這是為了便於我們看出金屬能否與酸反應，會與稀釋強酸（鹽酸等）反應產生氫氣的金屬位於H_2的左側，不會與稀釋強酸反應的金屬則位於H_2的右側。舉例來說，位於H_2左側的Mg會與鹽酸產生$Mg + 2HCl \rightarrow MgCl_2 + H_2$的反應。這個反應中，Mg轉變成$Mg^{2+}$，2個$H^+$則轉變成$H_2$，故可得知兩者的離子化傾向為$Mg > H_2$。

＝＝＝ 圖 66-2 ● **金屬離子化傾向序列與記憶方法之一** ＝＝＝

賈	蓋	鈉	美	女	（嘆）	心	鐵	娘	喜	錢	請	總	共	一	白	金
K	Ca	Na	Mg	Al	Zn	Fe	Ni	Sn	Pb	(H_2)	Cu	Hg	Ag	Pt	Au

大 　　　　　　　　　　　　　　　　　　　　　　　　　　　　　　小

離子化傾向

67

金與鉑永遠閃閃發亮？

～ 由離子化傾向看出金屬性質 ～

基

金屬的離子化傾向與金屬的化學性質密切相關，整理如表67－1。如果有先讀熟這個部分，那麼之後談到無機化學時，理解速度會快上許多。也有許多高中老師會說，只要把氧化還原的部分讀熟，之後講到無機化學時就只是在做練習題而已。

表 67-1 ● 金屬的離子化傾向序列，以及其化學性質

金屬＼條件	與空氣的反應	與水的反應	與酸的反應
K	連表層下的部分也會迅速氧化	會與冷水反應產生氫氣	會溶解於稀釋強酸產生氫氣
Ca			
Na			
Mg	常溫下緩慢氧化	會與熱水反應	
Al			
Zn		會與高溫水蒸氣反應	
Fe 註1			
Ni			
Sn			
Pb 註2		不反應	
Cu	不會氧化		會溶解於有氧化力的酸
Hg			
Ag			
Pt			僅會溶解於王水
Au			

註1： Fe與稀釋強酸的反應為Fe＋2H⁺→Fe²⁺＋H₂。但如果寫成2Fe＋6H⁺→2Fe³⁺＋3H₂的話就不對了。確實，水溶液中的Fe²⁺會逐漸與空氣反應，氧化成Fe³⁺，但並不會一口氣完成Fe→Fe³⁺的反應。

註2： Pb的離子化傾向比H₂還要大，但將Pb投入稀鹽酸或稀硫酸內時，卻看似不會產生反應。這是因為Pb會與稀鹽酸或稀硫酸反應，產生不溶於水的PbCl₂或PbSO₄，這些物質會覆蓋在Pb的表面，妨礙內部的Pb產生反應。

由表67－1可以看出，鉀K、鈉Na、鈣Ca皆屬於非常容易拋棄電子、成為陽離子的金屬。這些金屬的離子化傾向很大，置於空氣中時會馬上與氧氣結合而氧化。提到Na或Ca等元素時，我們對它們的印象之所以和一般金屬有很大的不同，就是因為如此。

182

相較之下，離子化傾向較小的銀Ag、鉑（白金）Pt、金Au即使在空氣中加熱也不會氧化，永遠都保持著美麗的金屬光澤，故也被稱為貴金屬。

考慮金屬與酸之間的反應，離子化傾向比氫還要大的金屬浸泡在鹽酸或稀硫酸內時會溶解並產生氫氣。相對的，離子化傾向比氫還要小的銅Cu、汞Hg、銀Ag則不會與鹽酸或稀硫酸反應。

表67－1中，所謂有氧化力的酸，指的是熱濃硫酸或硝酸。稀釋強酸中的H^+可以做為氧化劑使用，另一方面，熱濃硫酸中含有$SO_4{}^{2-}$，硝酸中含有$NO_3{}^-$，兩者都是比H^+還要強上許多的強氧化劑。銅Cu、汞Hg、銀Ag等金屬之所以會溶解於熱濃硫酸或硝酸中，並不是因為它們會被H^+氧化，而是因為它們會與這些溶液中的強氧化劑產生反應。證據就是，當這些金屬溶解時並不會產生氫氣。這些金屬與熱濃硫酸反應後會產生二氧化硫SO_2；與稀硝酸反應後會產生一氧化氮NO；與濃硝酸反應後會產生NO，然後再被氧化成二氧化氮NO_2。

表67－1中，離子化傾向最小的金Au與鉑Pt自古以來就被認為是財富與尊貴的象徵。這也是因為金與鉑不會被任何純酸水溶液溶解。不過，這不代表金與鉑完全不會溶解。將濃鹽酸與濃硝酸以3：1的比例混合後可得到王水，其中$NO_3{}^-$可做為氧化劑，Cl^-可做為錯化劑，也就是錯合物的配體，使金與鉑溶解於王水。

68

電池為什麼可以產生電能？

～ 電池的運作機制 ～

　　前面我們提到，將鋅Zn放入硫酸銅$CuSO_4$水溶液後，Zn的電子便會轉移到Cu^{2+}（參考圖66－1）。電子的移動就代表電流的發生，如果我們可以將電子轉移的過程擴展到外部的話，便可製成電池，產生電能。以下將介紹電池的基本運作原理。

　　首先請看圖68－1，當我們把鋅板放入鹽酸內時，會發生什麼事呢？鋅會與鹽酸內的氫離子H^+反應，產生氫氣對吧。再看圖68－2，當我們把銅板放入鹽酸內時，會發生什麼事呢？對學過金屬離子化傾向的各位來說應該不難吧。因為Cu的離子化傾向比H_2還要小，故不會產生反應。

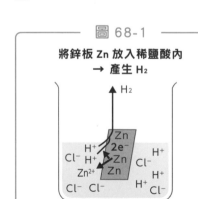

圖 68-1

將鋅板 Zn 放入稀鹽酸內
→ 產生 H_2

$$Zn + 2HCl \rightarrow ZnCl_2 + H_2$$

圖 68-2

將銅板 Cu 放入稀鹽酸內
→ 不反應

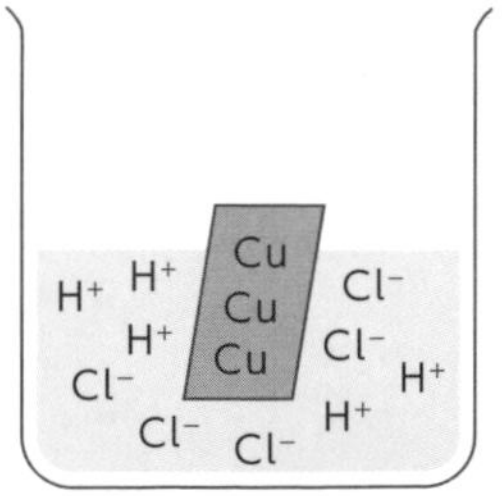

$$Cu + 2HCl \rightarrow \times$$

那麼，像圖68－3那樣，將鋅板與銅板疊在一起放入鹽酸內的話，會發生什麼事呢？當然，鋅板側會與鹽酸反應產生氫氣，但神奇的是，銅板側居然也會產生氫氣！這又該如何解釋呢？水溶液中的H^+若要形成H_2的氫氣氣泡，就必須從某處獲得電子才行。因為Cu不會變成離子，故無法將電子給予H^+，這表示，電子只有可能是從Zn板流過來。如果我們將鋅板與銅板組合成「∩」字形再放入鹽酸內，如圖68－4所示，這樣也會產生氫氣。此時，可以在2種金屬相接的地方測到有電子通過。若將這個部分連接到小燈泡上，還可以點亮燈泡。

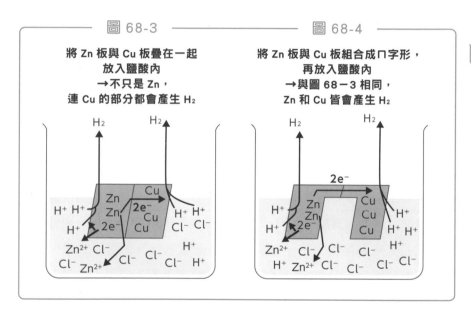

像這樣，**將Zn轉變成Zn^{2+}的氧化反應，與H^+轉變成H_2的還原反應分開於2個不同位置進行，使電子在溶液之外流動，藉此獲得流動中電子的能量，這樣的裝置便稱為電池。**以導線連接Zn與Cu，如圖68－5所示，這樣的裝置稱為伏打電池。電池有所謂的正負極，**離子化傾向較小的金屬為正極，會產生還原反應。離子化傾向較大的金屬為負極，會產生氧化反應。**這個概念相當重要，請牢牢記住。伏打電池的負極為Zn，產生反應的物質也是Zn；正極為Cu，不過實際參與反應的卻是H^+。我

們會將H^+這種實際參與正極反應的物質稱為正極活性物質（負極活性物質則是Zn）。

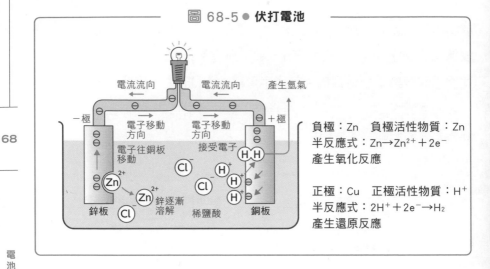

圖 68-5 ● 伏打電池

電流流向　電流流向　產生氫氣

－極　　　　　　　　　　　　　　　　＋極

電子移動　電子移動
方向　　　方向

電子往銅板　接受電子
移動

負極：Zn　負極活性物質：Zn
半反應式：$Zn→Zn^{2+}＋2e^-$
產生氧化反應

正極：Cu　正極活性物質：H^+
半反應式：$2H^++2e^-→H_2$
產生還原反應

鋅板　　鋅逐漸　稀鹽酸　銅板
　　　　溶解

伏打電池以其發明者亞歷山卓‧伏打的名字命名。電壓的單位——伏特也是源自於他的名字。在他之前，人們提到電時只會想到靜電，伏打則發明出了可以持續產生電流的裝置。他在法國皇帝拿破崙的面前進行伏打電池的公開實驗，並獲得了拿破崙授予的金牌，成為一段佳話。當時伏打是在偶然之下用了鋅與銅做為電極，但其實用鋅和銀，或者是鐵和銅也可以。只要2種金屬的離子化傾向不同，便可用做電池的材料。

69

改良伏打電池的缺點

～ 丹尼爾電池 ～

伏打電池會產生氫氣，氫氣會阻礙電流流動，使電壓在通電不久後即下滑。丹尼爾電池則可解決這個問題，這是在伏打電池發明後36年才製作出來的電池。

圖69－1是丹尼爾電池的構造，看得出它與伏打電池有什麼差別嗎？沒錯，就是在浸泡鋅板的電解液與浸泡銅板的電解液之間，有一層纖維素膜隔開了兩者。

纖維素膜不僅可以隔開兩者的電解液，且上面有許多小孔，可以讓少量的電解液通過，以維持電中性。這就是為什麼不能用一般的聚氯乙烯塑膠膜，而是要用纖維素膜等半透膜或是素燒板（porous sheet）隔

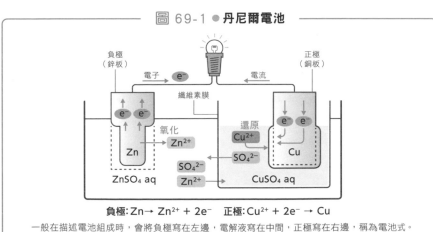

圖 69-1 ● 丹尼爾電池

負極:Zn→ Zn²⁺ + 2e⁻　　正極:Cu²⁺ + 2e⁻ → Cu

一般在描述電池組成時，會將負極寫在左邊，電解液寫在中間，正極寫在右邊，稱為電池式。
丹尼爾電池可以用（－）Zn │ ZnSO₄ aq │ CuSO₄ aq │ Cu（＋）的電池式來表示。

開2種電解液。半透膜與素燒板上有許多可以讓離子通過的小孔，如果將丹尼爾電池靜置數日，電解液就會混合在一起。

接著，讓我們來詳細談談電池的發電機制吧。Zn板浸泡在硫酸鋅 $ZnSO_4$ 水溶液，Cu板浸泡在硫酸銅 $CuSO_4$ 水溶液。兩者皆使用含有硫酸根離子的水溶液，這是因為硫酸根離子相當穩定，在室溫下不會氧化也不會還原，不過這個電池中就算用氯離子或硝酸根離子也不會有什麼問題。另外，硫酸鋅水溶液這一側中，只有Zn會轉變成 Zn^{2+} 而逐漸溶出，故只要電解質水溶液中不存在會與Zn反應的物質即可，故除了硫酸鋅之外，還可以用 $ZnCl_2$、$Zn(NO_3)_2$，甚至是NaCl水溶液或KCl水溶液也沒關係。至於Cu板與 $CuSO_4$ 水溶液的組合，也可以換成其他物質，只要是離子化傾向比Zn還要小的金屬即可，故換成Ag板與 $AgNO_3$ 水溶液的組合也沒問題（用 Ag_2SO_4 也行，不過因為 Ag_2SO_4 難溶於水，故一般還是會用 $AgNO_3$）。另外，如圖69－2所示，2種金屬的離子化傾向差異愈大，電池通電時的電動勢也愈大，故Zn與Ag之組合的電動勢會比Zn與Cu之組合還要大。

改良伏打電池的缺點

圖 69-2 ● **金屬離子化傾向序列與各種金屬的氧化還原電位**

氧化還原電位是各種金屬的離子化傾向與 H_2 的差異，以電位差數值表示。舉例來說，丹尼爾電池的電動勢為Zn與Cu的電位差，即1.10V。同樣的，若改用Zn與Ag做為電極，那麼電池的電動勢就會是1.56V。不過，電動勢的數字會受到溫度、電解液濃度的影響，故以下只是大概的數字。

賈	蓋	鈉	美	女	(嘆)心	鐵	娘	喜	錢	請	總	共	一	百	金
K	Ca	Na	Mg	Al	Zn	Fe	Ni	Sn	Pb	(H_2)	Cu	Hg	Ag	Pt	Au
-2.93	-2.84	-2.71	-2.67	-1.66	-0.76	-0.44	-0.23	-0.14	-0.13	0	+0.34	+0.79	+0.80	+1.19	+1.50

70

基本結構從100多年前至今都沒有改變

～ 鉛蓄電池與乾電池 ～

以下將介紹目前各位常使用的鉛蓄電池、乾電池。像鉛蓄電池這種電量用完後可以充電重複使用的電池稱為二次電池，而像錳乾電池、鹼性電池這種只能用一次的電池則稱為一次電池。

【鉛蓄電池】

目前汽車上的電池大部分都是鉛蓄電池。其基本結構從100多年以前到現在都沒有改變（圖70－1）。鉛蓄電池的負極為鉛Pb、正極為氧化鉛PbO_2，電解液則使用質量百分濃度約為30％的硫酸，電動勢約為2V。反應式如（1）式所示，反應式往右進行時可產生電流。

放電時，負極的Pb會氧化成Pb^{2+}，並馬上與液體中的SO_4^{2-}結合成硫酸鉛$PbSO_4$，附著在極板上。這個電池的重點在於，產生的$PbSO_4$不會溶解在硫酸中。而在正極，PbO_2會獲得電子，還原之後成為與負極相同的硫酸鉛$PbSO_4$，附著在極板上。

放電一段時間後，鉛蓄電池的電動勢會逐漸下降，這時可以接上外部電源，以方向相反的電流放電，使（1）式的反應往左進行，於是負極的$PbSO_4$便會還原成Pb，正極的$PbSO_4$則會被氧化成PbO_2，使電動勢恢復原狀。

圖 70-1 ● 鉛蓄電池

$$(-)Pb \mid H_2SO_4\ aq \mid PbO_2(+)$$

負極：$Pb + SO_4^{2-} \rightarrow PbSO_4 + 2e^-$

+) 正極：$PbO_2 + 4H^+ + SO_4^{2-} + 2e^- \rightarrow PbSO_4 + 2H_2O$

全反應：$Pb + PbO_2 + 2H_2SO_4 \underset{充電}{\overset{放電}{\rightleftharpoons}} 2PbSO_4 + 2H_2O \cdots (1)$

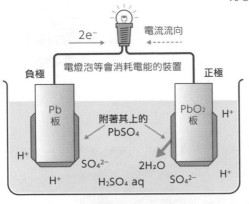

放電時會消耗硫酸，將其轉變成水，充電時則會再恢復成硫酸。這個過程中電解液的密度會產生變化，故可以藉由測量密度得知鉛蓄電池的充電、放電狀態。

一般自小客車的鉛蓄電池為12V，因鉛蓄電池的電動勢為2.0V，故是由6個鉛蓄電池串聯而成。

電池完全放電完畢後，電極會完全被硫酸鉛覆蓋，使電流無法流過，這時連充電都沒辦法充。

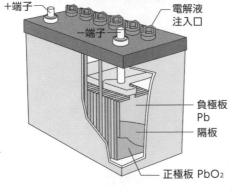

【乾電池】

　　將電解液改良成膠狀，可以使電池小型化，便於攜帶，這就是所謂的乾電池，且其正極改用粉末狀的二氧化錳MnO_2取代銅。乾電池可以分成錳乾電池與鹼性電池，2種乾電池的正極皆為二氧化錳MnO_2，負極皆為鋅Zn。差別在於錳乾電池（圖70-2）的電解液使用的是加工成膠狀的氯化鋅$ZnCl_2$，而鹼性電池的電解液則是氫氧化鉀水溶液。由於鹼性電池使用液體做為電解液，其負極、正極的活性物質可以更為靈活地移動，故相較於錳乾電池，鹼性電池可以持續送出強力電流。卻也因此，使其電解液容易漏出，也就是所謂的電池「漏液」。電池廠商花了許多心力在漏液問題上，目前已克服了這個缺點。

　　另一方面，錳乾電池的電解液為膠狀，電壓降低時只要靜置一段時間便會稍稍回復，故適用於電視遙控器等斷斷續續使用的機器。

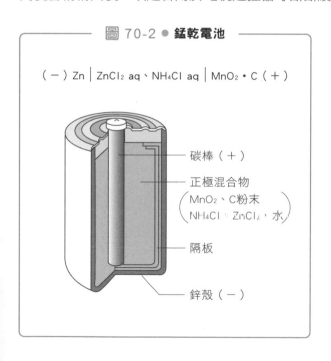

圖 70-2 ● **錳乾電池**

$(-)\ Zn\ |\ ZnCl_2\ aq、NH_4Cl\ aq\ |\ MnO_2・C\ (+)$

碳棒（＋）

正極混合物
(MnO_2、C粉末
NH_4Cl、$ZnCl_2$，水)

隔板

鋅殼（－）

搭載於環保車的
各種電池的差異

～ 鋰離子電池、燃料電池 ～

環保車（green vehicle）包括電動汽車（EV）、混合動力車（HV）、燃料電池車（FCV）等3種，這3種汽車使用的電池並不一樣。以下將說明3種環保車電池的差異，進一步探討各種電池的運作機制。

3種環保車的特徵整理如表71－1。EV不使用汽油引擎，而是改用鋰離子電池做為動力來源。鋰離子電池常用於智慧型手機、筆記型電腦等裝置，是很常見的二次電池。其負極活性物質為含有鋰的石墨，正極活性物質則是鈷酸鋰。為什麼要用鋰呢？在前面的離子化傾向序列中並沒有提到鋰，但事實上，Li的離子化傾向比K或Ca都還要高。因此鋰離子電池的電壓更高，且電解液中不含水，故在低溫下也不容易結凍，抗寒能力強。

HV（Hybrid Vehicle）同時使用引擎與電池（hybrid：相異事物組合在一起的意思）做為動力來源。直到不久前，HV用的一直是鎳氫電池。鎳氫電池的負極活性物質為儲氫合金所儲存的氫，正極則是使用羥基氧化鎳（Ⅲ）。電池中僅有H^+在負極與正極間來回移動，結構簡單，故可以承受快速放電、過度充電等狀況，可長時間維持較大的電流。不過，由於目前的鋰離子電池性能提升了不少，故近年來發售的HV車皆改用鋰離子電池。

FCV搭載的是燃料電池。氫氣燃燒時，會產生$2H_2 + O_2 \rightarrow 2H_2O$的化學反應，並產生熱。過程中氫氣被氧化，氧氣則被還原，故為氧化還原

表 71-1 ● 3種環保車的特徵

	電動汽車 EV Electric Vehicle	混合動力車 HV Hybrid Vehicle	燃料電池車 FCV Fuel Cell Vehicle
車種（例）	日產自動車 LEAF等	豐田自動車 PRIUS等	本田技研 CLARITY 豐田自動車 MIRAI
動力機制	鋰離子電池	引擎＋ 鋰離子電池 （第一代使用是 鎳氫電池）	燃料電池
動力來源	電力	汽油＋電力	氫氣
續航距離	短	長	長
補充動力所需時間	長 （快速充電也要30分鐘）	短	短
動力補給處 （2017年的 日本當地數據）	充電站 （約2萬個點） 10萬日圓左右 就能在家庭內設置	加油站 （約3萬個點）	加氫站 （約100個點）
燃料費用 跑1km所需費用	約1日圓	約5日圓	約10日圓

反應。如果讓這2個半反應位於不同地方進行，便可擷取出過程中產生的電力。這種電池也稱為燃料電池（圖71－1）。

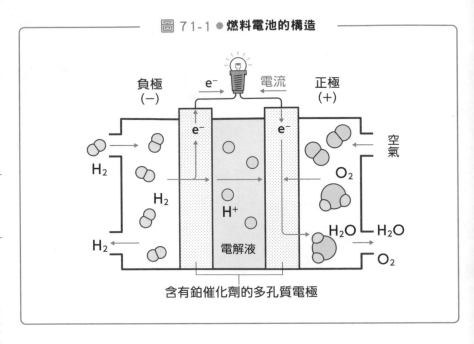

圖 71-1 ● 燃料電池的構造

負極
(－)

e⁻　電流

正極
(＋)

空氣

H_2

H_2

H_2

e⁻

e⁻

H^+

電解液

O_2

H_2O　H_2O

O_2

含有鉑催化劑的多孔質電極

搭載於環保車的各種電池的差異

　　燃料電池以酸性水溶液做為電解液，而為了使氣體較容易離子化，正負極皆使用含有鉑催化劑的多孔質石墨電極。反應時，氫氣為負極活性物質，氧氣則是正極活性物質。圖71－1中的電極看起來很厚，但實際上是相當薄的多孔質結構，可以讓氣體通過，卻不會使電解液漏出。放電時，負極的氫氣H_2會離子化成H^+，溶入電解液，並將電子透過電極板送出。另一方面，正極的氧氣O_2會從電極板獲得電子，並與電解液中的H^+反應，轉變成水之後排出。由於EV與FCV在前進時都不會排出CO_2，故皆屬於綠色能源。

72

如何製造出不存在於自然界的Na純元素？

～ 以熔鹽電解為例說明電解 ～

電池的發明，讓我們能夠使用穩定而持續的電流，以電能強行驅動無法自然發生的反應。這種操作就叫做電解。在電解方法發明出來之後，我們便可以藉由電解水獲得氫氣與氧氣，也可以將自然界中僅以陽離子形態存在的金屬，還原成元素態金屬等，這些原本被視為不可能的反應，在電解的幫助下都變得簡單許多。

在電解方法發明出來之前，人們無法製造出鋁Al、鈉Na、鉀K等，離子化傾向比鋅Zn還要大的元素態金屬。這些金屬在自然界中必定以陽離子型態存在，並與陰離子形成離子鍵。以下將以鈉Na為例，說明如何藉由電解方法獲得元素態金屬。

首先，如圖72－1所示，將氯化鈉NaCl「熔化」成液體。注意不是將其「溶解」在水中。將NaCl的固體加熱到800℃的高溫時，便會「熔化」成液體。接著對其「施加電力」，也就是插入電極，並以導線連接至電源裝置，強迫電流流過物質。

我們會將電池的電極分成正極與負極，不過在電解的時候，則會將連接電源裝置正極的電極稱為陽極、將連接負極的電極稱為陰極。名字間的差異相當重要，請牢牢記住。

另外，在製作電池時，電極所使用的材料是一大重點，因為由不同物質製作而成的電極，得到的電壓會完全不同。不過在電解時，我們是用電源裝置強制驅動電流通過，故只要使用不會阻礙電流通過、穩定

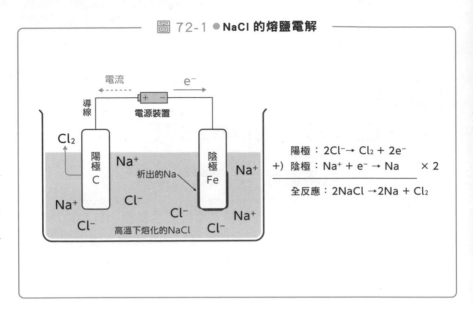

圖 72-1 ●NaCl 的熔鹽電解

電流

e⁻

導線

電源裝置

Cl_2

陽極 C

陰極 Fe

Na^+

Na^+

析出的Na

Na^+

Na^+

Cl^-

Cl^-

Cl^-

Na^+

高溫下熔化的NaCl

陽極：$2Cl^- \rightarrow Cl_2 + 2e^-$

+) 陰極：$Na^+ + e^- \rightarrow Na$　×2

全反應：$2NaCl \rightarrow 2Na + Cl_2$

而不易被分解的材質製成電極即可。一般來說會用石墨C或鉑Pt做為電極。在NaCl的電解過程中，會以石墨做為陽極、以相對便宜的鐵做為陰極。陽極可強制從氯離子Cl^-中吸出電子，送往電池正極；而電池負極會將電子送至陰極，使鈉離子Na^+一個接著一個附著上去。陽極會發生氧化作用，吸走Cl^-的電子，產生氯氣Cl_2；陰極則會丟出電子，使Na^+還原成Na。

　　這種將離子結晶加熱至高溫，使其熔化後再電解的過程，就稱為熔鹽電解。鋁也可以用熔鹽電解的方式製造，如圖72-2所示。

圖72-2 ● 氧化鋁（Al₂O₃）的熔鹽電解

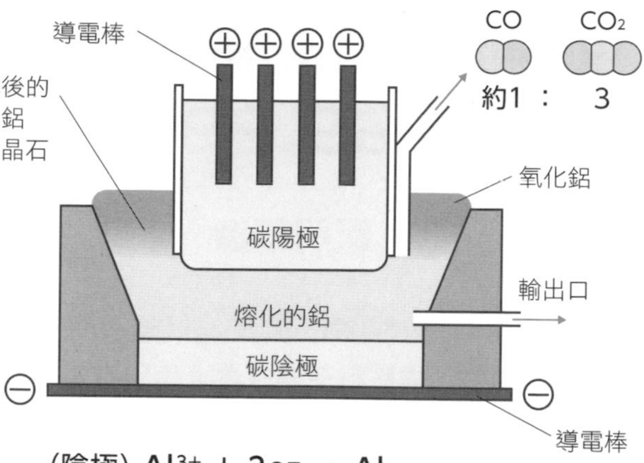

導電棒

熔化後的氧化鋁＋冰晶石

CO　　CO₂

約1 ： 3

氧化鋁

碳陽極

熔化的鋁

輸出口

碳陰極

導電棒

（陰極）$Al^{3+} + 3e^- \rightarrow Al$

（陽極）$C + O^{2-} \rightarrow CO + 2e^-$

或是

$C + 2O^{2-} \rightarrow CO_2 + 4e^-$

◎熔鹽電解所用的原料氧化鋁Al_2O_3，是將鋁土礦（主成分為$Al_2O_3 \cdot nH_2O$）與NaOH水溶液混合溶出Al_2O_3後，經過再結晶過程所得到的無色透明結晶。

◎純氧化鋁的熔點相當高，約為2000℃。故電解氧化鋁時，會先將熔點約為1000℃的冰晶石Na_3AlF_6加熱至熔化，再加入氧化鋁，使其熔點降為950℃，方便進行熔鹽電解。

◎還原後的純Al熔點為660℃，故會以液體的形式停留在碳陰極上，我們再從輸出口取出這些Al。

◎氧離子被氧化時，會與陽極的碳反應，形成CO與CO_2。

如何將銅的純度從99% 提升到99.99%？

～ 電解精錬 ～

　　如果將離子化傾向較小的銅Cu與銀Ag以離子的形式溶解於水溶液中，再電解這個水溶液，這些離子便會在陰極獲得電子並析出。另外，如果將純Cu或純Ag當做電解時的陽極，那麼電解時，這些金屬的電子就會被奪走，轉變成Cu^{2+}與Ag^+的形式溶解於水溶液中。電解精錬就是利用這種方式提高銅與銀的純度。

　　圖74－1為電解裝置的示意圖。陽極為純度較低的銅（粗銅）。雖説純度較低，但也是99％的銅。不過，在經過電解精錬的步驟之後，可以將其純度提高到99.99％。為什麼需要將純度提升到那麼高呢？因為銅擁有優異的導電度，是電線的常用材料，但要是裡面混有雜質的話，導電度與延展性便會下降。將粗銅做為陽極，薄的純銅板做為陰極，放在含有硫酸的酸性硫酸銅水溶液中進行電解。這麼一來，陽極的粗銅板便會氧化，溶解出Cu^{2+}；而水溶液中的Cu^{2+}則會在陰極還原成Cu析出。在粗銅中的銅溶解出來時，雖然粗銅中，鐵、鋅等離子化傾向比銅大的金屬也會離子化、溶於電解液中，卻不會在陰極析出，而是以離子的形式留在電解液內。另外，金與銀等離子化傾向比銅更小的金屬則會以單原子的形式沉澱在陽極下方，成為陽極泥。故這個電解過程可以去除粗銅中的雜質，在陰極析出由99.99％純銅組成的純銅板。

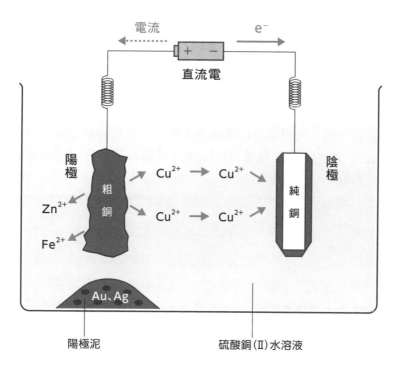

圖 73-1 ● **銅的電解精鍊**

陽極：$Cu \rightarrow Cu^{2+} + 2e^-$　　陰極：$Cu^{2+} + 2e^- \rightarrow Cu$

◎陽極泥中含有Au與Ag等元素。目前，鹿兒島的菱刈礦山是日本唯一的金礦山。將挖掘出來的礦石敲碎、溶解之後，溶液中大部分會是銅，但也含有少量的金與銀。如果將銅的電解精鍊中的陽極泥蒐集起來，經反射爐加熱熔化，便可得到金與銀的混合物。以此做為陽極、純銀板做為陰極、含有硝酸的酸性AgNO₃水溶液為電解液，再次進行電解精鍊，便可獲得只有Au的陽極泥。

◎日語的「seiren」可以寫成「製鍊」或「精鍊」兩種漢字。從銅礦石中提取出銅的過程會以漢字「製鍊」表示，提高粗銅純度的過程則會以「精鍊」表示。

74

電流與mol的關係為何？

～ 法拉第電解定律與電解之物質量的關係 ～

電解物質時，我們需要知道以多大的電流電解幾秒之後，就可以獲得多少g的生成物。而法拉第電解定律可以幫助我們計算出電解時各種物質的物質量。

電解時所使用的電流單位為A（安培），不過化學反應中所使用的物質量單位則是mol。也就是說，只要知道A與mol之間的關係，就可以了解電流與電解時之物質量的關係。1833年時，英國的法拉第發現**電荷量（電流大小與通電時間的乘積）與陰極或陽極中參與反應的物質量成正比**，這就是**法拉第電解定律**。換言之，只要知道這個比例常數（稱為法拉第常數），就可以由電流大小與通電時間，計算出有多少物質會出現變化。

讓我們以銅的電解精鍊為例說明這個概念吧。陰極的反應為$Cu^{2+}+2e^-\rightarrow Cu$。需要注意的是，如果想得到1mol的Cu（質量為63.5g，Cu的原子量：63.5），需要2mol的電子才行（Ag的話，因為其離子態為Ag^+，故只要1mol的電子就可以了。計算時常會在這裡出錯，請特別小心）。由圖74－1的計算結果可以知道，假設法拉第常數為K，若要以1A的電流進行電解，就需要通電$2K$的時間〔秒〕，才能得到1mol的Cu。

假設電解過程中，參與反應的物質量為n mol，則n可以由其質量m g除以分子量M g/mol求得。這個n會與電荷量QC成正比（比例常數為K），這就是法拉第電解定律。

$$n= \frac{m}{M} =K \times Q \quad \cdots\cdots(1)$$

◎**電荷量是什麼？法拉第常數又是什麼？**

> **電荷量**…以數值表示物質帶有多少量的電荷。1個電子帶有1.60×10^{-19}〔C〕的電荷量。

> 冬天時，如果將塑膠製的墊板摩擦後放在頭上，會看到頭髮因為靜電力而立起來。這是因為墊板帶有負電。若以數值來表示此時墊板所有的電荷量，則大約是1.0×10^{-8}〔C〕（C讀做庫倫，是電荷量的單位）。

> **法拉第常數**…1mol 電子所含有的電荷量

1mol個粒子是由6.02×10^{23}〔個〕所組成的集團，故1mol的電子所含有的電荷量為1.60×10^{-19}〔C〕$\times 6.02 \times 10^{23}$〔個/mol〕$=9.65 \times 10^4$〔C/mol〕。這個數值就稱為法拉第常數（解題目時通常會給法拉第常數的數值，故不需背下來）。

1.0A的電流中，每1.0秒通過截面的電荷量為1.0C，故若以1.0A的電流，通電9.65×10^4〔秒〕（26.8小時），便可使法拉第常數的電荷量，也就是1mol的電子流過電路。

【鋁是金屬回收的優等生】

鋁在離子化之後會成為3價離子的Al^{3+}，原子量又很小，只有27，故和其他金屬相比，在同樣的電力下，可以電解獲得的金屬鋁相當少。舉例來說，比較將1.0g的Cu^{2+}還原成Cu所需要的電荷量，以及將1.0g的Al^{3+}還原成Al所需要的電荷量，可得到以下結果。

Cu：1.0〔g〕$\div 63.5$〔g/mol〕$\times 9.65 \times 10^4$〔C/mol〕$\times 2 = 3.0 \times 10^3$〔C〕

Al：1.0〔g〕$\div 27$〔g/mol〕$\times 9.65 \times 10^4$〔C/mol〕$\times 3 = 11 \times 10^3$〔C〕

由以上結果可以知道，鋁所需要的電荷量是銅的3倍以上。而且我們無法藉由電解水溶液的方式還原鋁離子，只能將氧化鋁加熱至高溫使其熔化，再進行熔鹽電解，故需消耗更多電力。不過，若想要回收使用過的鋁，只需要電解氧化鋁時所用電力的3%，就可以得到同質量的鋁，故鋁可以說是金屬回收界的優等生。

75

電解的總整理

～ 電解各種水溶液 ～

與熔鹽電解時不同，電解氯化鈉水溶液時，需考慮到水的影響。那麼，在電解各種鹽類水溶液時，分別需要考慮到哪些事呢？

由於鈉Na是離子化傾向大的金屬，故在電解氯化鈉水溶液時，陰極並不像電解氯化鈉熔鹽時那樣會析出鈉金屬，而是會由水參與電解反應，產生氫（$2H_2O + 2e^- \rightarrow H_2 + 2OH^-$）。陽極則是與熔鹽電解時相同，會產生$Cl_2$（$2Cl^- \rightarrow Cl_2 + 2e^-$）。表75－1整理了各種水溶液電解時會產生的反應。

一般而言，電解Ag^+、Cu^{2+}等離子化傾向較小的金屬離子水溶液時會析出元素態的金屬；而在電解Al^{3+}、Na^+等離子化傾向較大的金屬離子水溶液時，則會改由水分子參與電解，產生氫氣。另外，如果是含有Cl^-、I^-等陰離子的水溶液的話，電解後會產生Cl_2、I_2等元素態物質；但如果電解的是陰離子為OH^-、NO_3^-、SO_4^{2-}等的水溶液的話，由於這些離子與水分子之間有強烈的水合作用，使它們不會參與電解反應，而是改由水分子參與電解反應，產生氧氣。

另外，如果陽極不是使用石墨C等穩定的物質，而是用銅或銀等金屬電極的話又會如何呢？當銅或銀的電子被奪走之後，便會形成銅離子與銀離子，溶解於電解液中。電解精鍊就是藉由這個原理，使電極在電解時溶於電解液中，再析出成為純度更高的金屬。

如果持續電解NaCl水溶液，氯離子會逐漸變少，但鈉離子的數量卻不會改變，故溶液會逐漸轉變成氫氧化鈉水溶液。目前工業上所使用的

表 75-1 ● 主要的電解反應

電解液	陰極產生的反應（還原反應）		陽極產生的反應（氧化反應）	
	電極	半反應式	電極	半反應式
NaOH水溶液	Pt	$2H_2O + 2e^- \rightarrow H_2 + 2OH^-$	Pt	$4OH^- \rightarrow 2H_2O + O_2 + 4e^-$
H_2SO_4水溶液	Pt	$2H^+ + 2e^- \rightarrow H_2$	Pt	$2H_2O \rightarrow 4H^+ + O_2 + 4e^-$
KI水溶液	Pt	$2H_2O + 2e^- \rightarrow H_2 + 2OH^-$	Pt	$2I^- \rightarrow I_2 + 2e^-$
$AgNO_3$水溶液	Pt	$Ag^+ + e^- \rightarrow Ag$	Pt	$2H_2O \rightarrow 4H^+ + O_2 + 4e^-$
$CuSO_4$水溶液	Pt	$Cu^{2+} + 2e^- \rightarrow Cu$	Pt	$2H_2O \rightarrow 4H^+ + O_2 + 4e^-$
$CuSO_4$水溶液 （銅的電解精鍊）	Cu	$Cu^{2+} + 2e^- \rightarrow Cu$	Cu	Cu^{2+}會從電極溶出
NaCl水溶液 （製造NaOH）	Fe	$2H_2O + 2e^- \rightarrow H_2 + 2OH^-$	C	$2Cl^- \rightarrow Cl_2 + 2e^-$
NaCl熔鹽 （熔鹽電解）	C	$Na^+ + e^- \rightarrow Na$	C	$2Cl^- \rightarrow Cl_2 + 2e^-$

第
10
章

氧
化
還
原
反
應

離子交換膜法中，會以陽離子交換膜隔開陽極與陰極，由海水製造出氫氧化鈉（圖75－1）。

在陽極側注入濃氯化鈉水溶液，以石墨電極進行電解，可產生氯氣。陰極側一開始先注入稀薄的氫氧化鈉水溶液，電解時陸續加入純水。電解時陰極會產生氫氣，同時氫氧根離子會與從陽極移動過來的鈉離子形成濃氫氧化鈉水溶液。離子交換膜法可以在連續的電解作用下持續製造出氫氧化鈉，其中，陽離子交換膜則可防止陽極產生的氯氣與陰極產生的氫氧根離了反應。

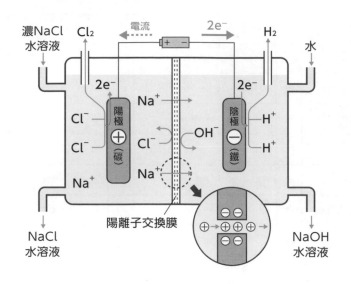

圖 75-1 ● 以陽離子交換膜法製造氫氧化鈉

濃NaCl
水溶液　Cl₂

電流

2e⁻　H₂

水

2e⁻

陽極
⊕
(碳)

Na⁺

陰極
⊖
(鐵)

2e⁻

Cl⁻

Cl⁻

Cl⁻

OH⁻

H⁺

H⁺

Na⁺

Na⁺

陽離子交換膜

NaCl
水溶液

NaOH
水溶液

陽離子交換膜是僅能讓陽離子通過的膜，陰離子無法通過。

第 **11** 章

典型元素的性質

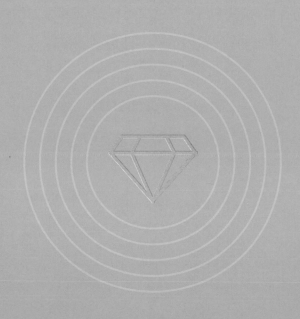

76

進入無機化學領域之前需要知道的事

～ 將週期表中的元素進行分類 ～

接下來，我們將以族為單位，一個個說明無機化學中的各個元素。在這之前先來看看週期表，由元素的排列掌握各種元素的特徵吧。

【典型元素與過渡元素】

請先看圖76－1。週期表中的元素大致上可以分成2大類，一類是由第1、2族以及第12～18族所組成的典型元素，另一類則是由第3～11族所組成的過渡元素。典型元素中，第1族元素擁有某些只有第1族元素才有的性質、第2族元素擁有某些只有第2族元素才有的性質，依此類推，同族的元素皆擁有其共通性質（即所謂的典型）。

過渡元素中的「過渡」指的是「邊移動邊改變」的意思，那麼這個

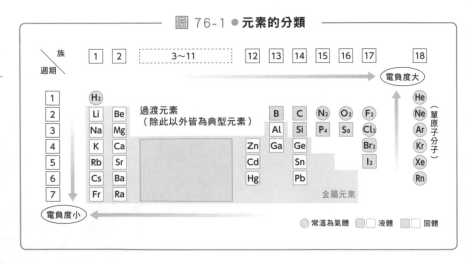

圖 76-1 ● 元素的分類

名稱又是從何而來的呢？事實上，在一開始的週期表中，第12～18族的元素已大致整理完成，而第2族與第12～18族之間的元素則被認為是**「正在從一種典型元素逐漸改變另一種典型元素的元素」**，故使用「過渡」這個詞來描述，並流傳至今。

【陽性元素與陰性元素】

　　這與我們在第7節中提到的電離能及電子親和力等內容關係密切，建議你可以重讀一次第7節再來閱讀這個部分。

　　容易失去電子成為陽離子的元素稱為陽性元素，而容易接受電子成為陰離子的元素則稱為陰性元素（我們會用電離能來描述成為陽離子的難度，用電子親和力來描述成為陰離子的難度）。**在同一個週期的元素中，除了閉殼狀態的惰性氣體之外，位於愈右邊的元素，原子核的質子數愈多，原子核吸引電子的力量愈強，電負度也愈強，故陰性愈強（＝電子親和力愈大、電離能愈大）。而在同一族的元素中，位於愈下方的元素，原子半徑愈大，最外層的電子離原子核愈遠，受到原子核的吸引力愈弱，電負度愈弱，故陽性愈強（＝電離能愈小）。**也就是說，典型元素中，位於週期表最左下方的Fr是電負度最小的元素，位於最右上方的F是電負度最大的元素。

【金屬元素與非金屬元素】

　　週期表的元素可以分成金屬元素與非金屬元素。金屬元素位於週期表內左下～中央區域，非金屬元素則位於右上區域。而位於兩者之間的元素，如矽Si或鍺Ge等元素，則同時擁有金屬元素與非金屬元素的特性，也被稱為半導體。

　　典型元素中，金屬元素與非金屬元素約各占一半，過渡元素則全為金屬元素。

77

氦He、氖Ne、氬Ar、氪Kr、氙Xe、氡Rn

～氫與惰性氣體～

　　遊樂園常會販賣充有氦氣的氣球。如果氣球裡面是氫氣的話也會浮起來，但因為氫氣為可燃性氣體，危險性高，故改用氦氣。氫氣與氦氣都比空氣輕，不過氦氣幾乎不會產生化學反應，這點與氫氣有很大的不同。以下將介紹週期表中第1族的氫與第18族的惰性氣體。

【氫】

　　氫是宇宙中含量最高的元素。因為氫的活性很高，故法律規定充有氫氣的氣瓶必須漆以紅色。漆成紅色的氣瓶可以讓人認知到那是「危險氣體」。

　　各位周遭應該不太常看到紅色的氣瓶，也很少有使用氫氣的機會才對，不過氫氣的製造其實很簡單。在第66節的金屬離子化序列（圖66－2）中，將離子化傾向比H_2還要大的金屬投入稀釋強酸內，便可產生氫氣（譬如鋅可產生以下反應$Zn＋2HCl→ZnCl_2＋H_2$）。

　　氫會以氫化合物的形式存在於我們的周遭，而氫化合物的特徵則包括表77－1與第13節提到的配位鍵、氫鍵等，請對照著閱讀。

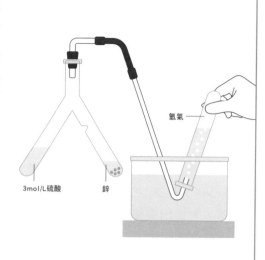

圖 77-1 ● 氫的製造與收集

①將叉狀試管有突起的一側加入2g的鋅，另一側加入5mL的3mol/L硫酸。

②傾斜叉狀試管，使硫酸注入有鋅的一側，再將產生的氫氣藉由排水集氣法收集至試管內。

③若要停止產生氣體，可傾斜叉狀試管，以試管的突起卡住鋅，僅讓硫酸回到原處（試管的突起是為了卡住固體→日本的大學考試中曾出過這題）。

④將火柴點燃後靠近試管口，可以聽到氫氣燃燒的聲音。

氫氣

3mol/L硫酸　　　鋅

表 77-1 ● 非金屬元素與氫化合物的性質與沸點

週期 ＼ 族	15	16	17
2	氨　NH_3 弱鹼性（－33℃）	水　H_2O 中性（100℃）	氟化氫　HF 弱酸性（20℃）
3	磷化氫　PH_3 弱鹼性（－88℃）	硫化氫　H_2S 弱酸性（－61℃）	氯化氫　HCl 強酸性（－85℃）

【惰性氣體】

空氣中存在著微量的氬與氦，它們以元素態存在，是無色、無臭的氣體。**因為惰性氣體的價電子數為0，故會以單原子分子的氣體形式存在。**這種「不會與其他原子鍵結」的性質可以活用於我們的生活，舉例來說，以前的氣球與飛船會灌氫氣使其飛起來，但因為有爆炸的危險，故全部改用氦氣，而製造白熾燈時，為了防止燈絲氧化，延長燈絲的壽命，會在燈泡內填充氬氣。

氟F、氯Cl、溴Br、碘I、砈At

～ 卤素 ～

週期表中的第17族元素叫做卤素。各種卤素的重要性依次為Cl＞I＞＞Br＞F＞＞＞＞At。At的重要性之所以那麼低，是因為它是放射性元素，製造出來後便會馬上衰變，難以研究其性質。

表78－1為氟F～碘I等卤素的元素態性質的一覽表。不過，這些內容不需要硬背下來。**每種卤素皆有7個價電子，若要成為閉殼狀態，都需要再加入1個電子。其中，F的最外層電子離原子核最近，故F也是週期表中吸引電子的強度（氧化力）最大的元素。**不同卤素的氧化力的差異可以從簡單的實驗看出，譬如說，將氯氣Cl_2水溶液通入溴化鉀KBr水溶液之後，溴離子Br^-的電子會被Cl_2搶走，使其成為有顏色的溴Br_2。金屬的離子化傾向是依照「成為陽離子的難度」的順序排列，不過卤素的氧化力大小看的卻是「成為陰離子的難度」。也就是說，當Br^-與Cl_2共存時，因為氯比較容易成為陰離子，故氯會氧化溴離子，使溴離子成為溴，氯則還原成氯離子。

位於週期表愈下方的元素，其沸點與熔點愈高，這是因為分子大小愈大，分子間作用力也愈大的緣故。要使物質沸騰時，需有足夠能量切斷分子間作用力，才能使其自由運動。所以如果分子間作用力愈大，就需要更多熱能才能沸騰。

表 78-1 ● 鹵素的性質

元素態	熔點〔℃〕	沸點〔℃〕	狀態	顏色
氟 F_2	-219	-188	氣體	淡黃色
氯 Cl_2	-101	-34	氣體	黃綠色
溴 Br_2	-7	59	液體	紅棕色
碘 I_2	114	185	固體	黑紫色

氧化力	與氫的反應	與水的反應
強 ↑	在任何環境下都會產生劇烈反應	產生劇烈反應並生成氧氣
	在有光的情況會產生劇烈反應	部分反應並生成 HCl、HClO
	加熱＋有催化劑時會產生反應	反應情況比氯還要弱
弱 ↓	加熱＋有催化劑時僅有少量會反應	幾乎不溶於水，也不會反應

【氟】

氟F的氧化力非常強，要獲得元素態F_2的難度相當高。許多化學家曾挑戰過這個任務，卻有不少人因此而受傷、死亡。1886年，單眼失明的法國學者莫瓦桑終於成功分離出氟，並獲得了諾貝爾獎。

【氯】

氯是種有刺激性臭味的黃綠色有毒氣體，且比空氣還要重。工業上，會用第75節中所介紹的氯化鈉水溶液電解法來製造氯氣，但實驗室中則會將濃鹽酸與二氧化錳（Ⅳ）混合加熱，以製造出乾燥的氯氣，如圖78－1所示。

氯化氫的製造方法（圖78－2）與氯氣類似，常被搞混。請比較這2張圖，並記住有哪些不同之處。

氯氣溶於水之後，部分會與水反應，產生氯化氫HCl與次氯酸HClO。

$$Cl_2 + H_2O \rightleftarrows HCl + HClO$$

看到這些內容，可能會讓你覺得這個反應式很複雜，但事實上我們周遭常可看到類似的反應。各位是否常在清潔劑包裝上看到「請勿與其他清潔劑混合」之類的標語呢？要是將漂白劑中的次氯酸與廁所清潔劑中的鹽酸混合的話，便會使這個反應式逆向移動，產生有毒的氯氣。

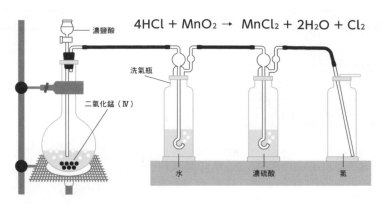

圖 78-1 ● 氯氣的製造方法與收集法

$$4HCl + MnO_2 \rightarrow MnCl_2 + 2H_2O + Cl_2$$

濃鹽酸

洗氣瓶

二氧化錳（Ⅳ）

水　　濃硫酸　　氯

洗氣瓶中的水是為了去除氯化氫，濃硫酸則是為了去除水分。2個洗氣瓶的連接方式、順序（若是順序相反，水蒸氣便會與氯氣混在一起），以及氯氣需以向上排氣法收集等，皆為本實驗重點。

將高純度次氯酸鈣粉與鹽酸混合，亦可得到氯氣。

$$Ca(ClO)_2 \cdot 2H_2O + 4HCl \rightarrow CaCl_2 + 4H_2O + 2Cl_2$$

高純度次氯酸鈣粉

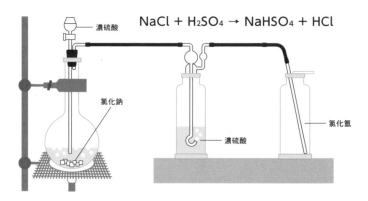

圖 78-2 ● 氯化氫的製造方法與收集法

$$NaCl + H_2SO_4 \rightarrow NaHSO_4 + HCl$$

濃硫酸

氯化鈉

濃硫酸

氯化氫

將NaCl與H_2SO_4混合，可以得到Na^+、H^+、Cl^-、$SO_4{}^{2-}$等4種離子。加熱混合液體後，會以氣體形式跑出來的就只有由H^+和Cl^-組合而成的分子而已，也就是HCl。

【溴】

溴在常溫下為紅棕色液體,是常溫下唯一以液態存在的非金屬元素（汞則是常溫下唯一以液態存在的金屬元素）。日常生活中不太有機會用到,不過因為液態的溴方便實驗操作,故常用於有機化學。

【碘】

常溫下為紫黑色固體,會昇華成氣體為其一大特徵。我們可以利用其會昇華的性質,將氯化鈉與碘混合,製造出元素態的碘（圖78－3）。

澱粉與元素態的碘或碘化鉀水溶液混合時,碘可使澱粉呈現藍紫色,這就是我們熟知的澱粉與碘的反應。

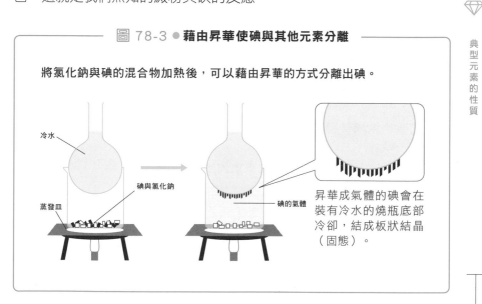

圖 78-3 ● **藉由昇華使碘與其他元素分離**

將氯化鈉與碘的混合物加熱後,可以藉由昇華的方式分離出碘。

冷水

碘與氯化鈉

蒸發皿

碘的氣體

昇華成氣體的碘會在裝有冷水的燒瓶底部冷卻,結成板狀結晶（固態）。

碳C、矽Si、鍺Ge、錫Sn、鉛Pb

～ 碳、矽以及其化合物 ～

　　週期表中的第14族元素擁有4個價電子，而愈下方的元素，其金屬性質愈大。本節將說明碳、矽以及其化合物的特徵。

【 碳C與其同素異形體 】

　　自然界中，元素態的碳C會以石墨、鑽石、富勒烯、奈米碳管等形式存在，這些物質彼此間為同素異形體的關係（表79－1）。木炭、煤炭等物質，結構皆與石墨相同。碳原子在高壓下會形成鑽石，平常則會

表 79-1 ● 碳的同素異形體

同素異形體	鑽石	石墨	富勒烯（C_{60}、C_{70}等）	奈米碳管
結構	立體網狀結構	平面層狀結構	球狀（足球狀等）	管狀（將一層石墨捲成筒狀）
性質	無色透明 八面體結晶 無導電性 $3.5g/cm^3$	黑色不透明 板狀結晶 有導電性 $2.3g/cm^3$	黑色不透明粉末 無導電性 $1.7g/cm^3$	黑色不透明粉末 有導電性 約$1.4g/cm^3$
用途	寶石、研磨劑	電極、鉛筆筆芯	（目前研究中）	（目前研究中）

以石墨的狀態存在。

地函穿過地殼的部分會噴出火成岩，而火成岩的慶伯利岩中便含有豐富的鑽石。地函深埋於地殼之下，壓力很大，這裡的碳原子皆以鑽石的形態存在，當這些鑽石突然移動到地表附近時，有些鑽石來不及轉變成石墨，使我們能在地層中挖掘到鑽石。

富勒烯發現於1985年，奈米碳管則發現於1991年。奈米碳管的導電能力為同直徑銅的近1000倍，強度則有鋼鐵的20倍，可說是夢幻的材料。目前許多團隊正積極展開相關研究。

【一氧化碳為什麼很危險？】

一氧化碳與二氧化碳皆為含有碳元素的氣體。這2種氣體的製造方式整理於圖79－1。

一氧化碳是相當危險的氣體。一氧化碳與體內負責運送氧氣的血紅素有很強的結合力，比氧氣與血紅素的結合力還要強上許多，故只要少量的一氧化碳就會使血液中的氧氣濃度下降，造成生命危險，這就是一氧化碳中毒。一氧化碳暴露在空氣中時，會馬上與空氣中的氧氣結合成二氧化碳，故只要保持通風，提供充足的氧氣，就不用擔心會一氧化碳中毒了。暖爐上常會標示「每隔1小時請通風一次」，就是為了防止一氧化碳中毒。

【為什麼二氧化碳會被叫做溫室氣體呢？】

地球從太陽吸收了多少熱能，就會釋放出多少到太空中。二氧化碳之所以被稱為溫室氣體，是因為二氧化碳可以阻止地球將所吸收的太陽熱能釋放至太空。舉例來說，在溫暖的春日，躺在草地上曬太陽會覺得身體很暖和；夕陽西下時，熱能便會離開地表，使我們感到寒冷。不過，如果蓋上毛毯的話，就能暫時溫暖身體。溫室氣體的作用就像這裡的毛毯一樣。溫室氣體增加時，地球就像是被一層厚厚的毛毯蓋著，熱能無法散發出去，使地球的平均氣溫上升到危險的範圍。

【一氧化碳的製備方式】

將蟻酸與濃硫酸混合加熱後便會產生一氧化碳，再以排水集氣法收集。

這個反應可以視為蟻酸在濃硫酸的脫水作用下分解成一氧化碳與水。

$$HCOOH \rightarrow CO + H_2O$$

工業上會以高溫水蒸氣接觸燒得紅熱的焦炭，產生混合氣體。

$$C + H_2O \rightarrow H_2 + CO$$

再將混合氣體進行其他反應，製造出甲醇。

【二氧化碳的製備方式】

將主成分為$CaCO_3$的石灰石與稀鹽酸混合，反應後會產生二氧化碳。

$$CaCO_3 + 2HCl \rightarrow CaCl_2 + CO_2 + H_2O$$

工業上，加熱石灰石後即可分解出二氧化碳。

$$CaCO_3 \rightarrow CaO + CO_2$$

將二氧化碳通過石灰水後，便會生成碳酸鈣的白色沉澱，

故可藉此檢測是否成功製造出二氧化碳。

$$Ca(OH)_2 + CO_2 \rightarrow CaCO_3 + H_2O$$

【矽Si與其化合物】

比起矽Si這個名字，日本人應該更常聽到silicon這個字。**矽（silicon）是半導體中不可或缺的材料**。矽是地球上第二多的元素，僅次於氧。不過自然界中僅會以化合物的形式（主要是做為岩石成分的二氧化矽）存在。製造半導體時，需將矽轉變成元素態的形式。純度愈高的矽可以製造出性能愈高的半導體，目前已可製造出純度高達99.999999999%的元素態矽。

那麼，為什麼半導體非得用矽來做才行呢？矽擁有介於導體（如金屬）與絕緣體（如玻璃）之間的性質，在不同的環境下，有時可形成電流通路，有時則會形成斷路。在數位的世界中使用的是2進位法，所有的訊號皆以0與1來表示。半導體便是以電流的通路或斷路來表示0與1的訊號。

圖 79-2 ● 矽的化合物以及其特徵

我們身邊常見的玻璃中，其實就含有矽元素。玻璃的原料為矽砂、碳酸鈉及碳酸鈣。矽砂的化學式為SiO_2，沙坑或沙灘的沙粒中，可以看到一些閃亮的透明色顆粒，這些顆粒就是矽砂。SiO_2為非金屬元素的酸性氧化物，與NaOH或Na_2CO_3等鹼性物質混合加熱後會產生反應，產物可再製成矽膠與玻璃。因此，如果將NaOH固體或濃水溶液置於玻璃容器內保存的話，NaOH便會溶掉玻璃，塞住蓋子和容器的間隙，使蓋子轉不開。

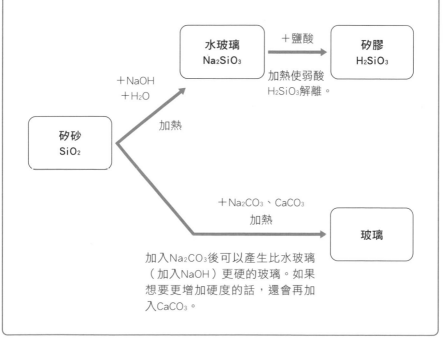

第 11 章

◇

典型元素的性質

雖然大量存在於空氣中，但難轉變成可利用的形態

～ 氮與其化合物① ～

　　空氣中約含有80％的氮，氮氣在一般人的印象中是相當穩定的氣體。不過其化合物硝酸HNO_3卻是製造肥料與火藥的重要原料。以下介紹的是將氮氣轉變成硝酸的流程。

　　與豆科植物的根共生的根瘤菌可以吸收空氣中的氮氣，並將其轉變成氨NH_3，這個過程稱為**固氮作用**，是自然界中將氮氣轉變成氮化合物的主要管道。

　　這些氨可以被土壤中的其他細菌氧化成硝酸鹽類，成為生物的營養來源。不過，大多數的植物沒有辦法直接吸收空氣中的氮，故農業上需要使用硝酸銨、硝酸鉀等肥料栽培植物。這些硝酸化合物在火藥的製造過程中也是相當重要的原料。黑色火藥是由硫、木炭、硝酸鉀的混合物製成，煙比較少的無煙火藥則是由硝化纖維（Nitrocellulose）、硝化甘油（Nitroglycerin）等硝酸化合物製成（nitro-代表這些物質中含有硝基—NO_2，而硝基源自於與硝酸的反應）。

　　製作硝酸化合物時需要硝酸做為原料。在第一次世界大戰以前，人們需從礦山中挖掘出硝石（主要成分為硝酸鉀），再將這些硝石與硫酸混合加熱後，才能得到硝酸。不過在第一次世界大戰即將開戰前，德國化學家哈伯成功以催化劑促進氮氣與氫氣反應，發明了高效率的氨合成法（圖80－1，哈伯—博施法）。合成出氨之後再將其氧化，便可以得到硝酸了。這種製造方式相對簡單許多，不需挖掘硝石也可以製造出硝

酸。目前製造火藥與肥料原料時，皆是使用與哈伯—博施法原理相同的方法製造氨。

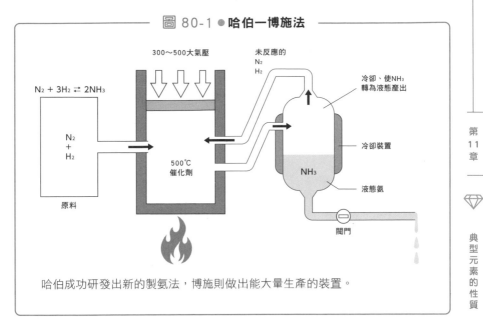

圖 80-1 ● **哈伯—博施法**

300～500大氣壓

未反應的
N₂
H₂

$N_2 + 3H_2 \rightleftarrows 2NH_3$

冷卻、使NH₃
轉為液態產出

N₂
+
H₂

500℃
催化劑

冷卻裝置

NH₃

液態氨

原料

閥門

哈伯成功研發出新的製氨法，博施則做出能大量生產的裝置。

除了氨以外，氮的化合物還包括一氧化氮NO、二氧化氮NO₂等會造成光化學煙霧的氮氧化物。氮化合物在實驗室內的製備方法如圖80－2所示。

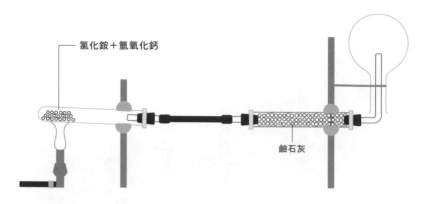

圖 80-2 ● 氮化合物在實驗室內的製備方法

氯化銨＋氫氧化鈣

鹼石灰

【氨在實驗室內的製備方法】

$$2NH_4Cl + Ca(OH)_2 \rightarrow CaCl_2 + 2NH_3 + 2H_2O$$

◎反應產生的氨可溶於水中，室溫下1杯水可溶解約70L（！）的氨，由於氨比空氣還要輕，故可用向下排氣法收集。

◎要是反應產生的水流到加熱部分的話，可能會使試管破裂，故請將試管開口稍微往下。

◎若想獲得乾燥的氨，可使反應產生的氣體通過鹼石灰（NaOH與CaO的混合物），藉此去除水分。氯化鈣會與氨反應，故無法當做這個步驟的乾燥劑。

【一氧化氮的製備方法及其特徵】

將銅與稀硝酸混合後便會開始反應，再以排水集氣法收集氣體。

$$3Cu + 8HNO_3 \rightarrow 3Cu(NO_3)_2 + 2NO + 4H_2O$$

若一氧化氮暴露於空氣中會迅速氧化，形成紅棕色的NO_2。

$$2NO + O_2 \rightarrow 2NO_2$$

【二氧化氮的製備方法及其特徵】

將銅與濃硝酸混合後便會開始反應，以向上排氣法收集氣體。

$$Cu + 4HNO_3 \rightarrow Cu(NO_3)_2 + 2NO_2 + 4H_2O$$

易溶於水的紅棕色氣體，有刺激性臭味，亦含有毒性。溶於水中會形成硝酸。

$$3NO_2 + H_2O \rightarrow 2HNO_3 + NO$$

氮N、磷P、砷As、銻Sb、鉍Bi

～ 氮與其化合物② 磷與其化合物 ～

本節將介紹工業上將氨氧化成硝酸的奧斯特瓦爾德法、濃硝酸的性質，以及與氮同屬第15族元素的磷與其化合物。

【奧斯特瓦爾德法與硝酸的性質】

硝酸是肥料與炸藥的原料，由哈伯一博施法所製造出來的氨必須經過氧化的步驟，才能轉變成硝酸，而奧斯特瓦爾德法就是在做這件事。在哈伯一博施法發明以前，奧斯特瓦爾德法的理論便已完成，但直到製造廠能成功以哈伯一博施法大量製造氨時，奧斯特瓦爾德法才真正投入實用。

圖 81-1 ● 奧斯特瓦爾德法

① 以鉑做為催化劑，將氨氧化成一氧化氮。

② 使一氧化氮與空氣中的氧氣反應，氧化成二氧化氮。

③ 將二氧化氮打入溫水中，形成硝酸。

① $4NH_3 + 5O_2 \xrightarrow{Pt} 4NO + 6H_2O$

② $2NO + O_2 \longrightarrow 2NO_2$

③ $3NO_2 + H_2O \longrightarrow 2HNO_3 + NO$

整理後可得反應式

$NH_3 + 2O_2 \rightarrow HNO_3 + H_2O$

硝酸照光或受熱時易分解，故會裝在棕色瓶內，放在陰暗處保存。濃硝酸與稀硝酸皆有很強的氧化力，Cu和Ag無法溶於其他酸，卻能在硝酸中溶解。

不過，**AI、Fe、Ni可以在其他酸中溶解，卻無法溶於濃硝酸。因為這些金屬表面會形成緻密的氧化外膜，保護內部金屬不被氧化。這種狀態又被稱為鈍化。**

【NO$_x$（氮氧化物）與SO$_x$（硫氧化物）】

一氧化氮與二氧化氮屬於NO$_x$（氮氧化物），與SO$_x$（硫氧化物，包括SO$_2$與SO$_3$）皆是造成空氣汙染、酸雨的物質。NO$_x$包括多種氮氧化物，如NO、NO$_2$、N$_2$O、N$_2$O$_3$、N$_2$O$_4$、N$_2$O$_5$等。這些氮氧化物最後都會轉變成NO$_2$，再溶入雨水中形成硝酸HNO$_3$，也就是酸雨。另外，石油與煤炭內含有硫，燃燒時會產生SO$_2$並釋放於大氣中，經氧氣氧化後會形成SO$_3$。SO$_3$是固體，故會以氣溶膠的形式飄散在空氣中；當這些SO$_3$溶解於雨水中時便會形成硫酸，亦屬於酸雨。為了減少空氣汙染與酸雨，日本法律規定精煉石油的工廠一定要加裝脫硫設備，去除產物中含有硫的成分。

SO$_x$是硫燃燒後的產物，只要在燃燒之前去除硫的話，就幾乎不會產生任何SO$_x$。但只要將空氣加熱到一定溫度，空氣中的氮氣與氧氣便會反應產生NO$_x$。那是不是不要產生高溫就好了呢？然而，汽車引擎燃燒時需要用到氧氣，故需吸入空氣，此時氮氣也會一併進入引擎，高溫下便會反應產生NO$_x$。也就是說，去除NO$_x$比去除SO$_x$還要困難，只能將產生的廢氣通過特定觸媒，將NO$_x$還原成氮氣再釋放至大氣中。

【磷與其化合物】

雖然磷P在自然界中不以元素態存在，但其實我們的身邊不難看到元素態的磷。火柴盒側邊有一塊紅棕色的粗糙區域，這個部分就是由磷的元素態構成，稱為紅磷。

磷除了紅磷之外還有黃磷這種同素異形體。**同素異形體指的是組成**

元素相同，性質卻有所不同的元素態物質。硫S、碳C、氧O、磷P皆擁有同素異形體。可以用SCOP這個字記憶。同素異形體常會和同位素搞混，請特別注意。黃磷會自燃，是毒性很高的物質，一般保存於水中。元素態的磷在燃燒後會形成氧化磷（Ｖ）P_4O_{10}。P_4O_{10}加水加熱後則會形成磷酸（$P_4O_{10}+6H_2O \rightarrow 4H_3PO_4$）。

我們身邊比較難看得到磷的化合物，不過人體內卻含有大量的磷。DNA內有大量磷酸連接而成的結構，細胞膜是由磷脂所組成，骨骼的主成分是磷酸鈣。要是植物的磷元素不足的話便會發育不良，故肥料中通常含有過磷酸鈣（磷酸二氫鈣$Ca(H_2PO_4)_2$與硫酸鈣$CaSO_4$的混合物）。

典型元素的性質

82

曾經被稱為是黃色鑽石的物質

～ 硫與其化合物 ～

元素態的硫為黃色粉末，是黑色火藥中不可或缺的物質。在火山口附近可以採集到大量的硫，而做為火山大國的日本，從平安時代開始便將硫輸出至境內幾乎沒有火山的中國大陸。韓戰時硫的價格高漲，甚至被稱為「黃色鑽石」，使日本國內的硫磺礦山風光一時。但隨著技術的進步，人們得以從精煉石油時的雜質中分離出硫之後，日本硫礦的採集成本變得相對高昂，不得不封礦。

元素態的硫包括斜方硫、單斜硫及膠狀硫等3種同素異形體（圖82－1）。

【硫化氫H$_2$S】

硫化氫H$_2$S是有腐爛蛋臭味的有毒氣體。**我們常將火山區域瀰漫的氣味稱為「硫磺味」，但元素態的硫磺並沒有氣味，這個氣味其實是來自H$_2$S**。將金屬硫化物與酸性液體混合之後便會產生H$_2$S（圖82－2）。硫化氫溶解於水中

圖 82-1 ● 硫的同素異形體

斜方硫　　單斜硫　　　　膠狀硫
（八面體）　（針狀）

室溫下斜方硫最穩定，加熱時隨著溫度的上升，會依照斜方硫→單斜硫→黑色液態硫的順序改變型態。將黑色液態的硫急速冷卻後，便會得到膠狀硫。將單斜硫與膠狀硫放置於室溫下，便會逐漸轉變成斜方硫。

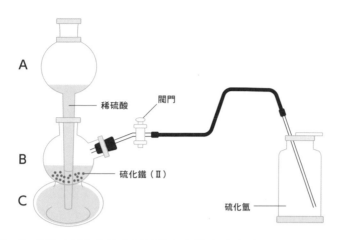

圖 82-2 ● **使用啟普發生器製備硫化氫的方法**

A

稀硫酸   閥門

B

硫化鐵（Ⅱ）

C

硫化氫

隔開B與C的玻璃板上有許多顆粒狀硫化鐵（Ⅱ）無法通過的小洞。打開氣閥時，原本積在A的稀硫酸會流下至C，並逐漸累積往上，當稀硫酸液面抵達B時便會與FeS反應，產生H_2S（$FeS + H_2SO_4 \rightarrow FeSO_4 + H_2S$）。若要停止$H_2S$的生成，只要關閉氣閥就行了。關閉氣閥後，B內的$H_2S$壓力會上升，將稀硫酸液面往下壓，使FeS與$H_2SO_4$分離，反應停止。這種啟普發生器亦可用於氫氣的製備（鋅與酸），以及二氧化碳的製備（碳酸鈣與酸）。

會呈現弱酸性，卻也有著強還原性。

火山地區附近之所以會有硫磺分布，是因為火山氣體中含的H_2S會與空氣中的氧氣及二氧化硫產生氧化還原反應，生成硫（$2H_2S + O_2 \rightarrow 2S + 2H_2O$，$2H_2S + SO_2 \rightarrow 3S + 3H_2O$）。

【**二氧化硫SO_2**】

二氧化硫為無色、具刺激性臭味的有毒氣體，燃燒硫時便會產生二氧化硫（$S + O_2 \rightarrow SO_2$）。加熱後的濃硫酸與銅反應也會產生二氧化硫（$Cu + 2H_2SO_4 \rightarrow CuSO_4 + 2H_2O + SO_2$），但熱濃硫酸相當危險，故在實驗室中會用操作起來較為方便的亞硫酸鈉與稀硫酸進行反應（$Na_2SO_3 + H_2SO_4 \rightarrow Na_2SO_4 + H_2O + SO_2$）。二氧化硫溶於水中後會形成亞硫酸$H_2SO_3$，為弱酸性。

【硫酸H₂SO₄的製造方式及其性質】

製造硫酸時，需先使用氧化釩（Ｖ）V_2O_5做為催化劑，以氧氣氧化SO_2，得到固體的SO_3（$2SO_2＋O_2→2SO_3$）。之後需再將SO_3與水混合，不過如果直接將SO_3丟入水中的話會產生大量的熱，難以均勻混合，故一開始會先用濃硫酸吸收這些SO_3。順利混合後的溶液會持續冒出SO_3的白色蒸氣，即所謂的發煙硫酸，接著再以稀硫酸稀釋，便可得到濃硫酸了。

硫酸有五大重要性質，包括**濃硫酸的①不揮發性、②吸濕性、③脫水作用、④氧化作用，以及稀硫酸的⑤酸性性質**（圖82－3）。硫酸總給人比鹽酸還要危險的印象，就是因為濃硫酸具有①〜④的性質。

圖 82-3 ● 硫酸的性質
---

①不揮發性　若是不小心打翻硫酸，裡面的水會逐漸蒸發，但原本硫酸就是由固態的SO_3溶於水中後得到的強酸，故其濃度只會愈來愈濃。要是不小心將稀硫酸灑到衣物上，卻不馬上用水沖洗乾淨，就會因為③的脫水作用使衣服破洞。

②吸濕性　濃硫酸擁有吸濕性，故可當作乾燥劑使用。

③脫水作用　濃硫酸的脫水作用可將有機物中的H與O以2：1的比例奪走。舉例來說，將濃硫酸滴在蔗糖上，便會產生劇烈反應，過一陣子後就會分離出全黑的碳（$C_{12}H_{22}O_{11}→12C＋11H_2O$）。

④氧化作用　硫酸相當穩定，不過熱濃硫酸有很強的氧化反應，可以氧化銅與銀，生成SO_2。

⑤濃硫酸幾乎沒辦法當做酸來使用。若要將其當做酸來使用，就需加水稀釋成稀硫酸才行。稀釋時，如果將水加入濃硫酸內的話，會因為大量放熱而產生水蒸氣，使周圍的濃硫酸噴灑出來，相當危險。因此在稀釋濃硫酸時，需將濃硫酸緩緩加入充分冷卻的水中。

83

氧的化合物有哪些呢？

～ 氧氣及其化合物 ～

你可以說出多少個氧的化合物呢？二氧化碳CO_2、氧化鐵（Ⅲ）Fe_2O_3、硫酸H_2SO_4，還有氫氧化鈉NaOH也是氧的化合物對吧。氧可以和金屬元素或非金屬元素形成化合物，故自然界中有相當多種氧的化合物。本節就整理一下這些化合物吧。

【如何製造氧氣？】

氧是岩石與礦物的重要成分，也是地殼中蘊藏量最為豐富的元素。地殼中各元素的蘊藏量依序為O→Si→Al→Fe→Ca→Na→K→Mg……。雖然空氣中含有20％的氧氣，但醫學上治療呼吸衰竭時，需給予高濃度的氧氣。製造100％氧氣的方法共有3種（圖83－1）。

【氧化物的性質與含氧酸】

氧的反應種類相當豐富，可以和許多元素化合成氧化物。Na_2O、MgO等金屬元素的氧化物與水反應後可以得到NaOH與$Mg(OH)_2$等鹼性物質，故被稱為鹼性氧化物。

另外，Al_2O_3與ZnO雖然不會溶於水，卻可以和酸與鹼反應。譬如說和鹽酸反應後會生成$AlCl_3$與$ZnCl_2$，和氫氧化鈉反應後會生成$Na[Al(OH)_4]$與$Na_2[Zn(OH)_4]$。這類金屬氧化物又稱為**兩性氧化物**（Al、Zn、Sn、Pb等4種元素的氧化物皆為兩性氧化物）。

SO_2、NO_2、CO_2等非金屬元素的氧化物與水反應之後會生成酸，與鹼反應後會生成鹽類，故稱為酸性氧化物。酸性氧化物與水反應後會產生**含氧酸**，也就是分子內含有氧原子的酸。

─── 圖 **83-1** ● **製造純氧的 3 種方法** ───

1：空氣分餾

氧在1大氣壓（1013hPa）下的沸點為－183℃，氮的沸點則是－196℃，將空氣冷卻到這個溫度以下，便會成為液態空氣。接著再將其緩緩蒸發，沸點低的氮會先蒸發掉，使液態空氣中的氧氣濃度逐漸上升，最後便能得到純氧的液體。

2：將二氧化錳（Ⅳ）MnO_2加入過氧化氫水溶液（3%H_2O_2水溶液，俗稱雙氧水）中。$2H_2O_2 \rightarrow 2H_2O + O_2$

這是最常見的方法，也是小學做實驗時所用的方法。確認時，會用燃燒中的線香靠近製造出的氣體，製造成功的話會使線香燒得更旺盛。

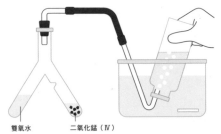

雙氧水　　　二氧化錳（Ⅳ）

① 將叉狀試管有突起的一側加入1g的二氧化錳（Ⅳ），另一側加入10mL的3%過氧化氫水溶液，使其反應。
② 以排水集氣法將製造出來的氣體收集至集氣瓶內。
③ 將燃燒中的線香放入集氣瓶，若線香燒得更旺盛→成功製造出O_2。

3：以MnO_2做為催化劑，加熱氯酸鉀$KClO_3$的方法。

$2KClO_3 \rightarrow 2KCl + 3O_2$

有些煙火即使碰到水也可持續燃燒，這是因為火藥內混有$KClO_3$，可以幫助煙火燒得更旺。高溫下的$KClO_3$可以在沒有催化劑的情況下自行分解，產生氧氣。

　　如表83－1所示，**同一種元素的含氧酸中，與中心原子鍵結的氧原子數量愈多，酸性就愈強。**另外，**由同週期的元素所形成的含氧酸中，愈靠週期表右側的元素所形成的含氧酸，酸性就愈強，**如$H_3PO_4 < H_2SO_4 < HClO_4$。

化學式	含氧酸	Cl的氧化數	酸強度
HClO	次氯酸	+1	弱
$HClO_2$	亞氯酸	+3	
$HClO_3$	氯酸	+5	
$HClO_4$	過氯酸	+7	強

化學式	含氧酸	S的氧化數	酸強度
H_2SO_3	亞硫酸	+4	弱
H_2SO_4	硫酸	+6	強

化學式	含氧酸	N的氧化數	酸強度
HNO_2	亞硝酸	+3	弱
HNO_3	硝酸	+5	強

【臭氧】

　　説到氧的同素異形體,就不能不提臭氧。臭氧的化學式為O_3,來自太陽的紫外線會使穩定的O_2分子轉換成臭氧$3O_2 \rightarrow 2O_3$,在地球上空的10～50km處形成臭氧層。臭氧生成反應會吸收紫外線,故可防止紫外線直射地表。然而,氟氯碳化物會破壞臭氧層,使部分臭氧層變得稀薄,造成臭氧層破洞問題。

　　產生臭氧的過程相當簡單。只要以強烈的紫外線照射氧氣,或者通以高壓電,便可製造出臭氧。但臭氧相當不穩定,在變回氧氣的同時會將氧離子釋放至周圍,故有很強的氧化力。因此,飲用水殺菌、纖維漂白、空氣淨化時常會用到臭氧。檢測臭氧的方式與氯氣相同,當沾濕的碘化鉀澱粉試紙轉變成藍紫色時,就表示有臭氧存在。

鋰Li、鈉Na、鉀K、
銣Rb、銫Cs、鍅Fr

～ 鹼金屬（第1族）～

週期表第1族的元素中，除了氫H以外的元素皆屬於鹼金屬。它們皆擁有1個價電子，容易釋放出這1個電子而形成1價陽離子。其中，Fr為放射性元素，製造出來之後馬上就會衰變，故以下僅說明Li～Cs等元素。

鈉Na的熔點為98℃，鉀K的熔點為63℃，在金屬中偏低。而鈉、鉀、鋰就像起司一樣軟，用小刀就可以輕鬆切開（表84－1）。另外，每種金屬的離子化傾向都很大，容易形成1價陽離子，故在常溫下皆會與氧氣或水蒸氣反應，形成氧化物或氫氧化物。譬如說鈉便會產生以下反應。

與氧的反應　　　　　$4Na + O_2 \rightarrow 2Na_2O$

水與水蒸氣的反應　　$2Na + 2H_2O \rightarrow 2NaOH + H_2$

反應生成的氧化鈉Na_2O或氫氧化鈉$NaOH$是由離子鍵結合而成的分子，故可以說鈉反應成了鈉離子。

和鈉與鉀相比，鋰Li的熔點較高，為181℃。常溫下的硬度與剛從冰箱拿出來的冰奶油差不多。手機會使用鋰離子電池，而不是鈉電池或鉀電池。這是因為用鋰做為電池材料時，可以產生比較大的電壓。不過，目前只有南美洲可以採集到鋰，故目前許多團隊正在研究是否能用相對便宜的鈉來代替。

表 84-1 ● 元素態鹼金屬的性質

元素名稱	元素符號	密度〔g/cm³〕	熔點〔℃〕	焰色反應
鋰	Li	0.53	181	紅
鈉	Na	0.97	98	黃
鉀	K	0.86	63	紫紅
銣	Rb	1.53	39	紅
銫	Cs	1.87	28	藍

焰色反應指的是將含有金屬離子的溶液投入火焰時，金屬離子所呈現出來的特有顏色。主要見於第1族與第2族元素。

主要的焰色反應

元素名稱		焰色
鋰	Li	紅
鈉	Na	黃
鉀	K	紫紅
銅	Cu	藍綠
鋇	Ba	黃綠
鈣	Ca	橙
鍶	Sr	紅（深紅）

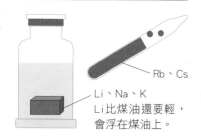

Rb、Cs

Li、Na、K
Li比煤油還要輕，會浮在煤油上。

鹼金屬的活性很高，故會保存在煤油中。
銣和銫的活性又特別高，故會存放於安瓿（以玻璃完全密封，使用時需打破玻璃，故僅能使用一次）。

鈉的化合物中，氫氧化鈉NaOH和碳酸鈉Na_2CO_3皆為相當重要的化合物。我們在第75節中已經說明過NaOH的製造方法，這裡要介紹的是Na_2CO_3的製造方法——氨鹼法（索爾維法）（圖84－1）。

圖 84-1 ● 氨鹼法

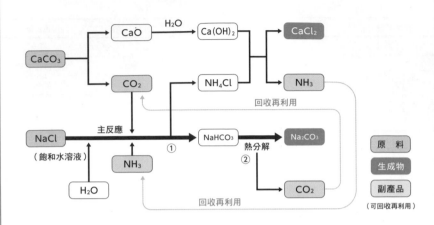

① 將氨與二氧化碳灌進氯化鈉飽和水溶液內，
溶解度較低的碳酸氫鈉便會沉澱。

$$NaCl + H_2O + NH_3 + CO_2 \longrightarrow NaHCO_3 + NH_4Cl$$

② 將沉澱物加熱，便可得到碳酸鈉。

$$2NaHCO_3 \longrightarrow Na_2CO_3 + H_2O + CO_2$$

氨鹼法厲害的地方就在於它可以將

$$2NaCl + CaCO_3 \longrightarrow Na_2CO_3 + CaCl_2$$

這個一般情況下不會發生的反應分成幾個階段進行，使之成功反應。海水可
提供源源不絕的氯化鈉NaCl原料，山裡的石灰岩可提供源源不絕的碳酸鈣
CaCO₃，且副產品全都可以回收再利用，故不需擔心會破壞環境。

85

鈹Be、鎂Mg、鈣Ca、鍶Sr、鋇Ba、鐳Ra

～ 鹼土金屬（第2族）～

第2族的元素可分為2類，一類是鈹Be和鎂Mg，另一類則是位於其下方的鈣Ca、鍶Sr、鋇Ba。後者也稱為鹼土金屬。

第2族元素的特徵如表85－1所示。

為什麼鈹和鎂不算鹼土金屬呢？這2種元素與其他第2族元素的差異列於表85－2。

表 85-1 ● **第 2 族元素的元素態物質性質**

元素名稱		元素符號	密度〔g/cm³〕	熔點（℃）	焰色反應
鈹		Be	1.85	1282	無
鎂		Mg	1.74	650	無
鹼土金屬	鈣	Ca	1.55	839	橙紅
	鍶	Sr	2.54	769	紅
	鋇	Ba	3.59	727	黃綠

表 85-2 ●**第 2 族元素性質的差異**

	Be Mg	Ca Sr Ba
焰色反應	無特殊焰色	有特殊焰色
與冷水的反應性	不反應	會反應
氫氧化物的性質	難溶於水	易溶於水
硫酸鹽的性質	易溶於水	難溶於水

第2族元素中，最常出現在我們周遭的元素應該就是鈣Ca。表85－3列出了各種鈣化合物在日本的名字。許多鈣化合物在日本皆有其固有稱呼，如金剛石（鑽石）、水晶（二氧化矽）等，其他元素的化合物就沒有像鈣化合物這樣，有各種通俗的日本稱呼了。可見人們自古以來便經常接觸這些鈣化合物。

表 85-3 ●**鈣化合物一覽**

化學式	名 稱	日本名	
$CaCO_3$	碳酸鈣	石灰石	石灰岩、大理石（石灰岩受熱後轉變而成的變質岩）的主成分。蛋殼與貝殼的主成分亦為$CaCO_3$。
CaO	氧化鈣	生石灰	「生」這麼名字源自於加水之後會發熱，好像是「活生生」的東西一樣。
$Ca(OH)_2$	氫氧化鈣	消石灰（水溶液為石灰水）	「消」這個字源自英語的slake，為「消火」（滅火）之意。$Ca(OH)_2$溶於水中的水溶液即為石灰水。
$CaSO_4 \cdot 2H_2O$	硫酸鈣二水合物	石膏	所謂的二水合物，指的是1個硫酸鈣與2個H_2O結合在一起的物質。

碳酸鈣加熱後會因熱分解作用而轉變成氧化鈣CaO（$CaCO_3 \rightarrow CaO + CO_2$）。

　　氧化鈣又稱為生石灰，生石灰加水之後會產生大量熱能，並反應成氫氧化鈣$Ca(OH)_2$（$CaO + H_2O \rightarrow Ca(OH)_2$）。拉動日本鐵道便當上的線之後便會冒出水蒸氣，為便當加溫，這是因為拉線的時候會把原本隔開的水與氫氧化鈣混合在一起，此時便會產生熱能加熱便當。這個反應所生成的$Ca(OH)_2$為白色粉末。以前在校園內畫白線時所使用的白色粉末也是$Ca(OH)_2$。但因為$Ca(OH)_2$是強鹼，對眼睛有害，故現在已改用$CaCO_3$。$Ca(OH)_2$的水溶液又叫做石灰水，將二氧化碳吹入石灰水時，會產生$CaCO_3$的白色沉澱（$Ca(OH)_2 + CO_2 \rightarrow CaCO_3 + H_2O$）。若繼續灌入二氧化碳的話，則會形成碳酸氫鈣而溶於水中（$CaCO_3 + H_2O + CO_2 \rightleftarrows Ca(HCO_3)_2$）。

　　另一個含有鈣的著名化合物是石膏$CaSO_4 \cdot 2H_2O$。石膏不易燃燒，故建築物外牆常用石膏板打底。若緩慢將石膏加熱至120℃，石膏便會失去一部分的水分子，成為半水合物$CaSO_4 \cdot \frac{1}{2} H_2O$，又叫做熟石膏。熟石膏加水並反覆搓揉混合約30分鐘後，可再變回石膏。醫療用石膏與石膏工藝品便利用了石膏的這種性質。

　　鋇Ba的化合物中，硫酸鋇$BaSO_4$是很重要的一種。$BaSO_4$對人體無害，卻會吸收X光線，故可用做腸胃的X光攝影顯影劑。健康檢查時會要受檢者「喝鋇劑」，喝的就是$BaSO_4$。

86

從紅寶石到錢幣都含有
某種令人意外的物質

～ AI與Zn ～

第12族到第14族的元素中，包含了兩性金屬（鋁AI、鋅Zn、錫Sn、鉛Pb）以及室溫下唯一為液體的金屬Hg，之後將一一介紹這些元素。本節中會先介紹AI與Zn，並說明什麼是錯離子。

【鋁】

考慮到鋁AI這種金屬的離子化傾向，可以知道鋁的離子化傾向比鐵還大，應該是相當容易氧化的金屬才對。不過，鋁箔紙卻不會像生鏽的鐵那樣脆弱易碎。這是因為鋁置於空氣中時，表面會生成一層緻密的氧化膜，保護內部的鋁不再繼續氧化。鋁的這層氧化膜是透明的，所以我們不會注意到它已被氧化。

鋁箔看起來總是閃閃發光，故常讓人誤以為是不會生鏽的金屬，但其實並非如此。這層氧化膜和將AI丟入濃硝酸後所形成的鈍化狀態類似，其成分皆為氧化鋁AI_2O_3。

自然界的氧化鋁會以無色透明之剛玉（corundum）的形式存在，其硬度僅次於鑽石，故可做為研磨劑使用。寶石中的紅寶石與藍寶石主成分皆為氧化鋁，紅寶石即為含有少量鉻的剛玉，而藍寶石則是含有少量鐵與鈦的剛玉。

【鋅】

鋅Zn也是種離子化傾向很大的金屬，故可做為乾電池的負極。此外鋅也常做為合金的材料，5圓日幣、銅管樂器等皆由銅與鋅的合金——

圖 86-1 ● **兩性元素**

鹼金屬、鹼土金屬以外的典型金屬元素皆位於第12～16族。其中鋁Al、鋅Zn、錫Sn、鉛Pb可以溶解於酸性溶液，也可以溶解於鹼性溶液，故也稱為兩性金屬（兩性元素）。Al、Zn、Sn、Pb溶解於鹽酸時會產生以下反應（反應式中的 X 可以代入Zn、Sn、Pb！其中，Pb＋HCl時會形成難溶於水的 $PbCl_2$）。

$$2Al + 6HCl \longrightarrow 3H_2 + 2AlCl_3$$

$$X + 2HCl \longrightarrow H_2 + XCl_2$$

另外，這些元素溶解於氫氧化鈉溶液時，則會產生以下反應。

$$2Al + 2NaOH + 6H_2O \longrightarrow 3H_2 + 2Na^+ + 2[Al(OH)_4]^-$$

$$X + 2NaOH + 2H_2O \longrightarrow H_2 + 2Na^+ + [X(OH)_4]^{2-}$$

黃銅製成。在4種兩性金屬中，鋅是唯一能以氨為配體形成錯離子的金屬。

　　金屬氧化物通常是黑色，不過鋅的氧化物——氧化鋅ZnO卻是白色。雖無法溶於水中，卻能與酸性或鹼性水溶液反應，為兩性氧化物。ZnO亦可用來製成白色顏料。

圖 86-2 ● 什麼是錯離子？

【什麼是錯離子？】

鋁離子與氫氧根離子獨立存在於溶液中時，會寫成 $Al^{3+}+4OH^-$；當 Al^{3+} 與4個 OH^- 形成配位鍵時，需以 [　] 將這群粒子括起來，將其視為單一離子，這就是所謂的錯離子。將 OH^- 逐漸加入含有 Al^{3+} 的水溶液時，一開始會形成氫氧化鋁 $Al(OH)_3$ 白色沉澱；繼續加入 OH^- 後，便會生成錯離子而使白色沉澱溶解消失。錯離子會溶解在水中，故能與氫氧根離子 OH^- 結合形成錯離子的金屬（鋁Al、鋅Zn、錫Sn、鉛Pb）也會溶解於鹼性水溶液中。此時，會與孤對電子形成配位鍵的分子或陰離子便稱為配體，配體的個數則稱為配位數。

	氨	水	氰離子	氯離子	氫氧根離子
化學式	NH_3	H_2O	CN^-	Cl^-	OH^-
配體名稱	ammine	aqua	cyanido	chlorido	hydroxide

以下列出4種重要的錯離子。錯離子的名稱依下方順序排列。

配體數（1：單（mono）、2：二（di）、3：三（tri）、4：四（tetra）、5：五（penta）、6：六（hexa）…）
＋配體名稱＋中心元素名＋中心元素氧化數
＋～離子（當錯離子為陰離子時，稱為～酸根離子）

二氨銀（Ⅰ）錯離子
$$[Ag(NH_3)_2]^+$$

直線
（配位數2）

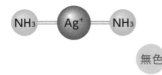

無色

四氨銅（Ⅱ）錯離子
$$[Cu(NH_3)_4]^{2+}$$

正方形
（配位數4）

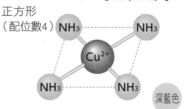

深藍色

四氨鋅（Ⅱ）錯離子
$$[Zn(NH_3)_4]^{2+}$$

正四面體
（配位數4）

無色

六氰合鐵（Ⅲ）酸根錯離子
$$[Fe(CN)_6]^{3-}$$

正八面體
（配位數6）

Fe³⁺ 圖示

黃色

87

過去的人們並不曉得
水銀與鉛有毒

～ Hg、Sn、Pb ～

　　接著要談的是與鋅同屬第12族的汞（水銀）Hg，以及兩性金屬的Sn與Pb。

【汞Hg】

　　汞Hg是唯一在室溫下為液體的金屬，自然界的汞會以深紅色結晶硃砂HgS的形式出現。硃砂為貴重的紅色顏料，也可做為中藥使用。不過現在我們知道汞對人體有害，故已不再做為中藥。另外，硃砂在空氣中受熱後會釋放出汞蒸氣，將汞蒸氣收集起來冷卻後，便可得到元素態的汞。

【錫Sn】

　　錫Sn常與其他金屬製成合金，應用廣泛。銅與錫的合金為青銅（bronze）、鉛與錫的合金可製成銲錫、鐵鍍上錫之後可製成我們身邊常見的馬口鐵等。奧運銅牌並不是純銅，而是以青銅製成（故英語會稱其為bronze medal）。元素態的錫毒性較低，故過去常用來製成餐具，現在則幾乎沒有在使用錫製餐具了。這是因為，元素態的錫若長時間處於低溫環境下，會變得脆弱易碎。

【鉛Pb】

　　鉛是很軟的金屬，只要在紙上劃過便可寫下文字，故古羅馬人常會用鉛在羊皮紙上寫字。「鉛」筆明明沒有鉛卻叫做鉛筆，就是這個原因。鉛的化合物中，有的是黃色（PbO、$PbCrO_4$），有的是紅色

（Pb_3O_4），這些化合物的顏色鮮豔，自古以來便常用做顏料。不過，鉛容易在體內累積，毒性相當高。鹼式碳酸鉛（$2PbCO_3 \cdot Pb(OH)_2$）又稱為鉛白，擁有美麗的白色，江戶時代時被廣為使用，然而其中的鉛成分卻會穿過皮膚進入人體，使人出現鉛中毒症狀。鉛的化合物多難溶於水，但硝酸鉛$Pb(NO_3)_2$與醋酸鉛$Pb(CH_3COO)_2$卻會溶解於水中形成離子。水溶液中的鉛（Ⅱ）離子Pb^{2+}會與各種陰離子反應產生沉澱（圖87－1）。

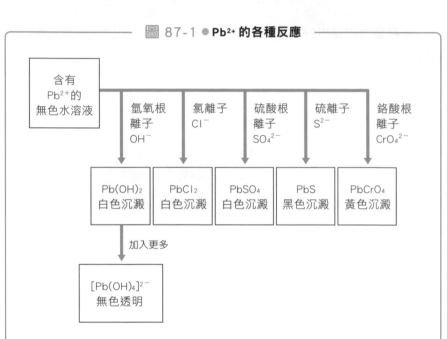

圖 87-1 ● Pb^{2+} 的各種反應

第12章

過渡元素的性質

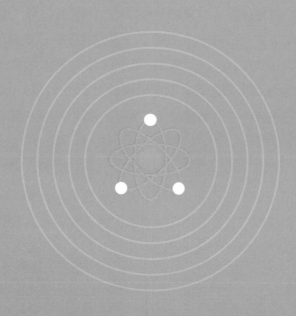

88

鈧Sc、鈦Ti、釩V、鉻Cr、錳Mn、鐵Fe、鈷Co、鎳Ni、銅Cu

～ 過渡元素的特徵 ～

　　週期表中的元素可以分成典型元素與過渡元素2大類。過渡元素全都是金屬元素。自原子序21以後的元素包括鈧Sc、鈦Ti、釩V、鉻Cr、錳Mn、鐵Fe、鈷Co、鎳Ni、銅Cu等皆為過渡元素，之後的鋅Zn、鎵Ga……則屬於典型元素。

　　過渡元素的特徵之一，就是每種元素皆有多種陽離子。典型金屬元素的離子只會有1種陽離子，譬如鈉離子必為Na^+、鈣離子必為Ca^{2+}，不存在Na^{2+}或Ca^+之類的離子。不過，過渡元素中的鐵確有Fe^{2+}與Fe^{3+}等2種離子，銅也有Cu^+與Cu^{2+}等2種離子。故在寫出過渡元素的離子時，會在元素名稱後面以羅馬數字寫出價數，如Fe^{2+}為鐵（Ⅱ）離子、Fe^{3+}為鐵（Ⅲ）離子、Cu^+為銅（Ⅰ）離子、Cu^{2+}為銅（Ⅱ）離子等，以做出區別。

　　氧化物也一樣。典型金屬元素的氧化物只會有1種，譬如氧化鈉必為Na_2O、氧化鈣必為CaO。另一方面，氧化銅卻有Cu_2O與CuO的2種，故Cu_2O需寫成氧化銅（Ⅰ）、CuO需寫成氧化銅（Ⅱ）以做出區別。

表 88-1 ● 第 4 週期過渡元素的元素態性質

【過渡元素的特徵】

　　隨著原子序的增加，新加入的電子會填入過渡元素較內側的電子殼層，至於最外側的電子殼層則會保持著1或2個電子。因此，同一橫列的同週期過渡元素皆會擁有以下①～⑤的性質。

①元素態的密度很大，熔點也較高。

族	3	4	5	6	7	8	9	10	11
元素符號	Sc	Ti	V	Cr	Mn	Fe	Co	Ni	Cu
密度〔g/cm^3〕	3.0	4.5	6.1	7.2	7.4	7.9	8.9	8.9	9.0
熔點〔℃〕	1541	1660	1887	1860	1244	1535	1495	1453	1083

②同一種元素可能有多種陽離子（存在多種氧化數）。
　　（例）Fe($+2$、$+3$)、Cu($+1$、$+2$)、Mn($+2$、$+4$、$+7$)、Cr($+2$、$+3$、$+6$)

③化合物以及其水溶液常帶有顏色。
　　Fe^{2+}: 淡綠色、Fe^{3+}: 黃褐色、Cu^{2+}: 藍色、Cr^{3+}: 綠色、Mn^{2+}: 淡粉紅色、Ni^{2+}: 綠色

④其元素態或化合物常可用做催化劑。
　　（例）分解雙氧水以產生氧氣：MnO_2、接觸法製造硫酸：V_2O_5
　　　　　奧斯特瓦爾德法製造硝酸：Pt、哈伯一博施法製造氨：Fe_3O_4

⑤常可與其他離子或分子鍵結成錯離子（參考第86節）。

近在身邊，卻很有學問

～ 鐵與其化合物 ～

　　自然界所有的鐵Fe皆是以氧化物的形式存在，故我們並不清楚人類早期文明所使用的鐵是來自隕石的隕鐵（太空中沒有氧氣，故隕石內的鐵不會被氧化），還是在森林火災中由氧化鐵還原而成的鐵。直到西元前1500年左右的文明，才確實發展出了煉鐵技術，使人們能將鐵礦石轉變成可使用的鐵器。

　　鐵的氧化物有2種，分別是叫做紅鐵鏽的氧化鐵（Ⅲ）Fe_2O_3，以及叫做黑鐵鏽的氧化鐵（Ⅱ、Ⅲ）Fe_3O_4（Fe^{2+}與Fe^{3+}以1：2混合而成的氧化物）。

　　鐵釘或者是鋼絲棉放久了，就會產生紅棕色的物質，這就是紅鐵鏽。紅鐵鏽會讓鐵變得脆弱易碎，而被人們嫌惡。與紅鐵鏽不同，黑鐵鏽會在鐵的表面形成一層均勻的保護層，保護鐵塊內部不會生鏽。日本東北地方的傳統工藝品——南部鐵器是表面全黑的鐵器。製作這種鐵器時，需以木炭將其燒至800～1000℃，使鐵的表面出現黑鐵鏽，才能保護鐵塊內部。

　　我們平常使用的鐵，皆是將Fe_2O_3或Fe_3O_4等氧化鐵還原後製成。圖89－1為早期的煉鐵過程，圖89－2為現代日本的煉鐵方法。

　　鐵與鹽酸和硫酸等酸性物質反應之後會變成Fe^{2+}。

　　$Fe + 2H^+ \rightarrow H_2 + Fe^{2+}$

　　這是因為，Fe的離子化傾向比H^+還要大。Fe^{2+}的水溶液為淡綠色，接觸空氣時易被空氣中的氧氣氧化，成為黃褐色的Fe^{3+}水溶液。過渡元素大多像這樣，會隨著周圍環境改變氧化數。

圖 89-1 ● 早期煉鐵方式

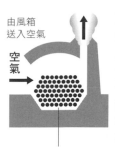

由風箱
送入空氣

空氣

木炭＋砂鐵、鐵礦

早期煉鐵過程中，會以土堆起煉爐，在裡面放置木炭、砂鐵或鐵礦石，一層層堆疊起來，然後送入空氣使之燃燒（日本採集不到鐵礦石，故多使用砂鐵，以吹踏鞴製鐵的方式煉鐵）。送進爐內的氧氣或與木炭反應產生一氧化碳，一氧化碳會奪走氧化鐵的氧原子，使其還原成鐵。煉完一次鐵之後就會破壞爐體，取出煉成的鐵。

這種煉鐵法會消耗大量木炭，故需大量砍伐山林裡的木頭做為燃料，會造成嚴重的環境問題。《魔法公主》中的一大主題，就是由煉鐵所造成的環境破壞。

圖 89-2 ● 現代煉鐵法

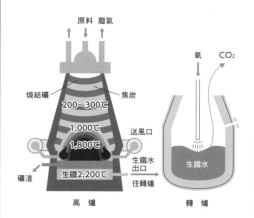

原料 廢氣

氧 CO₂

燒結礦　　　　焦炭
200～300℃
1,000℃
1,800℃　　　送風口
生鐵2,200℃　　生鐵水
出口
礦渣　　　　　往轉爐

生鐵水

高 爐　　　　　轉 爐

以高爐煉鐵時，會先將鐵礦石粉末與石灰岩（主成分為碳酸鈣 $CaCO_3$）粉末混合，燒成堅硬塊狀顆粒（燒結礦），另將煤炭乾餾後得到焦炭，再將燒結礦與焦炭交替相疊於爐中。燒結礦與焦炭的顆粒的大小都略小於高爾夫球，相疊之後，在高爐內仍能保有適當空間，使焦炭所產生的一氧化碳 CO 可以緩慢而順暢地還原氧化鐵。最後產生液狀的鐵（稱為生鐵或銑鐵），從熔礦爐的底部流出。

生鐵約含有4%的碳，雖然比較硬，但也比較脆而容易斷裂，故會再送至轉爐，使生鐵中的碳與氧反應後釋出二氧化碳，藉此調整碳量。含碳量較少的鐵比較軟，含碳量較多的鐵則比較硬。較軟的軟鋼可製成汽車的車身，較硬的硬鋼則可製成刀具或鐵軌。

足尾銅山礦毒事件的原因

～ 銅與其化合物 ～

　　銅Cu在地球上的含量雖然不多，但在自然界中易於取得，故銅便成為了人類歷史上最初用來製造工具的金屬。目前銅的產量僅次於鐵和鋁，是產量高達第3位的重要金屬。

　　銅和鐵一樣，可以用熔礦爐與轉爐製造。和煉鐵時用的高爐相比，煉銅時可以用規模比較小的熔礦爐，這是因為還原銅礦石的難度比鐵礦時還要簡單許多。和煉鐵不同的地方在於，銅擁有比鐵高的導電性與導熱性，常用於導線等與電力相關的材料，要是銅裡面混入雜質的話，電阻會變得很大而無法用於電材，故需以電解精煉（參考第73節）的方式去除雜質，得到99.99%的純銅才行。

　　銅礦石以黃銅礦$CuFeS_2$為主，含有大量的硫，從熔礦爐送往轉爐還原時，會產生大量的二氧化硫SO_2。現在煉銅時，為了不要排出二氧化硫，會先將其氧化成SO_3，再溶入水中形成硫酸H_2SO_4用於其他地方。不過在明治時期，煉銅時的二氧化硫全被排至空氣中。這些二氧化硫會形成酸雨落至地面，使煉銅工廠周圍的草木大量枯死。而且和鐵礦石相比，銅礦石的含銅量相當少，僅有0.5～2％，在擊碎礦石以後還要從中選出含銅量較高的礦石才行，也就是所謂的選礦。選礦需在水中進行，若用完的廢水直接排入河川的話，廢水內的有害金屬離子便會傷害農作物。

　　田中正造曾直接向明治天皇告御狀，起因便是足尾銅山礦毒事件。該事件包括了①酸雨造成草木枯死，山坡植被消失→山崩、②二氧化硫

造成的有毒煙霧、酸雨、③渡良瀨川內的有害金屬離子使農作物受損，居民健康受損等多種公害。

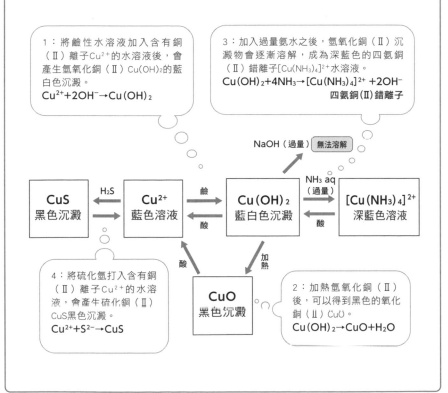

圖 90-1 ● 銅的化合物與 Cu²⁺的反應

1：在空氣中加熱銅會生成黑色的CuO，高溫下則會生成紅色的Cu_2O。

2：將銅溶於熱濃硫酸，可生成硫酸（Ⅱ）$CuSO_4$。
$$Cu + 2H_2SO_4 \rightarrow CuSO_4 + 2H_2O + SO_2$$

3：$CuSO_4$水溶液為藍色，這其實是四水合銅（Ⅱ）$[Cu(H_2O)_4]^{2+}$錯離子的顏色。若從水溶液中析出結晶的話，這個錯離子會再加上1個H_2O分子，形成$CuSO_4 \cdot 5H_2O$的藍色結晶。將這個結晶加熱後，便會失去所有的水分子，成為白色粉末狀的無水硫酸銅（Ⅱ）$CuSO_4$。無水硫酸銅可以再吸收水分變回藍色。

1：將鹼性水溶液加入含有銅（Ⅱ）離子Cu^{2+}的水溶液後，會產生氫氧化（Ⅱ）$Cu(OH)_2$的藍白色沉澱。
$$Cu^{2+}+2OH^- \rightarrow Cu(OH)_2$$

3：加入過量氨水之後，氫氧化銅（Ⅱ）沉澱物會逐漸溶解，成為深藍色的四氨銅（Ⅱ）錯離子$[Cu(NH_3)_4]^{2+}$水溶液。
$$Cu(OH)_2+4NH_3 \rightarrow [Cu(NH_3)_4]^{2+}+2OH^-$$
四氨銅(Ⅱ)錯離子

NaOH（過量） 無法溶解

| CuS 黑色沉澱 | ←H₂S→ | Cu²⁺ 藍色溶液 | ←鹼／酸→ | Cu(OH)₂ 藍白色沉澱 | ←NH₃ aq（過量）／酸→ | [Cu(NH₃)₄]²⁺ 深藍色溶液 |

4：將硫化氫打入含有銅（Ⅱ）離子Cu^{2+}的水溶液，會產生硫化銅（Ⅱ）CuS黑色沉澱。
$$Cu^{2+}+S^{2-} \rightarrow CuS$$

酸

加熱

CuO 黑色沉澱

2：加熱氫氧化銅（Ⅱ）後，可以得到黑色的氧化銅（Ⅱ）CuO。
$$Cu(OH)_2 \rightarrow CuO+H_2O$$

91

從古到今的人類都為此著迷的元素

～ 銀與其化合物 ～

　　銀Ag是貴金屬之一，自古以來就被當成貨幣使用。西班牙征服印加帝國時發現了波托西銀山，開採了大量的銀金屬，使銀急速貶值，並讓以銀的價值為物價基準的歐洲各國面臨通貨膨脹的危機。

　　銀的離子化傾向很小，不容易生鏽，不容易與食物中的酸性成分反應，故常製成餐具使用。不過，銀會和硫化氫反應生成黑色的硫化銀Ag_2S，若將含有大量硫的食物，譬如水煮蛋放在銀製餐具上時，便會使之變黑。銀是導熱性、導電性最佳的金屬，但因為價格高昂、密度也比較大，故一般還是會以銅製成電線。

　　銀不會溶於鹽酸或稀硫酸中，但卻會溶解在硝酸中形成硝酸銀$AgNO_3$。

$$Ag＋2HNO_3（濃）\rightarrow AgNO_3＋NO_2＋H_2O$$

$$3Ag＋4HNO_3（稀）\rightarrow 3AgNO_3＋NO＋2H_2O$$

　　銀的離子化傾向之所以會比較低，是因為當元素態的銀轉變成Ag^+之後，會馬上奪走周圍其他原子的電子，還原成元素態。故無色透明的硝酸銀結晶需放在光線照不到的地方保存，否則結晶中會慢慢產生元素態的銀，形成黑色斑點。這時所產生的元素態銀為細小的粒子，故不會有金屬光澤，只是一顆顆黑色顆粒。

　　銀這種自身容易還原的性質，可以用於殺菌作用。銀會從周圍細菌身上奪走電子，藉此殺死細菌。市面上就有許多利用銀離子Ag^+的殺菌

作用製成的除臭噴霧。

圖 91-1 ● Ag⁺的反應

將鹼性水溶液加入含有銀離子Ag⁺的水溶液後，會產生氧化銀Ag₂O棕色沉澱。
如果是Fe³⁺或Cu²⁺的話，會產生Fe(OH)₃或Cu(OH)₂的沉澱，但如果是Ag⁺的話，卻不是產生AgOH，而是產生Ag₂O沉澱。這是因為AgOH會與另一個AgOH產生脫水反應，成為Ag₂O。

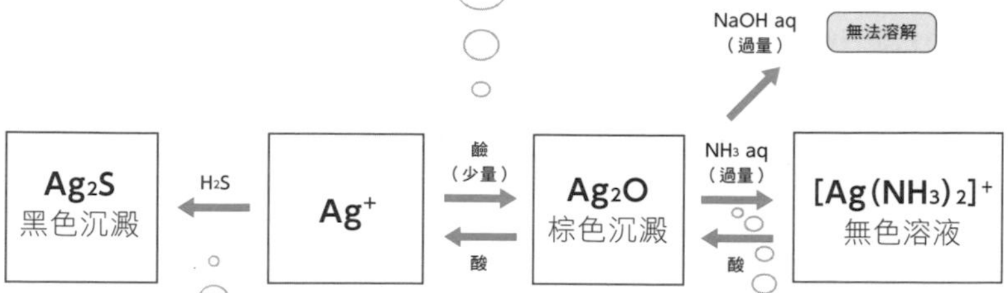

NaOH aq
（過量）　　無法溶解

| Ag₂S 黑色沉澱 | ←H₂S← | Ag⁺ | 鹼（少量）→ ←酸 | Ag₂O 棕色沉澱 | NH₃ aq（過量）→ ←酸 | [Ag(NH₃)₂]⁺ 無色溶液 |

將硫化氫打入含有銀離子Ag⁺的水溶液後，便會產生硫化銀Ag₂S的黑色沉澱。

$2Ag^+ + S^{2-} \rightarrow Ag_2S$

加入過量氨水後，氧化銀Ag₂O的沉澱會逐漸溶解，成為無色溶液。

$Ag_2O + H_2O + 4NH_3 \rightarrow 2[Ag(NH_3)_2]^+ + 2OH^-$
　　　　　　　　　二氨銀（Ⅰ）錯離子

過渡元素中的重要配角

～ 鉻、錳與其化合物 ～

看過鐵Fe、銅Cu、銀Ag之後,接下來要解說的是鉻Cr和錳Mn。比起這2種物質的元素態,它們比較常以氧化劑二鉻酸鉀$K_2Cr_2O_7$和過錳酸鉀$KMnO_4$的形式出現,這裡讓我們一邊複習氧化還原反應,一邊介紹這2種物質吧。

【鉻Cr】

元素態的鉻是穩定、不易生鏽的無害金屬,鍍鉻的鐵及鉻鐵合金——不鏽鋼的用途廣泛。

鉻的氧化數可能是＋3或＋6,地球上的鉻主要以三價鉻,氧化數為＋3的形式存在,至於氧化數為＋6的六價鉻則有很強的毒性。代表性的六價鉻化合物$K_2Cr_2O_7$為強力氧化劑,是非常容易產生反應的不穩定物質。鉻與有機物接觸時會氧化有機物,使自身變回三價鉻,其強氧化力正是毒性的來源。

【鉻酸鉀K_2CrO_4與二鉻酸鉀$K_2Cr_2O_7$】

鉻酸鉀K_2CrO_4為黃色結晶,溶於水中時會解離出CrO_4^{2-}。二鉻酸鉀$K_2Cr_2O_7$為橙色結晶,溶於水中時會解離出$Cr_2O_7^{2-}$。兩者皆為顏色鮮豔的結晶,其水溶液的顏色也相當華麗,然而這2種水溶液的Cr氧化數皆為＋6,是毒性很高的六價鉻,操作時需特別小心。雖然這2種化合物看似完全不同,但只要改變水溶液的pH值,便可以相互轉換(圖92－1)。

【鉻酸根離子CrO_4^{2-}的反應】

鉻酸根離子會與Ag^+、Pb^{2+}、Ba^{2+}等離子反應,產生鉻酸銀Ag_2CrO_4

（暗紅色）、鉻酸鉛（Ⅱ）
PbCrO₄（黃色）、鉻酸鋇
BaCrO₄（黃色）的沉澱，故可
用於分離或檢測這些金屬。舉
例來說，若有一杯水溶液中同
時含有Ag^+與Fe^{3+}，那麼我們
就可以加入鉻酸鉀K₂CrO₄水溶

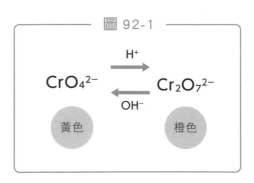

液，使Ag^+形成Ag₂CrO₄（暗紅色）沉澱，去除溶液中的Ag^+。當然，也
可以藉由加入NaCl產生AgCl沉澱以除去Ag^+。一般來說，這種情況下會
選擇毒性比K₂CrO₄低的NaCl來分離Ag^+。

【錳Mn】

　　元素態的錳Mn為銀白色金屬，但一般並不會直接使用元素態的純
錳。產業界會把Mn做為添加劑加入鐵、鋼內，其提升強度的效果比添
加碳還要好。

　　而大家熟悉的錳乾電池，便是以二氧化錳MnO₂做為正極。MnO₂還
有一個重要用途，那就是在分解雙氧水產生氧氣時可做為催化劑。錳的
化合物KMnO₄是相當有名的氧化劑，提到氧化劑的時候人們第一個想到
的一定是KMnO₄。

混在一起的陽離子該如何分離？

～ 金屬離子的定性分析 ～

當試料水溶液中含有多種金屬離子時，分離、鑑定各種金屬離子的操作過程，就稱為定性分析。讀完本節內容之後，你就知道要如何分離、鑑定出水溶液中的15種金屬離子了。

首先，我們可以依照15種金屬離子的性質，將其分為第1類到第6類（表93-1），並依照這樣的分類方式，從第1類離子開始使各種離子沉澱，方便之後的鑑定，這時所使用的藥品稱為分類試藥。接著再將每一類金屬離子的沉澱進行不同處理，鑑定分別含有哪些離子。

表 93-1 ● 金屬離子的分類表

類別	分類試藥	沉澱型態	會沉澱的金屬離子
第1類	稀鹽酸	氯化物	Ag^+、Pb^{2+}
第2類	硫化氫（酸性下）	硫化物	Hg^{2+}、Pb^{2+}、Cu^{2+}
第3類	氨水＋氯化銨	氫氧化物	Al^{3+}、Fe^{3+}、Cr^{3+}
第4類	硫化氫（鹼性下）	硫化物	Ni^{2+}、Mn^{2+}、Zn^{2+}
第5類	碳酸銨＋氯化銨	碳酸鹽	Ba^{2+}、Sr^{2+}、Ca^{2+}
第6類	磷酸氫二鈉＋氨水	磷酸鹽	Mg^{2+}

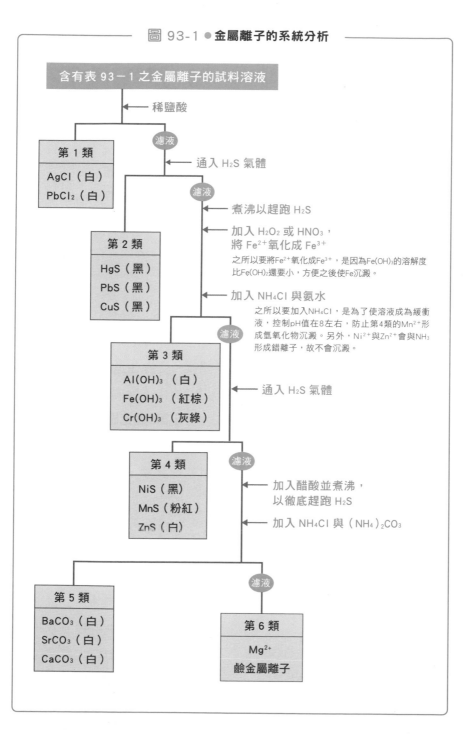

圖 93-1 ● 金屬離子的系統分析

含有表 93 − 1 之金屬離子的試料溶液

稀鹽酸

第 1 類

AgCl（白）
PbCl$_2$（白）

濾液

通入 H$_2$S 氣體

濾液

煮沸以趕跑 H$_2$S

加入 H$_2$O$_2$ 或 HNO$_3$，
將 Fe^{2+}氧化成 Fe^{3+}

之所以要將Fe^{2+}氧化成Fe^{3+}，是因為Fe(OH)$_3$的溶解度
比Fe(OH)$_2$還要小，方便之後使Fe沉澱。

加入 NH$_4$Cl 與氨水

之所以要加入NH$_4$Cl，是為了使溶液成為緩衝
液，控制pH值在8左右，防止第4類的Mn^{2+}形
成氫氧化物沉澱。另外，Ni^{2+}與Zn^{2+}會與NH$_3$
形成錯離子，故不會沉澱。

第 2 類

HgS（黑）
PbS（黑）
CuS（黑）

濾液

第 3 類

Al(OH)$_3$（白）
Fe(OH)$_3$（紅棕）
Cr(OH)$_3$（灰綠）

通入 H$_2$S 氣體

第 4 類

NiS（黑）
MnS（粉紅）
ZnS（白）

濾液

加入醋酸並煮沸，
以徹底趕跑 H$_2$S

加入 NH$_4$Cl 與（NH$_4$）$_2$CO$_3$

第 5 類

BaCO$_3$（白）
SrCO$_3$（白）
CaCO$_3$（白）

濾液

第 6 類

Mg^{2+}
鹼金屬離子

【第1類金屬離子分析法】

第1類與第2類金屬離子的硫化物溶解度皆很小，其中第1類金屬離子的氯化物溶解度也很小。將稀鹽酸加入試料溶液後，會產生Ag^+和Pb^{2+}的氯化物沉澱，過濾後便可將第1類金屬離子分離出來。接著將熱水淋在濾紙

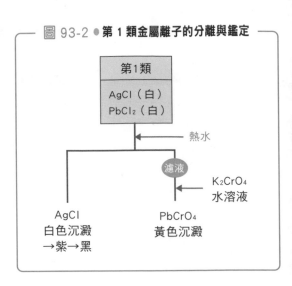

圖 93-2 ● **第 1 類金屬離子的分離與鑑定**

第1類

AgCl（白）
$PbCl_2$（白）

← 熱水

濾液 ← K_2CrO_4 水溶液

AgCl
白色沉澱
→紫→黑

$PbCrO_4$
黃色沉澱

上，沉澱物中的$PbCl_2$便會溶於熱水中（100℃的溶解度為3.3）。將濾液收集起來，加入K_2CrO_4水溶液，便會產生$PbCrO_4$的黃色沉澱（Pb的鑑定）。而AgCl的白色沉澱在靜置一段時間後，便會在光的照射下分解出元素態的Ag，故其顏色會出現白→紫→黑的變化（Ag的鑑定）。

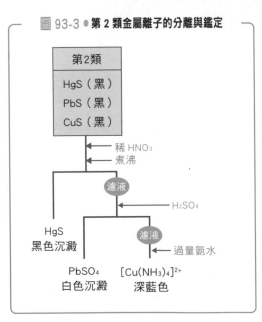

圖 93-3 ● **第 2 類金屬離子的分離與鑑定**

第2類

HgS（黑）
PbS（黑）
CuS（黑）

← 稀 HNO_3
← 煮沸

濾液 ← H_2SO_4

HgS
黑色沉澱

濾液 ← 過量氨水

$PbSO_4$
白色沉澱

$[Cu(NH_3)_4]^{2+}$
深藍色

【第2類金屬離子分析法】

將氣體H_2S通入第1類金屬離子沉澱後的酸性濾液中，即產生HgS、PbS、CuS等沉澱（$PbCl_2$的溶解度比較大，故前一步驟中沉澱$PbCl_2$時，可能會有少量$PbCl_2$溶於水中。不過在這個步驟中，幾乎所有的Pb^{2+}皆會形成PbS沉澱）。將這些沉澱物與稀硝酸混合煮沸後，PbS、CuS會溶

解，但HgS黑色沉澱卻不會溶解（Hg的鑑定）。過濾上述液體後，再加入H_2SO_4並加熱，便會生成$PbSO_4$的白色沉澱（Pb的鑑定）。接著過濾上述液體，並加入過量氨水，便會生成深藍色的$[Cu(NH_3)_4]^{2+}$（Cu的鑑定）。

【第3類金屬離子分析法】

將第2類金屬離子沉澱後的濾液含有H_2S，故需煮沸趕跑這些H_2S。要是沒有先趕跑這些H_2S，之後將溶液轉為鹼性時，便會生成第4類金屬離子的硫化物沉澱（NiS、MnS、ZnS）。將第2類金屬離子沉澱後的濾液煮沸後加入氨水，使第3類金屬離子形成氫氧化物沉澱。如圖93－4所示，這3種氫氧化物沉澱中，只有$Al(OH)_3$會與OH^-形成錯離子溶解於水中，故可藉由這種方式將其分離出來。加入鹽酸使這3種氫氧化物沉澱溶解，變回金屬離子，再加入NaOH水溶液後，只有Al^{3+}會先形成$Al(OH)_3$沉澱，再轉變成$[Al(OH)_4]^-$溶解於水中，Fe^{3+}與Cr^{3+}的氫氧化物則為一直維持沉澱的形式。過濾上述溶液後再加入稀鹽酸，便會形成果凍狀的$Al(OH)_3$白色沉澱（Al的鑑定）。另一方面，將H_2O_2與Fe^{3+}與Cr^{3+}的氫氧化物沉澱混合後，Cr^{3+}會氧化成CrO_4^{2-}溶解於水中，使溶液呈現黃色（Cr的鑑定）。接著再過濾上述液體，便可分離出$Fe(OH)_3$了（Fe的鑑定）。

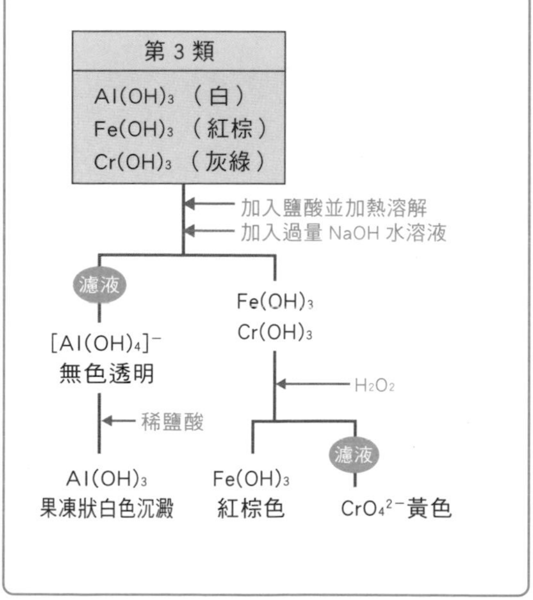

【第4類金屬離子的分析法】

第4類金屬離子溶液

圖 93-4 ● 第 3 類金屬離子的分離與鑑定

第 3 類

$Al(OH)_3$ （白）
$Fe(OH)_3$ （紅棕）
$Cr(OH)_3$ （灰綠）

加入鹽酸並加熱溶解
加入過量 NaOH 水溶液

濾液

$[Al(OH)_4]^-$
無色透明

$Fe(OH)_3$
$Cr(OH)_3$

H_2O_2

稀鹽酸

濾液

$Al(OH)_3$
果凍狀白色沉澱

$Fe(OH)_3$
紅棕色

CrO_4^{2-}-黃色

在鹼性環境下通入H_2S時，會產生硫化物沉澱。H_2S為弱酸，故在水溶液中會處於

$$H_2S \rightleftarrows H^+ + HS^- \rightleftarrows 2H^+ + S^{2-}$$

的平衡狀態，但在鹼性環境下，平衡會往右邊移動，使S^{2-}濃度增加。在酸性環境下通入H_2S時，第4類金屬離子硫化物的溶度積比第2類金屬離子還要大，故不會沉澱，但在鹼性環境時便會沉澱。將沉澱的硫化物與稀鹽酸混合後，MnS、ZnS會溶解於溶液中，NiS卻不會溶解，過濾混合後液體便可分離出NiS（Ni的鑑定）。將含有Mn^{2+}、Zn^{2+}的水溶液煮沸，趕走H_2S後再加入NaOH水溶液，此時Zn會先形成$Zn(OH)_2$而暫時沉澱，過量的OH^-會使之形成$[Zn(OH)_4]^{2-}$錯離子再度溶解於水中；而Mn^{2+}則會形成$Mn(OH)_2$沉澱並一直保持沉澱的形式，故可藉此分離這2種離子（Mn的鑑定）。過濾上述溶液後再通入H_2S，便可得到ZnS白色沉澱（Zn的鑑定）。

【第5類金屬離子的分析法】

將$(NH_4)_2CO_3$加入第5類金屬離子的溶液中後會產生碳酸鹽沉澱。

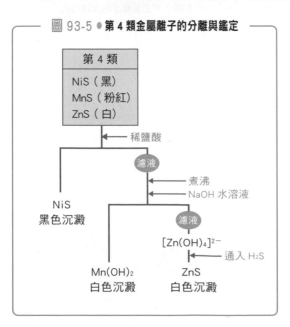

圖 93-5 ● 第 4 類金屬離子的分離與鑑定

第 4 類
NiS（黑）
MnS（粉紅）
ZnS（白）

稀鹽酸

濾液

NiS
黑色沉澱

煮沸
NaOH 水溶液

濾液

$[Zn(OH)_4]^{2-}$
通入 H_2S

$Mn(OH)_2$
白色沉澱

ZnS
白色沉澱

這些碳酸鹽沉澱再與CH_3COOH水溶液混合煮沸後便會溶解，之後再加入K_2CrO_4水溶液，便會生成$BaCrO_4$的黃色沉澱（Ba的鑑定）。過濾上述液體之後，可依圖93－6的操作，將其分離成Sr^{2+}和Ca^{2+}（Sr和Ca的鑑定），因為Sr的硫酸鹽溶解度比Ca的硫酸鹽溶解度還要小。待第1類～第5類金

混在一起的陽離子該如何分離？

屬離子都沉澱之後，水溶液中只剩下Mg^{2+}。將稀鹽酸與這個水溶液混合，使其成為微酸性，再加入Na_2HPO_4水溶液與氨水，便可產生結晶般的白色沉澱$MgNH_4PO_4 \cdot 6H_2O$（Mg的鑑定）。

　　鹼金屬離子難以用沉澱方式分離出來，如果試料溶液中含有鹼金屬離子的話，會用焰色反應等方式鑑定。

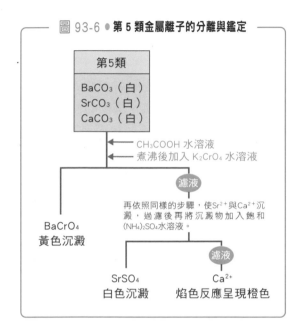

圖 93-6 ● **第 5 類金屬離子的分離與鑑定**

第5類

$BaCO_3$（白）
$SrCO_3$（白）
$CaCO_3$（白）

CH_3COOH 水溶液
煮沸後加入 K_2CrO_4 水溶液

濾液

再依照同樣的步驟，使Sr^{2+}與Ca^{2+}沉澱，過濾後再將沉澱物加入飽和$(NH_4)_2SO_4$水溶液。

$BaCrO_4$
黃色沉澱

濾液

$SrSO_4$
白色沉澱

Ca^{2+}
焰色反應呈現橙色

玻璃、陶瓷器、水泥，這些合稱什麼呢？

～ 陶瓷材料 ～

　　金屬以外的無機物質在高溫下燒結凝固後的固體材料稱為陶瓷材料。陶瓷材料主要包括玻璃、陶瓷器、水泥等3種。陶瓷材料擁有堅硬、不會生鏽、不會燃燒等優點，以及不耐碰撞、不耐急遽溫度變化等缺點。

【玻璃　是固體卻不是結晶？】

　　玻璃的主成分為矽砂，而矽砂的主成分為SiO_2。為降低熔點，在熔化矽砂時會加入Na_2CO_3或$CaCO_3$幫助其熔化，之後一邊冷卻，一邊將其塑造成想要的形狀。玻璃雖是由Si與O所構成的立體網狀結構，不過其縫隙間含有Na^+與Ca^{2+}等雜質，故玻璃內的原子會在不規則排列（即非結晶狀態）的狀態下固化。這**稱為非晶質（amorphous），沒有固定的熔點，加熱後會逐漸軟化，方便塑型、加工**（相較之下，水晶就是結晶質的石英）。

　　在玻璃內添加微量的氧化物，可使其呈現不同的顏色。加入CoO會呈現藍色、Cr_2O_3為綠色、Fe_2O_3為黃色、MnO_2為紫色。琉球玻璃和威尼斯玻璃中，紅色玻璃的價格比其他玻璃還要貴2成，這是因為若要使玻璃呈現紅色，需要添加Au，且冷卻這種玻璃時的溫度調整有一定難度，還需要額外添加還原劑CdSe，才會那麼貴。

【陶瓷器　陶器與瓷器差在哪裡呢？】

　　陶瓷器是將土高溫燒結固化後所得到的製品。陶瓷器的製作過程如

下，可以依照燒成溫度與材料分成土器、陶器、瓷器。

①**成形**　原料為黏土質的土，將土與水混合反覆揉捏、擠出空氣後塑造成形。使用的原料土性質會決定陶瓷器成品的基本性質，故土壤的選擇相當重要。

②**乾燥**　在太陽底下曬乾。

③**素燒**　低溫燒成。③的成品就是土器。

④**釉燒**　塗上釉藥，高溫燒成。釉藥是由石英、長石的粉末，或者是稻草灰、木灰與水混合而成的泥狀物質。將釉藥塗在土器上高溫燒成，SiO_2便會熔化，形成玻璃質的外膜，喪失吸水性並提升強度。如果原料是陶土等黏土質材料，並以1200℃左右的溫度燒成，便稱為陶器。瀨戶燒、唐津燒、美濃燒等皆為代表性的陶器產地。如果原料是陶石等石質材料，並在高於1300℃的溫度燒成，便稱為磁器。有田燒、九谷燒等皆為代表性的磁器產地。

【水泥、混凝土　建築物不可或缺的材料】

　　水泥是將石灰石、黏土、石膏混合加熱之後所得到的材料。將水與水泥混合攪拌時，石灰石中的氧化鈣會與水反應發熱，最後固化。將水泥與砂、小石頭混合固化之後可以得到混凝土，混凝土對壓力的抵抗力很強，對拉力的抵抗力則很弱，故會與鋼筋組合成鋼筋混凝土用於建材。

10圓日幣是銅幣？
不不，其實是合金

～ 各種合金 ～

黃銅、青銅、白銅……我們的身邊常可見到由 2 種以上的金屬混合之後所得到的合金。合金中的某種金屬成分可以掩蓋掉另一種金屬成分的缺點，使其擁有各種特殊性質，應用相當廣泛。

日本的硬幣中，只有1圓日幣是以元素態純鋁製成，其他硬幣皆是由合金製成。5圓日幣是由名為黃銅（日語中也叫做真鍮）的合金製成，其中銅占60～70%、鋅占40～30%。鋅有容易氧化的缺點，銅則

表 95-1 ● 日本的硬幣一覽

硬幣種類	原料	質量	直徑	硬幣種類	原料	質量	直徑
1圓日幣	鋁 鋁100%	1.0g	20mm	50圓日幣	白銅 銅：75% 鎳：25%	4.0g	21mm
5圓日幣	黃銅 銅：60～70% 鋅：40～30%	3.75g	22mm	100圓日幣	白銅 銅：75% 鎳：25%	4.8g	22.6mm
10圓日幣	青銅 銅：95% 鋅：3～4% 錫：1～2%	4.5g	23.5mm	500圓日幣	鎳黃銅 （洋白銅、鎳銀） 銅：72% 鋅：20% 鎳：8%	7.0g	26.5mm

有容易變形的缺點，黃銅中的這2種成分可互相彌補對方的缺點，是很好用的合金。小號和長號等銅管樂器皆以黃銅為材料製成。

　　10圓日幣的顏色看起來和純銅一樣，但其實混入了數％的鋅和錫，故屬於名為青銅的合金。混入鋅與錫的青銅，熔點比純銅還要低（純銅的熔點超過1000℃，青銅則可降至700℃），卻可改善純銅容易變形的缺點。

　　說到青銅，常讓人想到歷史文物中常出現的銅劍與銅鏡。世界上第一個使用金屬的文明──蘇美人會將混有錫的銅礦石直接拿去精鍊，製造出青銅。在人們懂得製造出更為堅硬的鐵之前，包括武器、壺、鏡子、祭祀器物等，皆使用青銅製作，用途廣泛。除此之外，青銅也會讓人聯想到鎌倉大佛與紐約自由女神像等的青銅色，這個顏色又叫做銅綠，是銅與氧、二氧化碳、水反應後生成的物質。

$$2Cu + O_2 + CO_2 + H_2O \rightarrow CuCO_3 \cdot Cu(OH)_2$$

　　隨著錫比例不同，青銅也會呈現出不同的顏色。含錫量少時會呈現紅銅色，含錫量多時則會變成金色、銀色，無論是哪種青銅，都擁有一定的金屬光澤，可當作鏡子使用。也就是說，我們印象中的青銅色並不是青銅原本的顏色，而是銅綠的顏色。

　　50圓日幣、100圓日幣是由白銅製成，含有75％的銅與25％的鎳。昭和30年代（1954～1963年）左右的100圓日幣曾含有60％的銀，但在銀的價格高漲後，便改用色澤相似的白銅取代。舊版500圓日幣也是白銅，現在則改成由72％的銅、20％的鋅、8％的鎳所組成的黃銅製成。

表 95-2 ● **各種合金的名字與用途**

合金的名字	材料 畫底線的 元素為主成分	特徵	用途
不鏽鋼	<u>Fe</u>、Cr、Ni	可以改善鐵容易生鏽的缺點。不鏽鋼這個名字源自英文的stainless（stain為生鏽之意，-less則是表否定的後綴詞，即不會生鏽之意）。	● 鐵路列車 ● 建築物外牆 ● 手術器具
杜拉鋁	<u>Al</u>、Cu、Mg、Mn	源自開發出這種合金的德國西部城市迪倫（Düren，或譯杜拉）。在鋁內混入數％的銅，使其同時擁有質輕與不易斷裂的優點。	● 飛機 ● 汽車外殼
18K金	<u>Au</u>、Ag、Cu	Au是極為柔軟的金屬，在不影響黃金的美麗與抗腐蝕性的情況下，混入適量的Ag或Cu，可提升其硬度。一般定義純金為24K金，18K金則是18/24＝0.75，即由75％的Au與25％的Ag或Cu所組成的合金。依用途而定還會再降低Au的比例，製成14K金。	● 飾品 ● 鋼筆筆尖
鎂合金	<u>Mg</u>、Al、Zn	將密度較大的Fe（7.9g/cm³）換成密度較小的Mg（1.7g/cm³，比Al的密度2.7g/cm³還要小）之後，可使產品變得更輕。但鎂合金也有抗腐蝕性較弱，且裁切時削出來的粉末相當易燃的缺點。	● 筆記型電腦 ● 車輪輪圈
鎳鉻合金	<u>Ni</u>、Cr	由鎳與鉻混合而成的合金，電阻相當大。最近則逐漸被由Fe、Cr、Al混合而成的坎塔耳合金取代。	● 電熱線
銲錫	<u>Sn</u>、Pb	熔點相當低，僅約180℃。近年來為減少環境破壞而不再使用Pb，改用由Sn、Cu、Ag混合而成的無鉛銲錫，其熔點為210℃，略高於含鉛銲錫。	● 電子機器的黏合
釹磁石	<u>Fe</u>、Nd、B	磁力非常強，而且可以做得比傳統的磁石還要小。但因為容易生鏽，故會鍍上一層鎳。	● 馬達 ● 耳機

第 **13** 章

脂肪族化合物

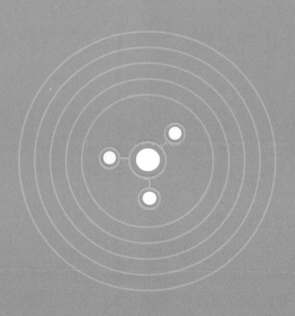

有機化學、有機農業、有機肥料……有機到底是什麼？

～ 有機到底是什麼意思？ ～

　　有機化學中所討論的有機化合物，指的是除了CO、CO_2等無機物以外，含有碳原子的各種化合物。為什麼要用「有機」這個詞來描述呢？這裡的「機」指的是生命機能，因為只有「擁有」生命機能，即有生命的生物才能製造出這種化合物，故稱為「有機物」。這就是為什麼燃燒石墨便可獲得的一氧化碳和二氧化碳不屬於有機化合物。

　　以前人們認為有機化合物只有生物才能製造出來，無法以人工方式合成。不過，德國化學家維勒在1828年時，在實驗室內成功以氰酸銨等無機物合成出有機化合物。

$$NH_4OCN \longrightarrow CO(NH_2)_2$$

　　　氰酸銨　　　　　　　　尿素

　　之後人們陸續以人工方式合成出無數種有機化合物，過去對「有機」的定義早以不再適用。不過，這個名稱可以泛指多種常出現於我們生活周遭的含碳化合物，使用上很方便，故至今仍會用有機一詞來表示這一類化合物。

【有機化合物的基本概念】

　　1個碳原子可以形成4個共價鍵。1個共價鍵可以想像成1隻「手」，而碳原子可以靠這些手與氫相連。氫原子的「手」只有1隻，故1個碳原子可以和4個氫連接，得到名為「甲烷」的物質，這就是最單純的有機化合物。圖96－1左方為畫在平面上的甲烷，右方則畫出了

甲烷的實際立體形狀，穿出紙面的手
會以黑色三角形表示，穿入紙面的手
則會以虛線表示。

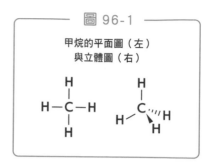

圖 96-1

甲烷的平面圖（左）
與立體圖（右）

如果在甲烷分子內多加1個C的
話，就會形成乙烷。

如果在乙烷的2個C原子之間，
或者是C—H鍵結之間，加入1個有
2隻「手」的O原子的話，又會形成其他種類的有機化合物（圖96－
2）。這就是為什麼有機化合物的種類多得數不清。

我們將從下一節開始說明如何寫出各種有機化合物的化學式。**甲醚**
與乙醇的結構式顯示出它們明顯是不同的物質，不過它們的分子式都是
C_2H_6O。像這種分子式相同，結構卻不同的關係，稱為結構異構物。結
構異構物是學習有機化學時的重要關鍵字，第98節將會詳細介紹結構
異構物。

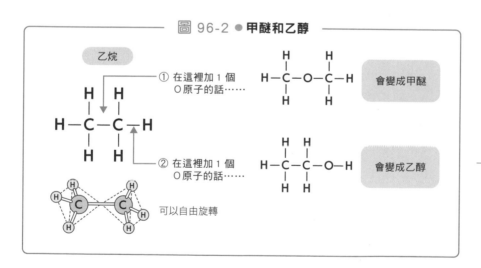

圖 96-2 ● **甲醚和乙醇**

將種類繁多的有機化合物分門別類

～ 以碳骨架或官能基進行分類 ～

　　有機化合物的種類繁多，若能將其分門別類的話會方便許多。在分類上，我們可以<u>將僅含有碳原子C與氫原子H的分子歸類為碳氫化合物（烴類）</u>，以和除了C與H還含有氧原子O與氮原子N等的有機分子做出區別。這是基本的分類法。接著再來看看碳氫化合物與碳氫化合物以外的有機分子該如何進一步分類吧。

【碳氫化合物的分類】

　　首先請把焦點放在碳氫化合物中C原子之間的連接方式上，依照C原子之間的連接方式，可將碳氫化合物分成直鏈狀、不含環狀結構的鏈狀碳氫化合物（脂肪僅含有鏈狀碳氫化合物，故鏈狀碳氫化合物又稱為脂肪族碳氫化合物），以及含環狀結構的環狀碳氫化合物。<u>環狀碳氫化合物中，含有苯環的化合物又稱為芳香族化合物而特別拿出來討論</u>（原因將在第113節中說明）。

　　接著，這2種碳氫化合物還可以再各自分成<u>C原子間全由單鍵相連的飽和碳氫化合物，以及含有雙鍵或三鍵的不飽和碳氫化合物</u>。鏈狀碳氫化合物中，<u>飽和碳氫化合物稱為烷類，含有1個雙鍵的不飽和碳氫化合物稱為烯類，含有1個三鍵的不飽和碳氫化合物稱為炔類</u>。而環狀碳氫化合物的名稱前方會加上「<u>環～（cyclo-）」的前綴詞</u>。

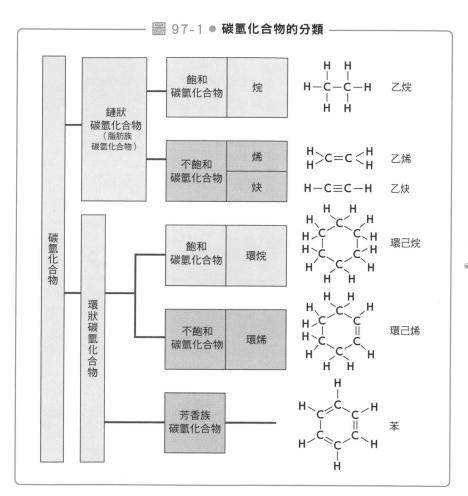

圖 97-1 ● 碳氫化合物的分類

鏈狀碳氫化合物（脂肪族碳氫化合物）

飽和碳氫化合物　烷　乙烷

不飽和碳氫化合物　烯　乙烯

炔　乙炔

環狀碳氫化合物

飽和碳氫化合物　環烷　環己烷

不飽和碳氫化合物　環烯　環己烯

芳香族碳氫化合物　苯

碳氫化合物

【以官能基分類】

舉例來說，以一OH原子團取代甲烷CH_4的1個H原子，便可得到甲醇CH_3OH。同樣的，以一OH原子團取代乙烷C_2H_6的1個H，便可得到乙醇C_2H_5OH。含有羥基一OH的有機化合物皆擁有沸點較高、易與鹼金屬反應的特徵，故可歸為同一類。我們可以用類似的規則，將各種有機化合物依照官能基分成各個類別，如表97－1所示。

—— 表 97-1 ● 依照官能基進行分類 ——

官能基種類	結構	化合物的俗名	化合物範例
羥基	$-OH$	醇 $R-OH$	甲醇 CH_3-OH
		酚類 $R-OH$	苯酚 C_6H_5-OH
醚鍵	$-O-$	醚 R^1-O-R^2	甲醚 $C_2H_5-O-C_2H_5$
羰基	$-\overset{\|}{\underset{O}{C}}-H$ 醛基	醛 $R-CHO$	乙醛 CH_3-CHO
	$-\overset{\|}{\underset{O}{C}}-$ 酮基	酮 R^1-CO-R^2	丙酮 CH_3COCH_3
羧基	$-\overset{\|}{\underset{O}{C}}-OH$	羧酸 $R-COOH$	醋酸 CH_3-COOH
酯鍵	$-\overset{\|}{\underset{O}{C}}-O-$	酯 $R^1-COO-R^2$	乙酸乙酯 $CH_3-COO-C_2H_5$
硝基	$-NO_2$	硝基化合物 $R-NO_2$	硝基苯 $C_6H_5-NO_2$
胺基	$-NH_2$	胺 $R-NH_2$	苯胺 $C_6H_5-NH_2$
磺酸基	$-SO_3H$	磺酸 $R-SO_3H$	苯磺酸 $C_6H_5-SO_3H$

將種類繁多的有機化合物分門別類

98

了解異構物
就能了解有機化學！

~ 結構異構物與立體異構物 ~

　　有機化合物中，許多化合物擁有相同的分子式，但原子的鍵結方式卻不一樣。這些化合物彼此互為異構物。異構物可以分為結構異構物與立體異構物，而立體異構物還可以再分成順反異構物（幾何異構物）與鏡像異構物（光學異構物）2種。

　　結構異構物指的是原子鍵結順序不同、結構式不同的異構物。先來看看直鏈狀碳氫化合物的例子吧。表98－1為含有1到7個C的鏈狀碳氫化合物中，各種烷類的名稱以及其結構異構物的種數。

—— 表 98-1 ——

**C 的個數小於 7 的烷類名稱
與結構異構物的種數**

分子式	名稱	結構異構物的種數
CH_4	甲烷	0
C_2H_6	乙烷	0
C_3H_8	丙烷	0
C_4H_{10}	丁烷	2
C_5H_{12}	戊烷	3
C_6H_{14}	己烷	5
C_7H_{16}	庚烷	9

—— 圖 98-1 ——

C_4H_{10} 的結構異構物

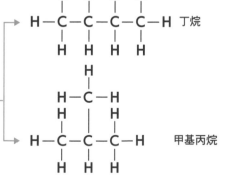

甲烷、乙烷、丙烷的結構異構物種數為0，丁烷有2種、戊烷有3種，隨著C數目的增加，結構異構物的種數也逐漸增加。這是因為，丁烷以後的碳氫化合物不再僅限於直線狀，亦可能是有支鏈的碳氫化合物（圖98－1）。

接下來，讓我們想想看雙鍵位置的不同會產生什麼樣的結構異構物吧（圖98－2）。

圖 98-2 ● 拿走丁烷的 2 個 H 原子後會形成的結構異構物種類

由於雙鍵無法旋轉，故可能會形成2種結構。一種是2個CH₃一皆位於同一側的順－2－丁烯，以及位於不同側的反－2－丁烯。如其名所示，我們會將順（cis）、反（trans）寫在名稱前綴藉此區別。這些就是立體異構物中的順反異構物（幾何異構物）。

順－2－丁烯　　反－2－丁烯 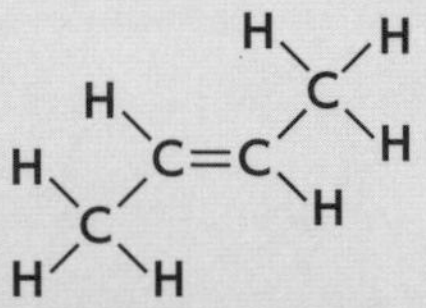　　拿走②和③的H

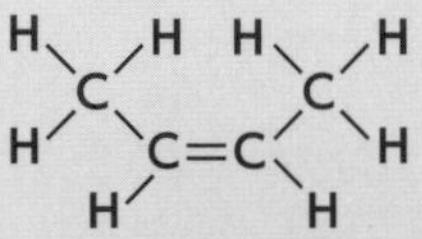

環丁烯　　拿走①和④的H

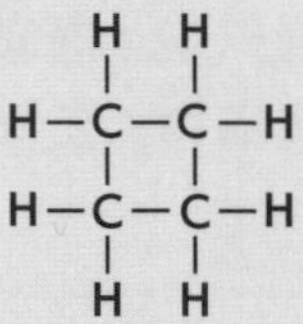

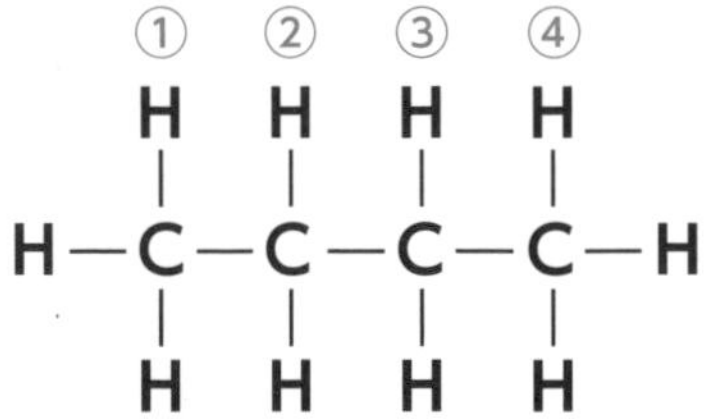

丁烷形成雙鍵後會變成丁烯。將碳骨架上的碳依序編號，選擇使雙鍵所在位置的號碼最小的編號方式來表示名稱（如果寫成3－丁烯就錯了）。

拿走①和②的H　　1－丁烯

拿走①和③的H　　甲基環丙烷

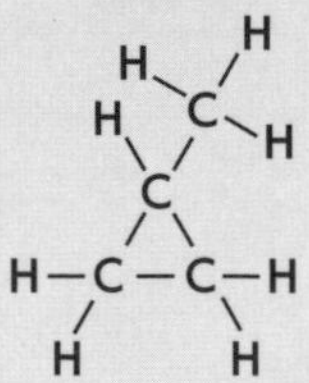

若丙烷形成環狀結構，便會成為環丙烷。這個分子是環丙烷再接上甲基支鏈，故稱為甲基環丙烷。

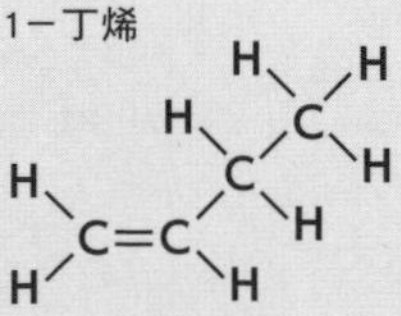

拿走丁烷的2個H原子。H被拿掉之後，原本與之鍵結的2個C原子便分別空出了1隻「手」，於是這2隻「手」便會連接在一起。如果這2個C相鄰的話，會形成雙鍵；不相鄰的話，便會形成環狀結構。

接著，讓我們來看看在丁烷分子中添加1個O原子的情形（圖98–3）。

圖 98-3 ● 在丁烷分子中添加 1 個 O 原子時形成的結構異構物

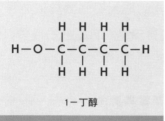

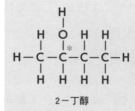

標有＊符號的碳原子與4種各不相同的原子或原子團連接。這表示2－丁醇擁有鏡像異構物。

1－丁醇　　　　　　　　　2－丁醇

在①的位置添加O　　　　　在②的位置添加O

在③的位置添加O　　　　　在④的位置添加O

甲基丙基醚　　　　　　　　二乙醚

擁有C－O－C鍵結的化合物屬於醚類。乙醚（二乙醚，diethyl ether）是由2個（di-）乙基所構成的醚；甲基丙基醚則是含有甲基與丙基的醚類，命名時應先小後大列出2個烴基，即「甲基丙基」（methyl propyl），再加上「醚」。

O的鍵結數，也就是「手」的數目為2，若在丁烷內添加O原子，可生成4種結構異構物。若添加在C—C鍵結之間會形成醚，若添加在C—H鍵結之間則會形成醇。特別是2－丁醇分子中，與羥基—OH鍵結的碳原子與4種各不相同的原子或原子團連接。這個碳原子稱為**不對稱碳**。擁有不對稱碳的化合物必定擁有鏡像異構物。鏡像異構物之間的關係如圖98－4所示。這2種2－丁醇無法重合在一起，不過其中一種是另一種的鏡像。此時，這2種化合物的關係便是立體異構物中的鏡像異構物。

由此可知，結構異構物或立體異構物的成因不僅限於碳原子間連接方式的不同，像是雙鍵等不飽和鍵的位置差異、官能基的種類與位置等，也會產生結構異構物或立體異構物。

圖 98-4 ● **2－丁醇的鏡像異構物**

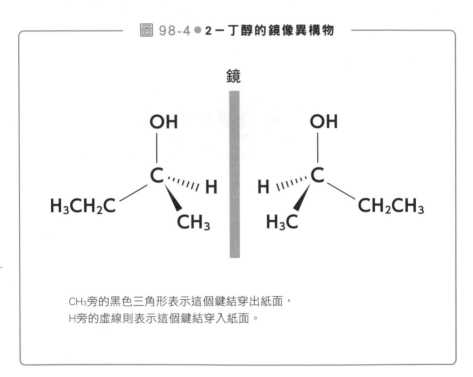

CH₃旁的黑色三角形表示這個鍵結穿出紙面，
H旁的虛線則表示這個鍵結穿入紙面。

99

天然氣、打火機、汽油、煤油⋯⋯主要用途為燃料

〜 飽和碳氫化合物（烷） 〜

　　甲烷CH_4與乙烷C_2H_6等分子內全都是單鍵的鏈狀碳水化合物稱為烷類。其分子式為CH_4、C_2H_6、C_3H_8、C_4H_{10}⋯⋯每增加1個C，就會多2個H，故當碳原子的個數為n時，烷的一般式可以表示成C_nH_{2n+2}。以下讓我們來看看各種烷的性質吧。

　　表99－1為直鏈狀（沒有分支的直鏈狀碳氫化合物）烷類的名稱與性質一覽表。請把己烷之前的分子名稱記起來，覺得這樣太難的話至少也要背到丁烷才行（！）。戊烷的英語pentane源自於五邊形pentagon（美國國防部的建築物也叫做The Pentagon（五角大廈））；己烷的英語hexane也同樣源自於六邊形hexagon，故可以用英語的形狀來記憶。如果可以背到癸烷decane的話是最好。

　　由表99－1可以看出，**碳鏈愈長，熔點與沸點也愈高。**這是因為**當碳鏈愈長時，分子的大小愈大、分子間可產生相互作用的面積愈大、分子間作用力愈大，故分子間的吸引力也愈大。**而在碳的數目相同的情況下，有分支的烷類沸點會比較低。舉例來說，戊烷的沸點為36℃，不過其結構異構物甲基丁烷為28℃，二甲基丙烷的沸點為10℃。這是因為分支愈多時，分子的形狀就愈接近球形，表面積愈小，使分子間作用力也變得比較小的關係。

　　如表99－1所示，隨碳原子個數的增加，烷類結構異構物的種數也會飛躍性地成長。我們將在下一節中討論判斷結構異構物種類的訣竅。

表 99-1 ● 直鏈狀烷類的名稱與性質

碳數	名稱		分子式	熔點〔℃〕	沸點〔℃〕	結構異構物種數	常溫常壓下的狀態
1	甲烷	methane	CH_4	−183	−161	1	氣體
2	乙烷	ethane	C_2H_6	−184	−89	1	
3	丙烷	propane	C_3H_8	−188	−42	1	
4	丁烷	butane	C_4H_{10}	−138	−1	2	
5	戊烷	pentane	C_5H_{12}	−130	36	3	液體
6	己烷	hexane	C_6H_{14}	−95	69	5	
7	庚烷	heptane	C_7H_{16}	−91	98	9	
8	辛烷	octane	C_8H_{18}	−57	126	18	
9	壬烷	nonane	C_9H_{20}	−54	151	35	
10	癸烷	decane	$C_{10}H_{22}$	−30	174	75	
20	二十烷	icosan	$C_{20}H_{42}$	37	345	366319	固體

圖 99-1 ● C_5H_{10} 之結構異構物的沸點差異

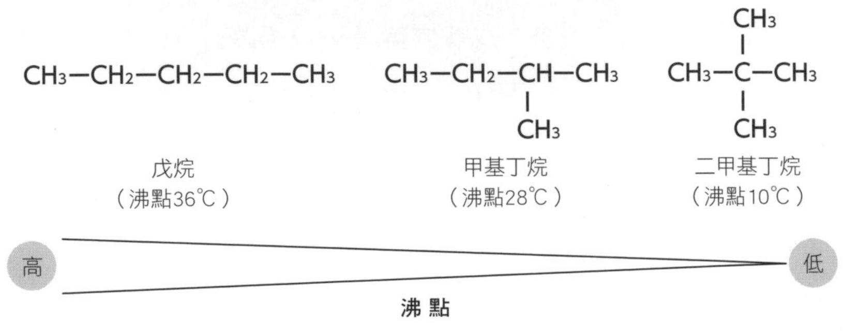

$$CH_3-CH_2-CH_2-CH_2-CH_3$$

戊烷
（沸點36℃）

$$CH_3-CH_2-CH-CH_3$$
$$| $$
$$CH_3$$

甲基丁烷
（沸點28℃）

$$CH_3$$
$$|$$
$$CH_3-C-CH_3$$
$$|$$
$$CH_3$$

二甲基丁烷
（沸點10℃）

高　　　　　　　　　　　　　　　　　低

沸　點

100

判讀結構異構物種類與命名的訣竅

~ 烷的結構異構物 ~

若要學好有機化學，訣竅就是要①記住官能基的特徵與反應性質、②掌握分子結構的三維結構，並藉此判斷結構異構物的名稱。①只能靠死記，②則有一定的規則可以遵循。以下就是要說明這個規則。

讓我們以庚烷C_7H_{16}的結構異構物為例進行說明吧。如前一節表99-1所示，庚烷的結構異構物共有9種，你能不能在沒有任何提示下寫出這9種結構異構物呢？

很難對吧。就算寫出了9種結構，但仔細一看，可能會發現這些結構中有幾個其實是同一種結構。以下就讓我們來看看要怎麼精準寫出所有異構物的結構而不會有漏網之魚吧。首先將7個C排成直鏈狀，這是第1種庚烷（圖100-1）。這個圖中省略了H原子，H原子只有1隻「手」，而C原子剩下的手一定是與H原子鍵結，故省略H原子並不會造成任何問題。

接下來，讓我們試著找找看庚烷其他的結構異構物吧。若希望尋找結構異構物時不要有漏網之魚，訣竅就在於要**注意碳鏈是最長的鏈**。以庚烷為例，除了前面提到的第1種庚烷之外，再來就是由6個C原子所組成的碳鏈，碳鏈某處再連接上1個C原子支鏈（圖100-2）。此時，**最長的碳鏈稱為**

圖 100-1

C—C—C—C—C—C—C

直鏈狀的C_7H_{16}（庚烷）
圖中省略H原子。

第13章

脂肪族化合物

275

圖 100-2 ● 主鏈有 6 個 C 的 C₇H₁₆ 異構物

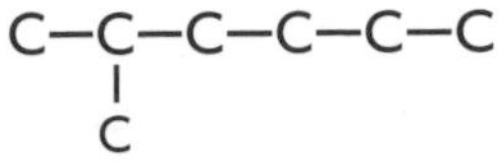

$$C-C-C-C-C-C$$
$$|$$
$$C$$

2-甲基己烷

✕ 5-甲基己烷

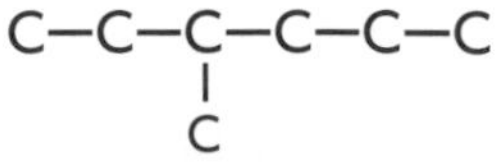

$$C-C-C-C-C-C$$
$$|$$
$$C$$

3-甲基己烷

✕ 4-甲基己烷

命名規則①
將側鏈的取代基名稱寫在主鏈碳氫化合物名稱的前面。但依此規則上述2種分子皆會是甲基己烷，沒有辦法區分，故還需要命名規則②。

命名規則②
以數字標示取代基所連接的碳編號。可以從主鏈的最左端或最右端依序編號，不過分子名稱需選擇數字最小的編號方式。也就是說，要寫成2－甲基己烷，而不是5－甲基己烷。

「**主鏈**」，分支出去的碳鏈則稱為「**側鏈**」。這樣就可以做出2種新的結構異構物了，其名稱則由命名規則①、②決定。

接著來看主鏈為5個C原子時的情況，此時另外的2個C原子會成為側鏈（圖100－3）。我們可以選擇將這2個C原子組成1個乙基，或者分成2個甲基，最後可得到5種結構異構物。為這5個結構異構物命名時，需注意命名規則③的規範。特別要注意的是，其中一種結構異構物看起來像是新結構，但仔細觀察主鏈後會發現，其實與3－甲基己烷是同一種結構。

最後則是以4個C原子組成主鏈的異構物，僅有1種（圖100－4），故總共有9種結構異構物。這些就是所有庚烷的結構異構物了。不過，3－甲基己烷與2,3－二甲基戊烷中有不對稱碳（第98節），故這2種分子還

表 100-1

側鏈的名稱與連接方式

碳數	烷基	名稱
1	CH_3-	甲基
2	CH_3CH_2-	乙基
3	$CH_3CH_2CH_2-$	丙基
3	CH_3CH- $\quad\ \ \|$ $\quad\ CH_3$	異丙基
4	$CH_3CH_2CH_2CH_2-$	丁基
4	$CH_3CH_2CHCH_3$ $\qquad\quad\ \|$	*sec*-丁基
4	CH_3CHCH_2- $\quad\ \ \|$ $\quad\ CH_3$	異丁基
4	$\qquad CH_3$ $\qquad\ \ \|$ CH_3C- $\qquad\ \ \|$ $\qquad CH_3$	*tert*-丁基

*sec*讀做secondary，*tert*讀做tertiary

存在鏡像異構物（立體異構物的一種），也就是説，除了前述9種，還要再加上這2種異構物。

圖 100-3 ● 主鏈為 5 個 C 的 C_7H_{16} 異構物

剩下的2個C原子組成1個乙基時

```
  1 2 3 4 5
  C-C-C-C-C
      |
      C
      |
      C
```
3-乙基戊烷

與3-甲基己烷的結構相同

剩下的2個C原子組成2個甲基時

```
  C-C-C-C-C
    |   |
    C   C
```
2, 3-二甲基戊烷

```
  C-C-C-C-C
      |   |
      C   C
```
2, 4-二甲基戊烷

```
      C
      |
  C-C-C-C-C
      |
      C
```
2, 2-二甲基戊烷

```
        C
        |
  C-C-C-C-C
        |
        C
```
3, 3-二甲基戊烷

命名規則③
若主鏈上有多個相同取代基時，會在取代基的名稱前加上數量，2個取代基時就加上二（di）、3個時就加上三（tri）、4個時就加上四（tetra）、5個時就加上五（penta）……依此類推。

圖 100-4 ● 主鏈為 4 個 C 的 C_7H_{16} 異構物

2,2,3-三甲基丁烷

「不飽和」這3個字超級重要！

～ 不飽和碳氫化合物（烯）～

碳原子有4隻「手」，有時會用其中2隻手與相鄰的碳原子鍵結（稱為雙鍵）。擁有碳碳雙鍵的碳氫化合物屬於烯類。

最單純的烯是由2個C原子組成的乙烯。烷類分子多了雙鍵後名字就會變成烯類分子，依此類推，乙烷→乙烯、丙烷→丙烯、丁烷→丁烯……英語中也是從烷的後綴-ane變成烯的後綴-ene。另外要注意的是，英語中的乙烯除了ethene外，還有ethylene這個慣用名；丙烯除了propene外，還有propylene這個慣用名。

圖101－1為乙烯的平面結構。乙烷是由2個正四面體組成的立體結構；乙烯中則是2個相鄰C以雙鍵連接，形成所有原子皆在同一平面上的分子。另外，在含有3個C的丙烯中，3個C原子以及與雙鍵C鍵結的H原子亦皆位於同一平面上。

而在丁烯以後，雙鍵的位置可能有2個以上，故會以數字標示雙鍵

圖 101-1 ● 乙烷（左）乙烯（中）丙烯（右）

C＝C，也就是2個C原子間的雙鍵無法旋轉，這很重要！

的位置，如1－丁烯、2－丁烯等。要注意的是，2－丁烯這類的烯類存在著順反異構物。

表 101-1 ● 烯的範例

名稱	結構式	熔點〔℃〕	沸點〔℃〕
乙烯	$\overset{H}{\underset{H}{}}C=C\overset{H}{\underset{H}{}}$	−169	−102
丙烯	$\overset{H}{\underset{H}{}}C=C\overset{CH_3}{\underset{H}{}}$	−185	−47
2-甲基丙烯	$\overset{H}{\underset{H}{}}C=C\overset{CH_3}{\underset{CH_3}{}}$	−140	−7
1-丁烯	$\overset{H}{\underset{H}{}}C=C\overset{CH_2CH_3}{\underset{H}{}}$	−190	−6

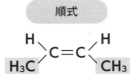

順式	反式
順－2－丁烯 （熔點−139℃，沸點4℃）	反－2－丁烯 （熔點−106℃，沸點1℃）

【烯的製造】

　　烯可藉由醇類的脱水反應製得。舉例來説，將乙醇與濃硫酸混合後加熱至約170℃，便可製造出乙烯，如圖101－2。

圖 101-2 ● **乙烯的製造**

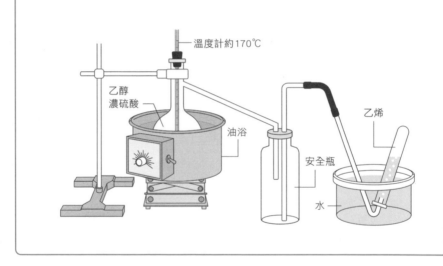

將溫度計的末端浸入乙醇中，加熱並維持溫度在170℃。溫度過低的話會產生乙醚。另外，為了防止水槽內的水逆流至反應用的燒瓶內，需在中間設置安全瓶。

名為三鍵的堅固連結

～ 不飽和碳氫化合物（炔）～

　　碳原子有4隻手，有時會用其中3隻手與相鄰的碳原子鍵結，形成炔。烷類形成三鍵後便會形成炔類，如乙烷→乙炔、丙烷→丙炔、丁烷→丁炔……英語名稱也會從-ane轉變成-yne。乙炔（英語中俗稱acetylene）是最常見到的一種炔。

　　相較於雙鍵周圍的平面結構，炔類的三鍵周圍則是直線結構。因此乙炔的4個原子全部排列在同一條直線上，如圖102－1所示。另外，由3個C所組成的丙炔中，3個C原子以及與三鍵C鍵結的H原子皆在同一直線上。

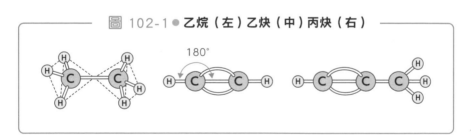

圖 102-1 ● 乙烷（左）乙炔（中）丙炔（右）

【乙炔】

　　乙炔與氧混合並完全燃燒後可以產生3300℃的高溫，故金屬加工廠中，常會用乙炔噴槍來切割金屬。將碳化鈣（carbide）CaC_2與水混合後便可產生乙炔（圖102－2）。

圖 102-2 ● 乙炔的製造

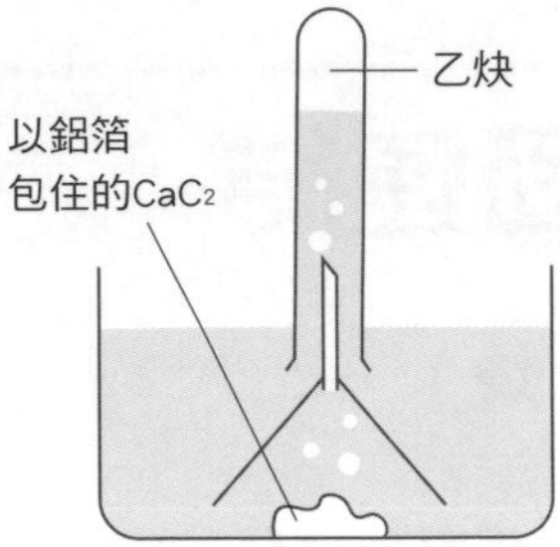

$$CaC_2 + 2H_2O \rightarrow CH \equiv CH + Ca(OH)_2$$

若在試管內收集50～100%的乙炔，再將試管口靠近火源的話，乙炔會緩慢燃燒，並留下許多煤灰。

如果在試管內收集10～20%的乙炔，再將試管口靠近火源的話，會發出劇烈聲響、產生爆炸性燃燒，且不會留下煤灰。

【炔的異構物】

設碳原子數為n，則烷的一般式可表示為C_nH_{2n+2}，那麼炔又如何呢？炔類分子中有三鍵，故會少4個H，一般式寫成C_nH_{2n-2}。

當炔的C有4個時，會形成哪些異構物呢？有1－丁炔（$HC \equiv C—CH_2—CH_3$）和2－丁炔（$H_3C—C \equiv C—CH_3$）的2種對吧。不過，這只有算到炔類的異構物。除了炔之外，同樣的原子組成還可以形成烯或環烷等結構異構物，總共有9種結構異構物，如表102－1所示。這些結構異構物包括擁有1個三鍵、擁有2個雙鍵、擁有1個雙鍵＋1個環狀結構、擁有2個環狀結構等，這4類皆為「不飽和度為2」的分子。不過要注意

表 102-1

① 1個三鍵	C—C—C≡C C—C≡C—C
② 2個雙鍵	C—C=C=C C=C—C=C
③ 1個雙鍵 1個環	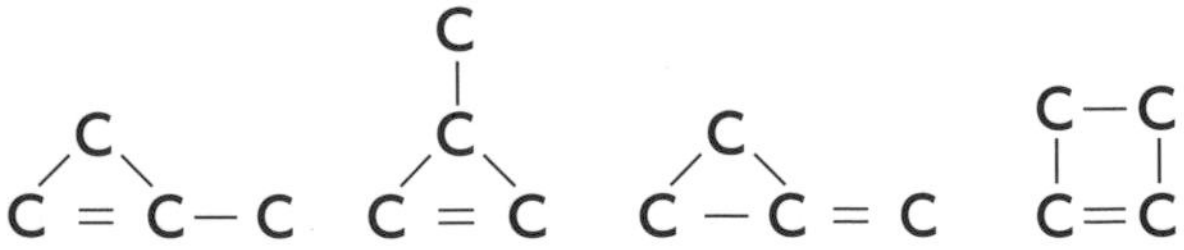
④ 2個環	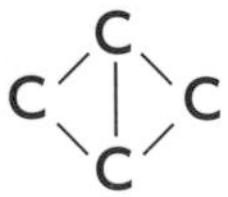

※H皆省略

102

名為三鍵的堅固連結

的是，**就算能畫出全部的結構異構物，也不表示所有結構都能穩定存在**。當烷類的C原子與周圍原子的各鍵結夾角為109.5°（即甲烷的相異C—H鍵結之夾角）時，這個C原子最為穩定；當烯類的C原子與周圍原子的各鍵結夾角為120°（即乙烯的C＝C鍵與C—H鍵之夾角）時，這個C原子最為穩定（圖102－3）。也就是說，③和④的結構中，C原子與周圍原子的鍵結處於扭曲狀態，可以說是硬拗成這種形狀，就算能形成這種結構，其反應性也相當高，相當不穩定。

同樣的，將環己烷畫在平面上時如圖102－3的A所示，但實際上環己烷各C—H鍵結間的夾角與甲烷相同，故應會呈現圖B般的立體結構。

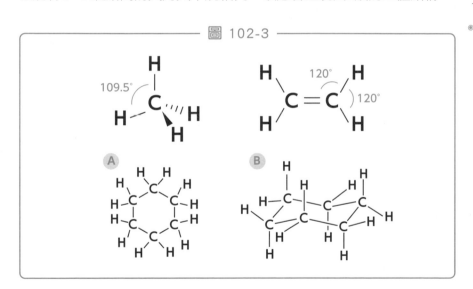

圖 102-3

烷（alkane）與烯（alkene），差一字反應性卻差超多？

～ 碳氫化合物的反應性差異 ～

烷類的反應性很低，只有在照到紫外線等強光的時候才會產生反應，但烯類的反應性卻很高，其雙鍵部分很容易產生反應。

【烷的反應性——取代反應是重點！】

烷的反應性相當低，但以紫外線等強光照射時，會與氯或溴等鹵素產生反應（圖103－1）。這個反應中，碳氫化合物的原子會被其他原子取代，故稱為**取代反應**。

圖 103-1 ● **烷的反應 主要為取代反應**

$$H-\underset{\underset{H}{|}}{\overset{\overset{H}{|}}{C}}-H \xrightarrow[\text{光}]{Cl_2} H-\underset{\underset{H}{|}}{\overset{\overset{H}{|}}{C}}-Cl \xrightarrow[\text{光}]{Cl_2} H-\underset{\underset{Cl}{|}}{\overset{\overset{H}{|}}{C}}-Cl \xrightarrow[\text{光}]{Cl_2} Cl-\underset{\underset{Cl}{|}}{\overset{\overset{H}{|}}{C}}-Cl \xrightarrow[\text{光}]{Cl_2} Cl-\underset{\underset{Cl}{|}}{\overset{\overset{Cl}{|}}{C}}-Cl$$

甲烷　　　　　一氯甲烷　　　　二氯甲烷　　　　三氯甲烷　　　　四氯甲烷
　　　　　　　　　　　　　　　　　　　　　　　（氯仿）　　　　（四氯化碳）

【烯的反應性——加成反應是重點！】

烯類產生反應時，會將碳原子間的雙鍵拆掉1個，再與其他物質鍵結形成新的分子。這種反應稱為**加成反應**（圖103－2）。

圖 103-2 ● 烯的反應　主要為加成反應

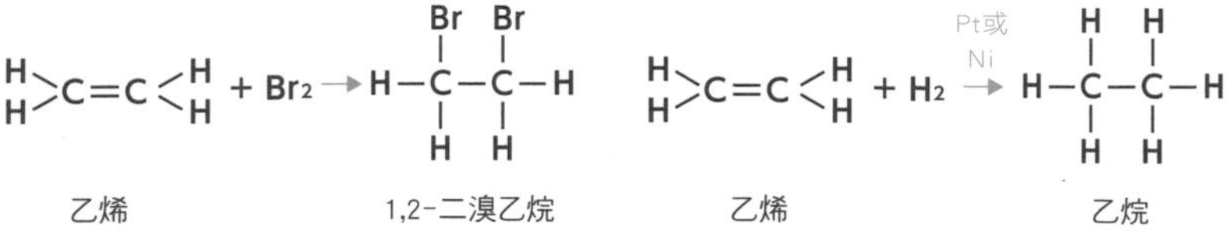

$$\underset{H}{\overset{H}{>}}C=C\underset{H}{\overset{H}{<}} + Br_2 \rightarrow \underset{H}{\overset{Br\ Br}{H-C-C-H}} \qquad \underset{H}{\overset{H}{>}}C=C\underset{H}{\overset{H}{<}} + H_2 \xrightarrow{\text{Pt或 Ni}} \underset{H\ H}{\overset{H\ H}{H-C-C-H}}$$

乙烯　　　　　　　1,2-二溴乙烷　　　　　乙烯　　　　　　　乙烷

溴水因含有溴，故顏色為紅棕色。通入乙烯氣體後，便會產生加成反應，使紅棕色消失。分析氣體時，亦可藉由這個操作得知灌進溴水內的氣體含有雙鍵。

那麼，當加成反應有2種以上的可能結果時，會以哪一種結果為優先呢？這時「馬可尼可夫法則」（圖103-3）可以協助我們進行判斷。另外，烯類有容易氧化的特徵，故也請記住臭氧化反應，以及以 $KMnO_4$ 氧化的反應過程（圖103-4）。

圖 103-3 ● 馬可尼可夫法則　H 會和 H 比較多的 C 在一起！

當烯類化合物與HCl、HBr、H_2O 等分子產生加成反應時，會變成哪種分子呢？以下以丙烯為例。

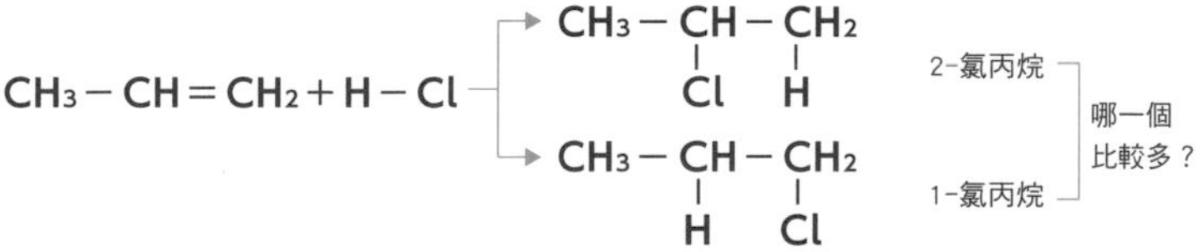

$$CH_3 - CH = CH_2 + H - Cl \Big\langle$$

$$\underset{Cl\ H}{CH_3 - CH - CH_2} \quad \text{2-氯丙烷}$$

$$\underset{H\ Cl}{CH_3 - CH - CH_2} \quad \text{1-氯丙烷}$$

哪一個比較多？

這個反應中，2－氯丙烷會是主產物（產量比較多），1－氯丙烷會是副產物（產量比較少）。

想必各位應該有聽過水俁病這種公害病吧。當含有有機水銀的工廠廢水流到海中，被魚攝入體內，人再吃下這些魚之後，會出現手腳麻痺、視力障礙等神經障礙症狀，這就是水俁病。水俁病的爆發，肇因於工廠大量生產乙醛，乙醛可以做為多種化學製品的原料，而生產乙醛用的原料則是乙炔。乙炔與水可產生加成反應，製造出乙醛，不過C≡C鍵長比C＝C鍵長還要短，為了更容易與H_2O水分子產生反應，故會加入

Hg^{2+}做為催化劑。這裡的Hg以工業廢水的形式排放出去後，便會導致水俁病。因此，現在已經改成不使用Hg的方法製造乙醛。

圖 103-4 ● 臭氧化反應與以 KMnO₄ 氧化烯類

臭氧化反應時，烯氧化成醛後便會停止反應；但以KMnO₄進行反應的話，便會繼續氧化成羧酸。

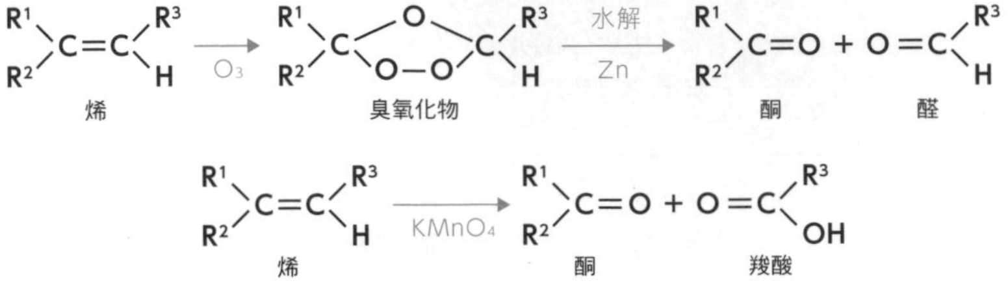

$$\underset{\text{烯}}{\overset{R^1}{\underset{R^2}{>}}C=C\overset{R^3}{\underset{H}{<}}} \xrightarrow{O_3} \underset{\text{臭氧化物}}{\overset{R^1}{\underset{R^2}{>}}C\overset{O\;\;\;O}{\underset{O-O}{|\quad\;|}}C\overset{R^3}{\underset{H}{<}}} \xrightarrow[\text{Zn}]{\text{水解}} \underset{\text{酮}}{\overset{R^1}{\underset{R^2}{>}}C=O} + \underset{\text{醛}}{O=C\overset{R^3}{\underset{H}{<}}}$$

$$\underset{\text{烯}}{\overset{R^1}{\underset{R^2}{>}}C=C\overset{R^3}{\underset{H}{<}}} \xrightarrow{KMnO_4} \underset{\text{酮}}{\overset{R^1}{\underset{R^2}{>}}C=O} + \underset{\text{羧酸}}{O=C\overset{R^3}{\underset{OH}{<}}}$$

雙鍵不只會產生加成反應，也容易被KMnO₄或臭氧等氧化劑氧化。和這2種氧化劑反應時，雙鍵皆會被切斷，並加上2個O原子。兩者差別在於，若是以KMnO₄進行反應，則會將產物中的醛進一步氧化成羧酸（當羧酸產物為蟻酸時，則會再氧化成CO₂與H₂O）。

圖 103-5 ● 水俁病與炔類之間的關係

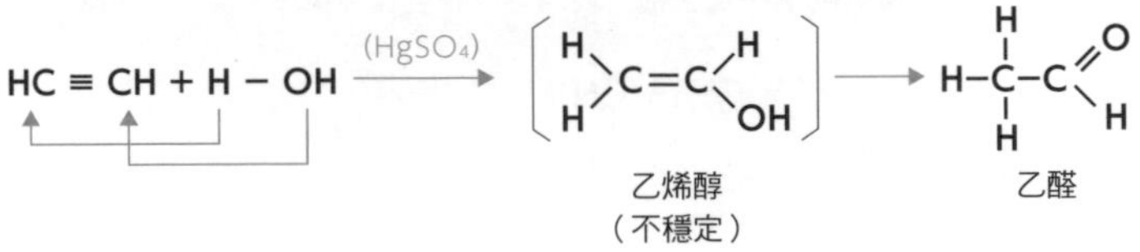

$$HC\equiv CH + H-OH \xrightarrow{(HgSO_4)} \left[\;\overset{H}{\underset{H}{>}}C=C\overset{H}{\underset{OH}{<}}\;\right] \longrightarrow H-\overset{\overset{\displaystyle H}{|}}{\underset{\underset{\displaystyle H}{|}}{C}}-C\overset{O}{\underset{H}{<}}$$

乙烯醇　　　　　乙醛
（不穩定）

碳碳三鍵的鍵長比碳碳雙鍵還要短，難以與H₂O產生加成反應，故會加入汞（Ⅱ）離子Hg²⁺做為催化劑。Hg²⁺靠近三鍵時會吸引電子，拉開2個碳的距離，使之容易與H₂O產生加成反應。

「嗜酒如命」應該要說成「嗜乙醇如命」才對

～ 醇類 ～

從本節開始將一一介紹各種官能基。

我們常會用甘醇一詞來形容酒。醇類是所有含有—OH官能基的物質總稱，表104－1列出了各種醇類的名稱。若將甲烷CH_4中4個H的其中1個H以OH取代的話，便可得到甲醇；乙烷CH_3CH_3中6個H的其中1個H以OH取代的話，便可得到乙醇。事實上，酒裡面的醇類就是乙醇。丙醇以後的醇類中，—OH接在不同C上時會得到不同分子，故會以C的編號來表示—OH是接在哪個C上。

碳數較多（通常是指6個碳以上）的醇類會稱為高級醇。 提到高級，可能會讓人想到「價格高昂」，不過這裡講的「高級」僅是指碳原子數的差異，與價格無關。

表104－1的醇類都只含有1個—OH，但其實還有不少醇類會有2個、3個—OH，如表104－2所示，這些醇類分別稱為二元醇、三元醇。1,2－乙二醇也叫做水精，可用於汽車引擎冷卻。水的冷卻效果比水精好，但水在0℃以下會結凍，故會混入水精使其凍結溫度下降，最低可降至－50℃。另外，1,2,3－丙三醇也稱為甘油，與水精不同，甘油無毒，且因為有一定黏性故可用在醫療藥品、化妝品上，製成保濕劑、潤滑劑等，譬如止咳糖漿中便含有肝油。

醇類還有一種重要的分類方式，那就是分成一級醇、二級醇、三級

醇。這是以**與─OH鍵結的碳原子另外與多少個碳原子（烴基）鍵結**進行分類，如表104－3所示，可以分成一級醇、二級醇、三級醇。我們將在次節中說明這種分類的重要性。

表 104-1 ● **醇類及其性質**

碳數	名稱	示性式	熔點〔℃〕	沸點〔℃〕	在水中的溶解度〔g/水100g〕
1	甲醇	CH₃OH	−98	65	∞
2	乙醇	CH₃CH₂OH	−115	78	∞
3	1−丙醇	CH₃CH₂CH₂OH	−127	97	∞
4	1−丁醇	CH₃CH₂CH₂CH₂OH	−90	117	7.4
5	1−戊醇	CH₃(CH₂)₄OH	−78	138	2.2
6	1−己醇	CH₃(CH₂)₅OH	−52	157	0.59
10	1−癸醇	CH₃(CH₂)₉OH	6.4	233	不溶

表 104-2 ● **一元～三元醇的例子**

	一元醇	二元醇	三元醇
結構式、名稱	H H | | H−C−C−OH | | H H 乙醇	H H | | H−C−C−H | | OH OH 1,2-乙二醇 （水精）	H H H | | | H−C−C−C−H | | | OH OH OH 1,2,3-丙三醇 （甘油）
熔點	−115℃	−13℃	18℃
沸點	78℃	198℃	290℃

表 104-3 ● 一級醇～三級醇的分類

要注意的是，甲醇會被歸為一級醇。另外，有4個以上碳原子的醇類，會同時存在一級醇到三級醇的結構異構物。舉例來說，有4個碳原子的$C_4H_{10}O$就有7種結構異構物，以下列出其中4個。

	一級醇	二級醇	三級醇
一般式	$\begin{array}{c} H \\ \mid \\ R^1-C-OH \\ \mid \\ H \end{array}$ 1個R	$\begin{array}{c} R^2 \\ \mid \\ R^1-C-OH \\ \mid \\ H \end{array}$ 2個R	$\begin{array}{c} R^2 \\ \mid \\ R^1-C-OH \\ \mid \\ R^3 \end{array}$ 3個R
例	$CH_3-CH_2-CH_2-CH_2-OH$ 1-丁醇 $\begin{array}{c} CH_3 \\ {}^{\diagdown} \\ CH-CH_2-OH \\ {}^{\diagup} \\ CH_3 \end{array}$ 2-甲基-1-丙醇	$\begin{array}{c} CH_3-CH_2-CH-OH \\ \mid \\ CH_3 \end{array}$ 2-丁醇	$\begin{array}{c} CH_3 \\ \mid \\ CH_3-C-OH \\ \mid \\ CH_3 \end{array}$ 2-甲基-2-丙醇

105

如何區別己烷與乙醇？

~ 醇類的反應性 ~

假設各位眼前有己烷 $CH_3(CH_2)_4CH_3$ 與乙醇 CH_3CH_2OH 時，你會該怎麼區分出兩者呢？2種物質皆為無色透明的液體。舔舔看？不會吧！聞聞看？摸摸看？有機化合物幾乎都有一定程度的危險性，最好不要直接聞氣味或觸摸。這樣的話，就只能加入某些物質，看看會不會產生反應一途了，也就是由物質的反應性進行判斷。

正確答案是「加入鈉 Na，如果會產生氣泡（氫氣）的話就是乙醇，沒有反應的話就是己烷」。醇類有種相當重要的性質，那就是**「會與 Na 反應產生氫氣」**。我們可以藉由這個性質，判斷該種物質是否含有—OH。

圖 105-1 ● 醇類與 Na 的反應以及 H₂O 與 Na 的反應

$$2ROH + 2Na \longrightarrow 2RONa + H_2$$
　醇類　　　　　　　　　　醇鈉

$$2C_2H_5OH + 2Na \longrightarrow 2C_2H_5ONa + H_2$$
　乙醇　　　　　　　　　　乙醇鈉

$$2H_2O + 2Na \longrightarrow 2NaOH + H_2$$

這個反應可以想成是—OH的「H」和Na的取代反應。烷基長鏈愈長，反應愈和緩。因此，在處理廢棄的Na時，若直接丟入水中會引起爆發性的反應，故會改用甲醇與Na反應，如果這樣還是太危險的話就改用乙醇，直到反應結束之後再做為廢液處理。

那麼，同樣是醇類的分子又該如何區別呢？前一節中提到的一級醇～三級醇反應性各有不同，我們可藉由化學反應判斷是哪一種醇類（圖105－2）。**一級醇會被氧化成醛，再被氧化成羧酸；二級醇會被氧化成酮；三級醇則不會被氧化。**圖105－2中以甲醇、乙醇、2－丙醇、2－甲基－2－丙醇等4種有機化合物為例，這4種物質在室溫下皆為無色透明的液體。將這些液體與過錳酸鉀水溶液KMnO₄ aq混合之後，僅有2－甲基－2－丙醇不會被氧化，液體維持紫紅色，其他3種液體皆會被氧化，產生棕色MnO₂沉澱。咦？那要怎麼區分其他3種液體呢？好問題，在你讀過第107節後便會知道答案。

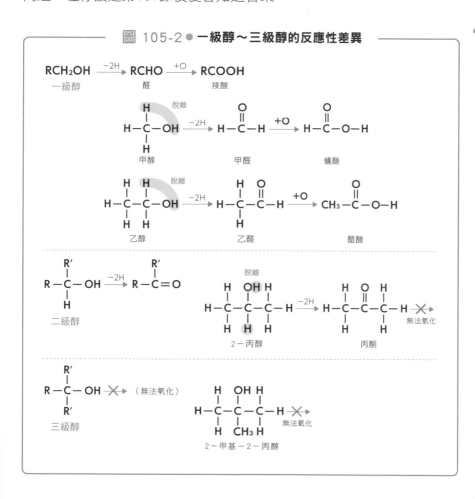

圖 105-2 ● **一級醇～三級醇的反應性差異**

【脫水反應】

從有機化合物中拔去1個H_2O的反應稱為脫水反應。將醇類與濃硫酸混合加熱後會產生脫水反應,不過在反應溫度不同的狀況下,會形成不同的生成物(圖105－3)。那麼,當脫水的方式有2種的時候,會以哪種脫水方式為優先呢?我們曾在圖103－3中介紹過,含雙鍵的分子會依循「馬可尼可夫法則」的規則進行加成反應;而在消除反應中形成雙鍵時,「柴瑟夫規則」則可幫助我們判斷會生成哪種分子(圖105－4)。

如何區別己烷與乙醇?

圖 105-3 ● 不同溫度下醇類會產生不一樣的脫水反應

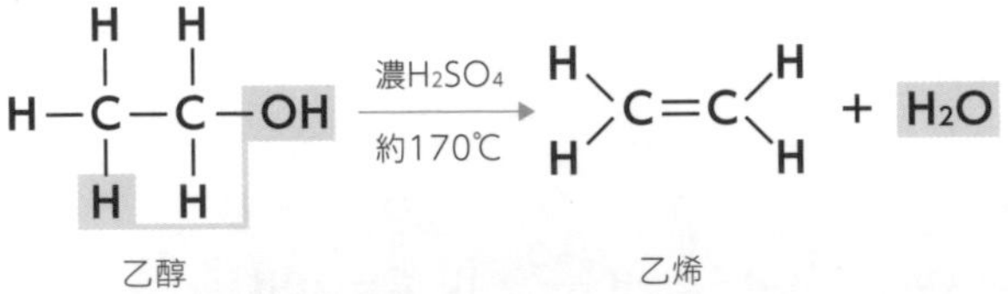

乙醇 乙烯

溫度較高時,行分子內脫水反應→稱為消除反應(反應裝置如圖101－2)

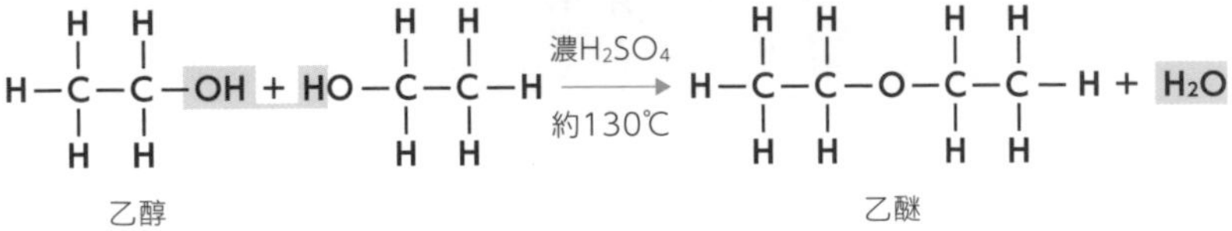

乙醇 乙醚

溫度較低時,行分子間脫水反應→稱為縮合反應(反應裝置如圖106－1)

圖 105-4 ● **柴瑟夫規則　同伴較少的 H 會被拔走！**

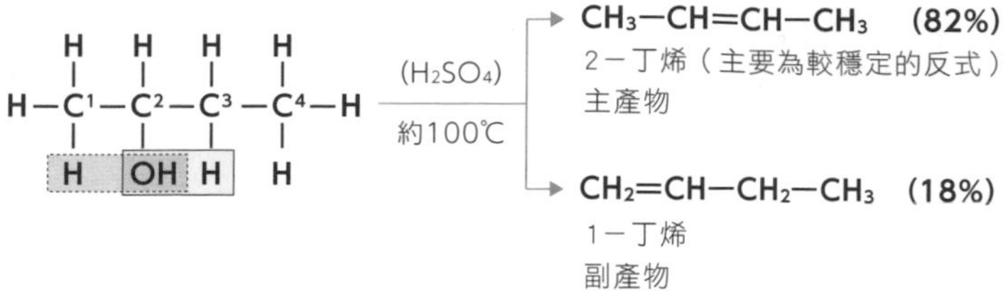

$$H-\overset{\displaystyle H}{\underset{\displaystyle H}{C^1}}-\overset{\displaystyle H}{\underset{\displaystyle OH}{C^2}}-\overset{\displaystyle H}{\underset{\displaystyle H}{C^3}}-\overset{\displaystyle H}{\underset{\displaystyle H}{C^4}}-H$$

$\xrightarrow[約100℃]{(H_2SO_4)}$

$CH_3-CH=CH-CH_3$　**(82%)**
2－丁烯（主要為較穩定的反式）
主產物

$CH_2=CH-CH_2-CH_3$　**(18%)**
1－丁烯
副產物

2－丁醇中，1號碳與3個H原子鍵結，3號碳則與2個H原子鍵結，故行脫水反應時，主要反應是拔走3號碳上的H原子，形成2－丁烯。

脂肪族化合物

以麻醉藥來說
非常的優秀

～ 醚 ～

　　考慮乙醇的結構異構物。若將—OH的O原子改放到C原子之間，會形成CH_3—O—CH_3結構。像這樣由氧原子連接起2個烴基的化合物，就稱為醚。

　　表106－1列出了3種醚類，其中乙醚是最常見的醚類。不只是乙醚，**所有醚類都沒有—OH，無法產生氫鍵，故沸點比醇類還要低**，而且也不會和鈉反應。這2個與醇類的相異點相當重要。舉例來說，乙醚的沸點為34℃，故炎熱夏天的實驗室內，要是打開含有乙醚的瓶子就這樣擺著的話，乙醚很快就蒸發光了。而且蒸發後的乙醚氣體相當易燃，取用時需特別注意。

　　乙醚有麻醉作用，對人體的毒性也很低，過去曾是世界各國的麻醉用藥。現在開發中國家仍會使用乙醚做為麻醉藥，不過在使用電子機器進行手術的先進國家中，為避免火花引燃乙醚，故已不再使用乙醚做為麻醉藥。

表 106-1 ● 醚的例子

名稱	結構	沸點（℃）
甲醚	CH_3OCH_3	−25
甲乙醚	$CH_3OC_2H_5$	7
乙醚	$C_2H_5OC_2H_5$	34

圖 106-1 ● **醚的製造**

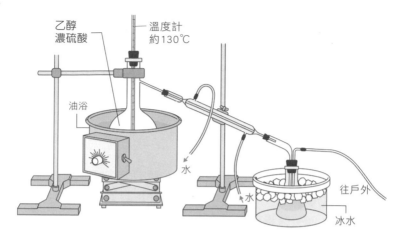

乙醇
濃硫酸

溫度計
約130℃

油浴

水

水

往戶外

冰水

因為乙醚易燃，故不能以火加熱，而是要用油浴加熱。

$$\underset{\text{乙醇}}{\overset{\displaystyle H\ H}{\underset{\displaystyle H\ H}{H-C-C-OH}} + \underset{\displaystyle H\ H}{\overset{\displaystyle H\ H}{HO-C-C-H}}} \xrightarrow[\text{約130℃}]{\text{濃}H_2SO_4} \underset{\text{乙醚}}{\overset{\displaystyle H\ H\qquad H\ H}{\underset{\displaystyle H\ H\qquad H\ H}{H-C-C-O-C-C-H}}} + H_2O$$

就算沒聽過這種東西，它們也活躍於你我周遭

～ 醛與酮 ～

想必大家平常應該很少聽到醛或酮之類的名字吧！它們是不是給人一種難以親近的感覺呢？不過你一定聽過福馬林或指甲油去光水吧？福馬林就是醛類，而去除指甲油的去光水就含有酮類成分。

請參考圖107－1。醛與酮是擁有羰基的化合物名稱，當羰基中的C與1個H原子和1個烴基相接時就稱為醛基，含有醛基的化合物便是醛；當羰基中的C與2個烴基相接時就稱為酮基，含有酮基的化合物便是酮。

圖 107-1 ● 醛與酮

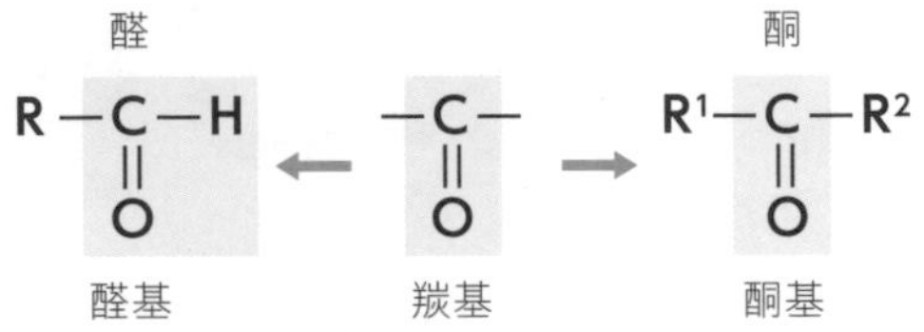

醛　　　　　　　　　　　　　　　酮

$$R-C-H \quad \leftarrow \quad -C- \quad \rightarrow \quad R^1-C-R^2$$
$$\overset{\|}{O} \qquad\qquad \overset{\|}{O} \qquad\qquad \overset{\|}{O}$$

醛基　　　　　　羰基　　　　　　酮基

【醛】

製造醛的方式主要可分為2種。一種是將一級醇氧化（$R-CH_2OH \xrightarrow{-2H} R-CHO$），另一種則是將炔類氧化（參考圖103－5）。**醛類容易氧化，氧化後會變成羧酸，同時還原其他物質。**這表示「醛類擁有還原性」，可以用**銀鏡反應**與**斐林試劑反應**（圖107－2）確認。

表 107-1 ● 常見的醛與酮

化合物 示性式	沸點 〔℃〕	用途
甲醛 HCHO	−19	甲醇氧化後的產物，進一步氧化後可得到蟻酸。是酚醛樹脂、尿素甲醛樹脂的原料。浸泡解剖後生物軀體的液體（福馬林）就是甲醛的水溶液。
乙醛 CH₃CHO	20	乙醇氧化後的產物，進一步氧化後可得到醋酸。市面上販售的食用醋皆是發酵製成。以乙醛為原料以工業方式製成的醋酸，是常用溶劑乙酸乙酯的原料。
丙酮 CH₃COCH₃	56	2－丙醇氧化後的產物，無法進一步氧化。易溶於水，也易溶於有機溶劑，是去光水的主要成分。

圖 107-2 ● 銀鏡反應（左）與斐林試劑反應（右）

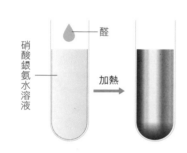

$$RCHO + 2[Ag(NH_3)_2]^+ + 3OH^-$$
$$\longrightarrow RCOO^- + 2Ag + 4NH_3 + 2H_2O$$

將醛類物質加入硝酸銀氨水溶液後，Ag^+ 會還原成元素態銀，附著在試管內壁上，看起來就像鏡子一樣。

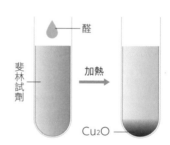

$$RCHO + 2Cu^{2+} + 5OH^-$$
$$\longrightarrow RCOO^- + Cu_2O + 3H_2O$$

醛與斐林試劑混合加熱後，Cu^{2+} 會還原成 Cu^+，形成紅色的 Cu_2O 沉澱。

【酮】

　　二級醇氧化後便會形成酮。酮難以被氧化，故沒有像醛一樣的還原性。也就是說，酮在銀鏡反應與斐林試劑反應中為陰性（不產生反應），故可以和醛做出區別。

【碘仿反應】

　　丙酮與碘及氫氧化鈉水溶液反應後，會產生擁有特殊臭味的碘仿 CHI_3 黃色沉澱。這個反應又稱為**碘仿反應**（圖107－3）。這個反應可以用來鑑定含有乙醯基結構的酮與醛，以及乙醇、2－丙醇等分子。碘仿反應中所用到的試藥可以做為氧化劑使用，故乙醇、2－丙醇會先被氧化成含有乙醯基結構的分子，再進行碘仿反應。

　　那麼，第105節最後所說的甲醇、乙醇、2－丙醇又該怎麼區分呢？乙醇在碘仿反應中呈陽性，且和緩氧化後的產物在銀鏡反應中呈陽性；2－丙醇在碘仿反應中呈陽性，且氧化後的產物在銀鏡反應中呈陰性；甲醇在碘仿反應中呈陰性，且和緩氧化後的產物在銀鏡反應中呈陽性。

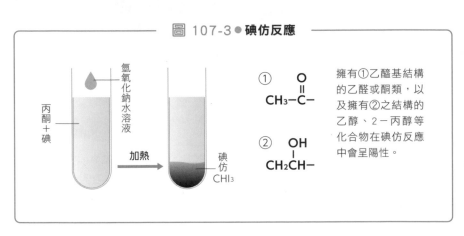

圖 107-3 ● 碘仿反應

氫氧化鈉水溶液

丙酮＋碘

加熱

碘仿 CHI_3

① $CH_3-\overset{O}{\overset{\|}{C}}-$

② $CH_2CH-\overset{OH}{\overset{\|}{}}$

擁有①乙醯基結構的乙醛或酮類，以及擁有②之結構的乙醇、2－丙醇等化合物在碘仿反應中會呈陽性。

108

醋酸是世界上最有名的羧酸

～ 羧酸 ～

說到酸，前面已介紹過的有鹽酸HCl aq、硫酸H_2SO_4、硝酸HNO_3、醋酸CH_3COOH等物質，其中只有醋酸CH_3COOH屬於有機化合物。擁有羧基—COOH的化合物稱為羧酸。將醇類氧化時，會先形成醛類，再得到羧酸。

我們可以用含雙鍵（不飽和）、不含雙鍵（飽和），以及含1個羧基（單羧酸）、含2個羧基（二羧酸）來為羧酸分類，如表108－1。

表 108-1 ● 羧酸的分類

分類	名稱	示性式
飽和單羧酸	蟻酸	HCOOH
	醋酸	CH_3COOH
	丙酸	CH_3CH_2COOH
	丁酸	$CH_3CH_2CH_2COOH$
不飽和單羧酸	丙烯酸	$CH_2 = CHCOOH$
飽和二羧酸	草酸	$\begin{matrix} COOH \\ \| \\ COOH \end{matrix}$
不飽和二羧酸	馬來酸	$\underset{H}{\overset{HOOC}{>}}C=C\underset{H}{\overset{COOH}{<}}$ 順式
	延胡索酸	$\underset{HOOC}{\overset{H}{>}}C=C\underset{H}{\overset{COOH}{<}}$ 反式

圖 108-1 ● **醇類與羧酸類的氫鍵**

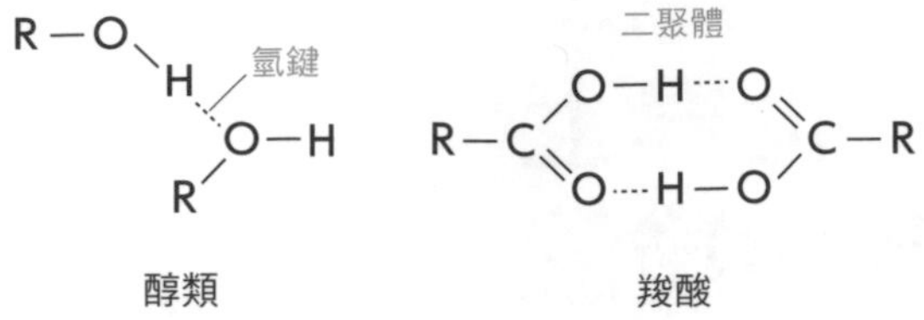

醇類　　　　　　　　羧酸

與醇類類似，羧酸也有沸點與熔點很高的特徵，因為羧基的H原子容易和其他氧原子形成氫鍵。而且羧酸的2個分子間還能以氫鍵結合成二聚體，如圖108－1所示，使其沸點更是高人一等。

另外，**羧酸有個特徵，那就是帶有刺激性臭味。**請回想看看食用醋的氣味。食用醋的醋酸質量百分濃度約為4％，可以想像100％的醋酸的味道會有多麼刺鼻。若將醋酸的CH_3—換成CH_3CH_2—的話便會成為丙酸，若再增加1個C，變成$CH_3CH_2CH_2$—的話則是丁酸。丁酸的氣味就不是酸味，而比較接近腐敗的味道。

【羧酸的性質】

即使是難溶於水的高級脂肪酸，與鹼性水溶液混合後亦可產生酸鹼中和反應，生成羧酸的鹽類溶於水中。

$$R-COOH＋NaOH→R-COONa＋H_2O$$

羧酸的酸性強度比碳酸還要強，故可以和碳酸鹽或碳酸氫鹽（比NaOH還要弱的鹼）反應，產生CO_2並形成羧酸鹽類溶於水中。

$$R-COOH＋NaHCO_3→R-COONa＋CO_2＋H_2O$$

相反的，溶解在水中的羧酸鹽類會與強酸反應，生成弱酸性的羧酸。

$$R-COONa＋HCl→R-COOH＋NaCl$$

這個性質可以用來區分第120節中提到的苯酚與安息香酸，請先把它記起來。

圖 **108-2** ● **常出現的羧酸**

蟻酸
HCOOH

存在於蜂與蟻的毒腺中，將螞蟻蒸餾後可得到這種物質，故稱之為蟻酸。
將甲醛氧化之後便可製得蟻酸（HCHO→HCOOH），因含有醛基，故擁有還原性。

醛基

羧基

醋酸
CH₃COOH

食用醋中約含有4％的醋酸。純醋酸的熔點約為17℃，在寒冷時會凝固，故也稱為冰醋酸。2個醋酸分子可以脫去1個水分子，縮合成醋酸酐。醋酸酐沒有羧基而呈中性。像醋酸酐這種由2個羧基脫去1個水分子，縮合而成的化合物，稱為酸酐。

醋酸酐

馬來酸與
延胡索酸

兩者互為順反異構物，馬來酸為順式、延胡索酸為反式，且兩者皆為無色至白色的結晶。
加熱後，只有順式的馬來酸會產生分子內脫水反應，生成馬來酸酐。反式的延胡索酸則因為2個羧酸基離得太遠，無法生成酸酐。

馬來酸（順式）　　　　延胡索酸（反式）

馬來酸　　　　馬來酸酐

第
13
章

脂
肪
族
化
合
物

109

列在原料表中的「香料」大多含有酯類

～ 酯類 ～

淋在刨冰上的草莓醬雖然不含果汁，卻有著草莓的香氣，因為草莓醬內含有草莓香料。人類的味覺相當仰賴嗅覺的幫助，故就算草莓醬內不含草莓汁，只要聞到草莓的香味，就會把它當成「草莓」。而這種水果的香味就是來自名為酯類的有機化合物。

圖 109-1 ● 酯類合成法

$$R^1-\overset{\overset{\displaystyle O}{\|}}{C}-O-H \; + \; H-O-R^2 \quad \xrightarrow{\text{濃}H_2SO_4} \quad R^1-\overset{\overset{\displaystyle O}{\|}}{C}-O-R^2 \; + \; H_2O$$

羧酸　　　　　　醇　　　　　　　　　　　酯

在羧酸與醇的混合物中加入濃硫酸並加熱，會產生縮合反應，生成擁有酯鍵—COO—的酯（圖109-1）。羧酸的羧基與醇的羥基皆為極性相當高的官能基，**反應生成的酯類會失去這2種官能基，使酯類難溶於水，卻易溶於有機溶劑。**

以乙酸乙酯為例（圖109-2），醋酸或乙醇皆能以任何比例與水混合，乙酸乙酯卻難溶於水。有氫鍵的醋酸沸點為118℃，乙醇為78℃，乙酸乙酯的分子量比較大，沸點卻只有77℃。

圖 109-2

$$CH_3COOH + HOC_2H_5 \longrightarrow CH_3COOC_2H_5 + H_2O$$

	醋酸	乙醇	乙酸乙酯	
沸點	118℃	78℃	77℃	100℃
分子量	60	46	88	18
在水中的溶解度	∞	∞	8.3g/100mL	

【酯類水解與皂化】

　　將酯類與稀鹽酸或稀硫酸混合加熱時，H^+可做為催化劑，使酯化反應往反方向進行，生成羧酸與醇。這個反應稱為酯的水解（圖109－3）。

　　另外，若將酯類與強鹼水溶液混合加熱，便會生成羧酸鹽與醇。這種水解過程特稱為**皂化**。**弱酸下的水解與強鹼下的皂化，最大的差異在於前者為平衡反應，後者則是不可逆反應。**弱酸下的酯類水解為平衡反應，是酯類合成反應的逆反應。也就是說，在合成酯類時為了使平衡盡可能偏向右邊，會使用濃硫酸進行反應（若使用含水量高的稀硫酸，則沒辦法使平衡偏向右邊）。皂化作用會使酯類分解，並生成羧酸鹽，使其無法進行逆反應（圖109－4）。

第13章

脂肪族化合物

圖 109-3 ● **水解與皂化**

◎水解……水解為平衡反應。酯的合成其實是平衡反應。
圖109－1之所以會寫成像是不可逆反應的樣子，是因為用了幾乎不含水的濃硫酸做為催化劑，使平衡偏向右邊。

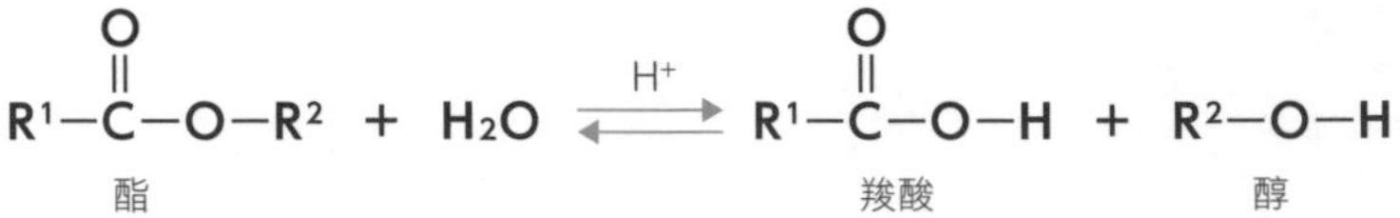

$$R^1{-}\overset{\overset{\displaystyle O}{\|}}{C}{-}O{-}R^2 \ + \ H_2O \ \underset{H^+}{\rightleftharpoons} \ R^1{-}\overset{\overset{\displaystyle O}{\|}}{C}{-}O{-}H \ + \ R^2{-}O{-}H$$

酯　　　　　　　　　　　　　　　羧酸　　　　　　醇

◎皂化……皂化為不可逆反應。

$$R^1COOR^2 + NaOH \longrightarrow R^1COONa + R^2OH$$

圖 109-4 ● **由羧酸以外的酸所形成的酯**

除了羧酸以外，硫酸、硝酸等酸也可以和醇進行縮合反應，生成酯。前者會生成硫酸酯，後者會生成硝酸酯。
◎硫酸酯的例子……1－十二烷醇的硫酸酯稱為十二烷基硫酸，其鈉鹽可以製成清潔劑使用。

$$CH_3(CH_2)_{11}OH + HOSO_3H \longrightarrow CH_3(CH_2)_{11}OSO_3H + H_2O \ \overset{NaOH}{\underset{（中和）}{\longrightarrow}}$$

1-十二烷醇　　　　硫酸　　　　　　十二烷基硫酸

$$C_{12}H_{25}{-}OSO_3Na$$

十二烷基硫酸鈉（烷基硫酸鹽類）

◎硝酸酯的例子……1,2,3－丙三醇（甘油）會與濃硫酸及濃硝酸的混合物反應生成硝化甘油，即為一種硝酸酯。硝化甘油是矽藻土炸藥的原料，也是心臟病用藥。

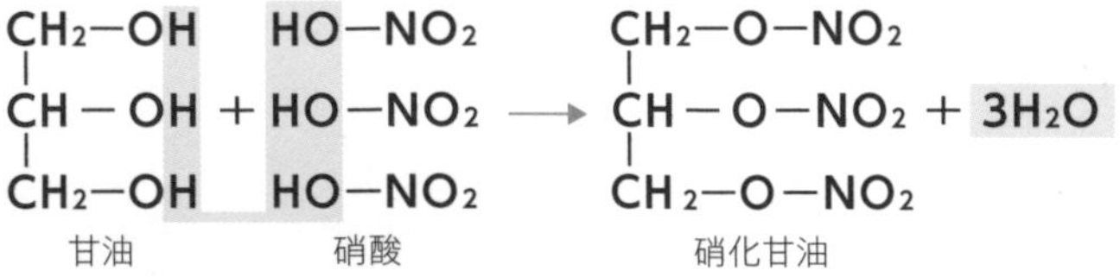

$$\begin{array}{l} CH_2{-}OH \\ | \\ CH{-}OH \\ | \\ CH_2{-}OH \end{array} + \begin{array}{l} HO{-}NO_2 \\ HO{-}NO_2 \\ HO{-}NO_2 \end{array} \longrightarrow \begin{array}{l} CH_2{-}O{-}NO_2 \\ | \\ CH{-}O{-}NO_2 \\ | \\ CH_2{-}O{-}NO_2 \end{array} + 3H_2O$$

甘油　　　　　　硝酸　　　　　　　硝化甘油

110

從化學的角度來看
奶油與沙拉油的差異

～ 油脂 ～

奶油和豬油等動物性油脂的熔點比植物性油脂還要高。熔點愈高，在血液中就愈容易形成固體，若是過度攝取，便容易阻塞血管。相較之下，沙拉油與麻油等植物性油脂的熔點很低，在室溫下是液體，較不容易阻塞血管。

一般油脂皆是由高級脂肪酸及甘油（1,2,3－丙三醇）所形成的酯類，如圖110－1所示。3個—R代表烴基，烴基的碳數與雙鍵數差異，會使油脂有不同性質。

如表110－1所示，動物性油脂的R以棕櫚酸$C_{15}H_{31}$、硬脂酸$C_{17}H_{35}$等飽和脂肪酸為主；相對於此，植物性油脂的R則以油酸$C_{17}H_{33}$、亞油酸$C_{17}H_{31}$等含有碳碳雙鍵的不飽和脂肪酸為主。油酸和亞油酸的H數分別比硬脂酸少了2個和4個，由此可知油酸擁有1個碳碳雙鍵，亞油酸則有

圖 110-1 ● 油脂是由甘油與高級脂肪酸所形成的酯

$$R^1COOH \quad CH_2OH \qquad\qquad R^1COOCH_2$$
$$R^2COOH \ + \ CHOH \xrightarrow{\text{酯化}} R^2COOCH \ + 3H_2O$$
$$R^3COOH \quad CH_2OH \qquad\qquad R^3COOCH_2$$

甘油 　　　　　　　　　　　油脂

表 110-1 ● 脂肪酸的種類與油脂中的比例

組成油脂的脂肪酸		示性式	熔點〔℃〕	雙鍵數	狀態（常溫）	牛油	豬油	橄欖油	菜籽油	大豆油
飽和脂肪酸	棕櫚酸	$C_{15}H_{31}COOH$	63	0	固體	33	30	10	1~4	11
	硬脂酸	$C_{17}H_{35}COOH$	71	0		18	15	1	0~2	2
不飽和脂肪酸	油酸	$C_{17}H_{33}COOH$	13	1	液體	45	41	80	10~35	24
	亞油酸	$C_{17}H_{31}COOH$	−5	2		3	9	8	10~20	51
	亞麻酸	$C_{17}H_{29}COOH$	−11	3		0	2	0	1~10	9

油脂
小知識

火腿和培根皆以豬肉為原料製成，這是因為牛油的熔點比豬油還高的關係。英式烤牛肉用的全是瘦肉對吧。這是因為牛油的熔點比人的體溫略高，要是在冷食的狀態下品嚐的話，會難以嚐出牛油的鮮味。當然，火腿和培根也是加熱後再食用比較好吃。

2個。如圖110−2所示，不飽和脂肪酸分子含有雙鍵，形狀彎曲，故**含有較多不飽和脂肪酸的植物性油脂會有較低的熔點。**

以鎳做為催化劑，使含有雙鍵的不飽和脂肪酸與H_2進行加成反應，便可生成飽和脂肪酸，使熔點上升。用這種方式製成的油脂稱為氫化油，人造奶油就是一個例子。奶油是將牛奶中的脂肪部分收集起來之後

圖 110-2 ● 飽和脂肪酸（a）與不飽和脂肪酸（b）

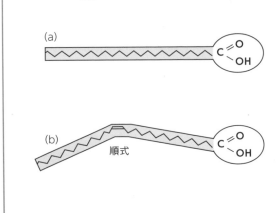

(a)

(b)　順式

飽和脂肪酸為直鏈狀分子，如（a）所示，各分子容易靠近，分子間作用力比較強，故熔點比較高。另一方面，不飽和脂肪酸含有順式雙鍵，故會像（b）那樣形成彎曲的分子，使得各分子分散得較開，不容易靠近，空隙也比較多，故分子間作用力較弱，熔點也比較低。

得到的油脂，含有大量飽和脂肪酸，故在室溫下為固體。和由植物製成的植物油相比，奶油的原料是牛奶，產量有其限制。因此有廠商會將植物油加工製成氫化油，提升熔點並使之擁有奶油般的風味，這就是人造奶油。市面上的人造奶油還會再添加色素、牛奶成分、維生素等，使其味道更接近奶油。

—— 圖 110-3 ● 皂化價與碘價 ——

油脂是多種脂肪分子的混合物，含有各式各樣的脂肪酸，比例並不固定。若想知道某種油脂的成分，便需要知道其平均分子量大小，也就是與甘油結合的各個脂肪酸有多長，以及脂肪酸內還有多少個雙鍵。掌握這2個資訊之後，便可知構成這種油脂的脂肪酸平均而言是什麼樣子，相當方便。我們可以從皂化價知道脂肪酸的分子量大小，可以從碘價知道脂肪酸的雙鍵。

皂化價　使1g油脂皂化所需要的氫氧化鈉質量〔mg〕，即為皂化價。欲將1mol的油脂完全皂化，需要3mol的KOH才行，故油脂的平均分子量 M 可由以下方程式計算出來。

$$皂化價 = \frac{1}{M} \times 3 \times 56（KOH的分子量）\times 10^3$$

M 為分母，故皂化價愈大時，分子量愈小。大部分油脂的皂化價約在190左右。

碘價　可與100g油脂產生加成反應的碘質量〔g〕。油脂中1個C＝C可以和1個碘分子產生加成反應，設油脂的平均分子量為 M，油脂的不飽和度（雙鍵數）為 n，則可列出以下方程式。

$$碘價 = \frac{100}{M} \times n \times 254（I_2的分子量）$$

碘價愈大的油脂含有愈多雙鍵，這些雙鍵會和空氣中的氧氣結合固化，稱為乾性油，乾性油的碘價在130以上。碘價在100以下的油脂稱為不乾性油，在空氣中不易固化。碘價介於100～130之間的油脂稱為半乾性油，會與空氣中的氧氣反應，使流動性下降，卻不會完全固化。日本大學考試題目中，會給油脂的分子量與碘價，然後要考生計算出1個油脂分子中含有多少C＝C雙鍵。

111

清潔劑可以補足
肥皂的缺點

～ 肥皂與合成清潔劑 ～

　　將油脂與氫氧化鈉水溶液混合加熱後，會產生皂化反應，生成甘油與脂肪酸的鈉鹽（圖111－1）。肥皂的成分就是這裡的脂肪酸鈉。合成清潔劑則是為了改善肥皂的缺點而開發出來的產品，讓我們來學習肥皂與合成清潔劑的相關知識吧。

圖 111-1

以NaOH皂化油脂後，會生成脂肪酸的鈉鹽（也就是肥皂）與
甘油（1,2,3－丙三醇）。

$$R^1COOCH_2 \qquad\qquad R^1COONa \qquad CH_2OH$$
$$R^2COOCH + 3NaOH \longrightarrow R^2COONa \ + \ CHOH$$
$$R^3COOCH_2 \qquad\qquad R^3COONa \qquad CH_2OH$$

　油脂　　　　　　　　　　脂肪酸鈉（肥皂）　　甘油

　　如圖111－2（a）所示，**肥皂同時擁有與水不親近的疏水基，以及與水親近的親水基**。肥皂溶於水中時，親水基部分為了親近水會朝向外側，而疏水基部分則會為了避免碰到水而朝向內側，與其他疏水基聚在一起，如圖111－2（b）所示。這時形成的膠體粒子稱為微胞膠體，也稱為微胞。

　　那麼，肥皂又是如何清潔汙垢的呢？請參考圖111－3。當肥皂分子碰到油汙時，肥皂的疏水基部分會與油汙彼此吸引，接著疏水基會

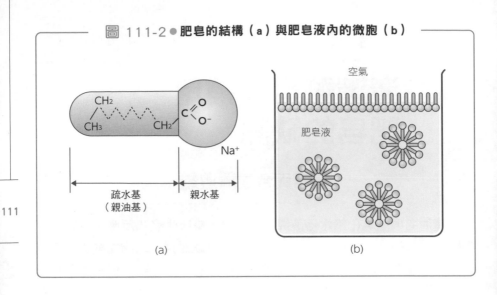

圖 111-2 ● 肥皂的結構（a）與肥皂液內的微胞（b）

空氣

肥皂液

CH₂

CH₃   CH₂   C=O   O⁻

Na⁺

疏水基
（親油基）   親水基

(a)   (b)

「插入」油汙內，將油汙拉離纖維表面，包在微胞內部，以微粒子的形式分散在水中。這種作用也稱為**肥皂的乳化作用**，像肥皂這種同時含有疏水基與親水基2種基團的物質，稱為**界面活性劑**。

然而，肥皂（脂肪酸鈉）是由弱酸與強鹼所形成的鹽類，故為鹼性。鹼性物質會破壞蛋白質，故肥皂會對羊毛、蠶絲等動物性纖維造成

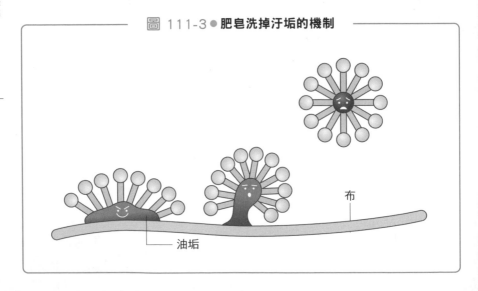

圖 111-3 ● 肥皂洗掉汙垢的機制

布

油垢

傷害，無法用於洗滌這些製品（以肥皂洗手時會讓手變得黏黏的，就是因為肥皂破壞了手表面的蛋白質）。在酸性水溶液中，脂肪酸的鈉鹽則會變回脂肪酸的形態，無法發揮肥皂的功能。而且，在含有大量Ca^{2+}與Mg^{2+}的硬水中，肥皂內的Na^+會被Ca^{2+}與Mg^{2+}取代，成為不溶於水的鹽類，使洗淨力下降。

　　合成清潔劑改良了這些缺點（圖111-4）。合成清潔劑是由強酸中的硫酸與強鹼中的氫氧化鈉所形成的鹽類，故不會水解，水溶液為中性，亦稱為中性清潔劑。

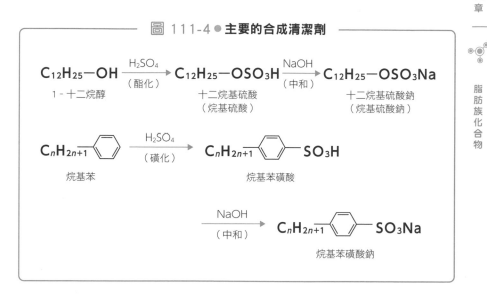

圖 111-4 ● **主要的合成清潔劑**

脂肪族有機化合物的總整理

〜 從元素分析到結構 〜

假設現在你眼前有某種無色透明的脂肪族有機化合物液體,那麼你要用什麼方法,才能知道這種有機化合物的結構式呢?讓我們照著順序來看看吧。

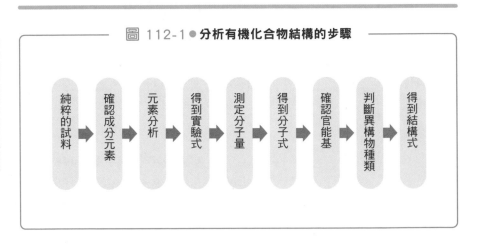

圖 112-1 ● 分析有機化合物結構的步驟

純粹的試料 → 確認成分元素 → 元素分析 → 得到實驗式 → 測定分子量 → 得到分子式 → 確認官能基 → 判斷異構物種類 → 得到結構式

分析有機化合物結構的步驟如圖112-1所示。正常來說,一開始需要確認化合物的成分元素才行。不過,要是化合物中含有N、S等C、H、O以外的元素的話,分析化合物結構的步驟會變得很繁雜,故這裡只介紹如何分析僅含C、H、O的化合物。

首先要進行元素分析,也就是分析化合物中C、H、O的比例。請參考圖112-2的裝置。將試料完全燃燒之後,試料中的C會變成CO_2,H會變成H_2O(氧化銅(Ⅱ)可將不完全燃燒的產物CO進一步氧化成

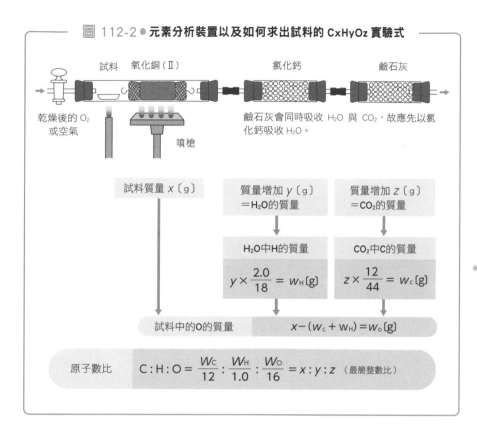

圖 112-2 ● 元素分析裝置以及如何求出試料的 CxHyOz 實驗式

試料　氧化銅（Ⅱ）　　　　　氯化鈣　　　　　鹼石灰

乾燥後的 O_2 或空氣

噴槍

鹼石灰會同時吸收 H_2O 與 CO_2，故應先以氯化鈣吸收 H_2O。

試料質量 x〔g〕

質量增加 y〔g〕＝H_2O的質量

質量增加 z〔g〕＝CO_2的質量

H_2O中H的質量

$$y \times \frac{2.0}{18} = w_H[g]$$

CO_2中C的質量

$$z \times \frac{12}{44} = w_C[g]$$

試料中的O的質量　　　$x-(w_C + w_H)=w_O[g]$

原子數比　$C:H:O = \dfrac{w_C}{12} : \dfrac{w_H}{1.0} : \dfrac{w_O}{16} = x:y:z$ （最簡整數比）

CO_2）。將燃燒後的氣體通過塞滿氯化鈣的吸收管，吸收氣體中的 H_2O，再使氣體通過塞滿鹼石灰（CaO與NaOH的混合物）的吸收管，吸收氣體中的CO_2，並計算吸收管在吸收H_2O和CO_2後所增加的質量。假設原本的試料的質量為xg，燃燒產生的H_2O質量為yg，CO_2質量為zg，那麼試料中H的質量就是$y \times 2.0/18$，C的質量就是$z \times 12/44$。

　　將各元素質量分別除以該元素原子量，便可得到物質的實驗式。實驗式僅為原子數的比，舉例來說，醋酸$C_2H_4O_2$、甲醛CH_2O、$C_4H_8O_4$的實驗式皆為CH_2O，故接下來需計算出分子量以求出分子式。如果是沸點低的物質，可以加熱使其成為氣體，再用氣體方程式計算其分子量；如果是沸點高的物質，可以用凝固點下降法或滲透壓法計算其分子量。之後再分析其有哪些官能基，就可以確定其結構式了。讓我們用以下例題

來說明吧。

─── 例 題 ───

將含有C、H、O的酯類33.0mg完全燃燒，得到66.0mg的CO_2、27.0mg的H_2O。將4.40g的這種酯類溶於100g的苯內，溶液的凝固點比純苯（莫耳凝固點下降為5.12K·kg/mol）還要低2.56℃。另外，這種酯類水解後可以得到銀鏡反應為陽性的羧酸，以及碘仿反應為陽性的醇。試回答此酯類的結構式。

解答　33.0mg的酯類中，各原子質量如下所示。

$$C : 66.0 \times \frac{12}{44} = 18 \text{(mg)} \quad H : 27.0 \times \frac{2.0}{18} = 3.00 \text{(mg)}$$

$$O : 33.0 - (18.0+3.00) = 12.0 \text{(mg)}$$

原子數比如下所示，故實驗式為C_2H_4O。

$$C : H : O = \frac{18.0}{12} : \frac{3.00}{1.0} : \frac{12.0}{16} = 1.50 : 3.00 : 0.75 = 2 : 4 : 1$$

另外，由凝固點下降的測定結果可以知道，該物質分子量為88.0，故分子式為

由$\Delta t = k m$

$$2.56 = 5.12 \times \frac{4.40/M}{100/1000}$$

$$M = 88.0$$

$C_4H_8O_2$。分子式為$C_4H_8O_2$的酯類共有4種，如下表①～④。可產生銀鏡反應的羧酸只有含醛基的蟻酸，而水解後可得到蟻酸的只有①和②。再來，1－丙醇與2－丙醇中，只有2－丙醇會有碘仿反應，故該酯類的結構式為②。

① $HCOOCH_2CH_2CH_3$ 蟻酸－1－丙基	$HCOOH$ 蟻酸	$CH_3CH_2CH_3OH$ 1－丙醇
② $HCOOCH(CH_3)_2$ 蟻酸－2－丙基	$HCOOH$ 蟻酸	$(CH_3)_2CHOH$ 2－丙醇
③ $CH_3COOCH_2CH_3$ 乙酸乙酯	CH_3COOH 醋酸	CH_3CH_2OH 乙醇
④ $CH_3CH_2COOCH_3$ 丙酸甲酯	CH_3CH_2COOH 丙酸	CH_3OH 甲醇

脂肪族有機化合物的總整理

第 **14** 章

芳香族化合物

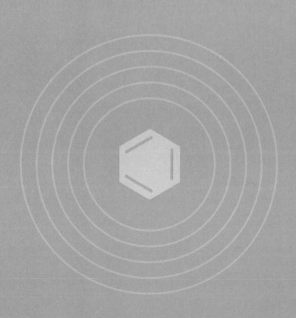

含有苯環的有機化合物需特別看待

～ 苯的祕密 ～

　　苯是由6個碳原子與6個氫原子所組成的碳氫化合物。6個碳原子會形成六邊形環狀結構，故這種結構又稱為苯環。含有苯環的有機化合物也叫做芳香族化合物，在有機化學中會特別被拿出來討論。

　　苯環可以用圖113－1（A）的結構式表示，不過通常會簡化寫成（B）或（C）的樣子。因為是六邊形，故日文中也稱為「龜甲」。

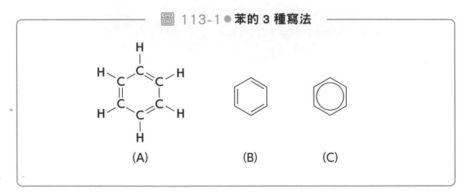

圖 113-1 ● 苯的 3 種寫法

(A)　　　　　(B)　　　　　(C)

　　為什麼含有苯環的有機化合物會特別拿出來討論呢？因為苯環有一些特殊性質。

　　雖然苯環有碳碳雙鍵C＝C，但要解開這個雙鍵進行加成反應是一件很困難的事。苯環只有在高溫、高壓、被能量很強的光線照射等嚴苛的條件下，才會產生加成反應（圖113－2）。

　　若想要解釋這樣的矛盾，只要別把苯分子內碳原子間的鍵結想成

圖 113-2 ● **苯的加成反應**

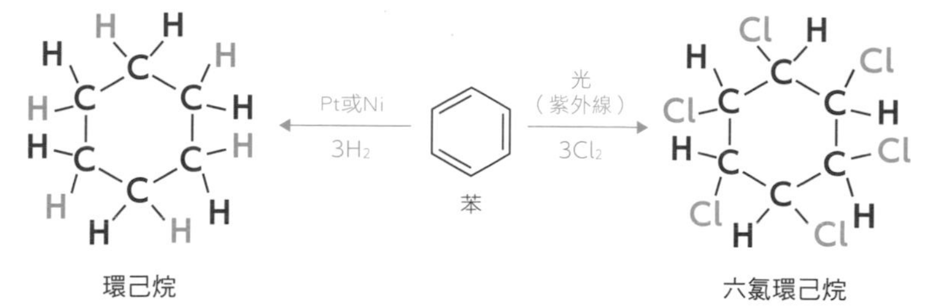

Pt或Ni
3H₂

光
（紫外線）
3Cl₂

苯

環己烷

在鉑或鎳的催化下，苯可
與氫反應產生環己烷
C_6H_{12}。

六氯環己烷

在紫外線的照射下，苯可
與氯反應產生六氯環己烷
$C_6H_6Cl_6$。

「3個雙鍵＋3個單鍵」，而是想成「6個1.5鍵」就可以了。也就是說，
如果讓雙鍵存在於特定位置上的話，會使苯處於較不穩定的狀態，將
雙鍵分散給所有的C原子承擔時，會使苯變得比較穩定。圖113－1的
（C）就是用以表示穩定狀態下的苯環結構。這種**由所有碳原子分擔多
個雙鍵的性質，稱為芳香族性；結構式中含有苯環的有機化合物皆有芳
香族性，故稱為芳香族化合物。**

擁有芳香族性的苯難以產生加成反應，但苯環上的氫卻容易產生
取代反應，被其他原子取代（圖113－3）。這個反應的過程是：苯環
上的氫原子會先轉變成氫離子脫離苯環，其他陽離子再靠近苯環與之鍵
結。我們可以藉由這種取代反應，將苯環上的官能基改變成想要的種
類，製作出各種用途的芳香族化合物。

圖 113-3 ● 苯的取代反應範例（以 X 取代 H 原子）

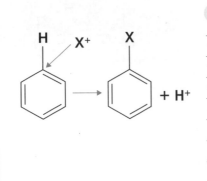

代表性的取代基X		
—Cl	氯基	氯苯
—NO₂	硝基	硝基苯
—SO₃H	磺酸基	苯磺酸
—OH	羥基	苯酚
—COOH	羧基	安息香酸
—CH₃	甲基	甲苯
—NH₂	胺基	苯胺

含有苯環的有機化合物需特別看待

在不破壞苯環的情況下，
以其他官能基取代氫

～ 芳香族化合物的反應 ～

　　芳香族化合物會產生什麼樣的反應呢？讓我們先大致看過一遍高中會提到的反應吧。一般的教科書中會一個個說明各種反應，但如果用這種方式說明，看到最後一個反應的時候，很可能就已經忘記第一個反應是什麼了。所以一開始最好能先概略看過所有反應的反應過程。

　　請參考圖114－1與圖114－2。圖114－1是以苯為起始物質，經由苯酚，最後合成出對羥偶氮苯的反應過程；圖114－2則是以苯酚的鈉鹽──苯酚鈉為起始物質，最後合成出醫療藥品中的乙醯水楊酸、水楊酸甲酯的反應過程。

　　芳香族化合物在染料與醫療藥品原料中相當重要，高中範圍內會以代表性染料的對羥偶氮苯，以及代表性醫療藥品的乙醯水楊酸、水楊酸甲酯等物質做為反應終點，說明反應過程中各芳香族化合物的反應。值得注意的是，合成這3種物質的過程中，都會出現苯酚這種物質。苯酚沒辦法直接應用，但苯酚做為醫療藥品與染料的原料，皆為相當重要的有機化合物。之後的章節中要是碰到不了解的內容，請再翻回這一頁參考。

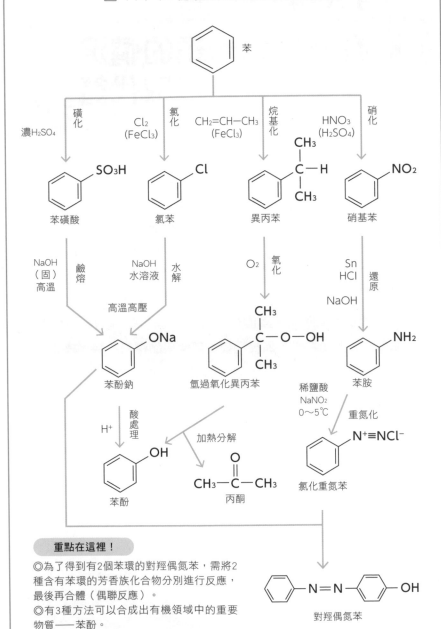

114

圖 114-1 ● 從苯到對羥偶氮苯的反應過程

重點在這裡！

◎為了得到有2個苯環的對羥偶氮苯，需將2種含有苯環的芳香族化合物分別進行反應，最後再合體（偶聯反應）。

◎有3種方法可以合成出有機領域中的重要物質──苯酚。

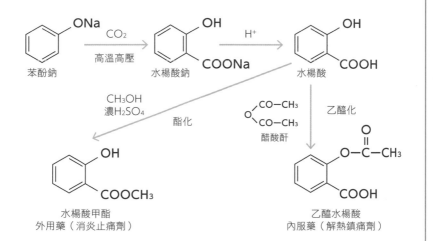

圖 114-2

從苯酚鈉到水楊酸甲酯與乙醯水楊酸的反應過程

115

常用於衣櫥的萘丸就是代表性的製品

～ 芳香烴 ～

含有苯環的烴（僅含有C、H的有機化合物，亦稱碳氫化合物）稱為芳香烴。芳香烴種類繁多，有的像甲苯這樣由苯環直接與烴基結合而成，有的像萘這樣由2個以上的苯環連接在一起（表115－1）。

表 115-1 ● 芳香烴的性質

結構式　名稱與熔點、沸點〔℃〕		
苯 熔點　5.5 沸點　80	甲苯 熔點　−95 沸點　111	萘 熔點　81 沸點　218

苯有6個氫原子，若以1個甲基（CH_3—）取代其中1個氫會得到甲苯，若以2個甲基取代其中2個氫會得到二甲苯。不過當甲基位置不同時，會形成不同的結構異構物。二甲苯的結構異構物共有3種（圖115－1）。

常用於衣物除蟲劑——萘丸的萘由2個苯環相連組成，與苯同樣擁有芳香性，是很穩定的分子。在萘之上還可以繼續添加苯環，得到蒽、稠四苯等新化合物，但如果分子愈長就會愈不穩定（圖115－2）。若仔細觀察這些結構式，會發現擁有3個雙鍵的六元環（由6個原子組成的環狀結構）只有最左邊的環是苯環而已，其他環都只有2個雙鍵。有芳香族性的苯環之所以會比較穩定，就是因為6個碳原子間的鍵結是由

3個單鍵與3個雙鍵所組成。要是只有2個雙鍵的苯環愈多，芳香族性就會愈來愈低，使分子變得愈來愈不穩定。

　　如果苯環不是排列成直線狀，而是波浪狀的話，每個環都可以有3個雙鍵，故這種排列下的多環芳香烴分子會相對穩定（圖115－3）。

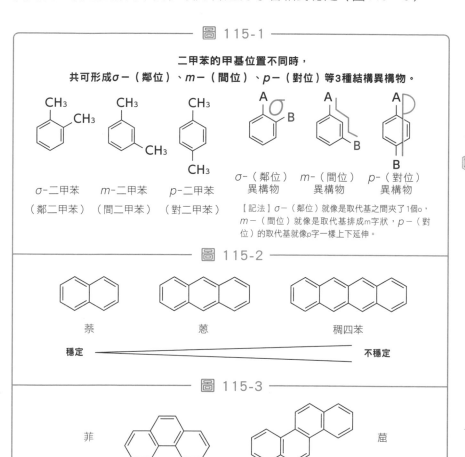

── 圖 115-1 ──

二甲苯的甲基位置不同時，
共可形成σ－（鄰位）、m－（間位）、p－（對位）等3種結構異構物。

σ-二甲苯　　　m-二甲苯　　　p-二甲苯
（鄰二甲苯）　（間二甲苯）　（對二甲苯）

σ-（鄰位）　　m-（間位）　　p-（對位）
異構物　　　　異構物　　　　異構物

【記法】σ－（鄰位）就像是取代基之間夾了1個o，m－（間位）就像是取代基排成m字狀，p－（對位）的取代基就像p字一樣上下延伸。

── 圖 115-2 ──

萘　　　　　　　蒽　　　　　　　稠四苯

穩定 ◄──────────────────────► 不穩定

── 圖 115-3 ──

菲　　　　　　　　　　　　　　　　　　　　䓛

3種有苯參與的
重要反應

～ 芳香烴的反應 ～

前面提到，雖然苯不太容易產生加成反應，卻很容易產生取代反應。接著讓我們來看看鹵化、硝化、磺化這幾種代表性取代反應的反應機制吧。

請再看一遍圖113－3。取代反應中，苯環上的H^+會被拔掉，同時苯環會與X^+結合，形成一X取代基。由於H原子需以H^+的陽離子形式被拔掉，所以如果要使苯環產生取代反應的話，X需以陽離子X^+的形式靠近苯環才行。**我們之所以沒辦法直接合成出苯酚或苯胺，就是因為沒辦法讓OH^+或NH_2^+等陽離子靠近苯環（或者說根本製造不出這種離子）。**因此，需先合成出氯苯、苯磺酸、硝基苯等無法直接應用的中間產物，才能合成出苯酚和苯胺等分子。

【鹵化】

如圖116－1所示，在鐵粉的催化下，苯可與氯氣Cl_2反應生成氯苯。苯與溴Br_2亦可在類似的反應下生成溴苯。這種以鹵素取代苯的H原子的反應，就稱為鹵化。

【硝化】

苯可以和濃硝酸與濃硫酸的混合物（稱為混酸）反應，使苯的氫原子被硝基（－NO_2）取代，生成硝基苯。這種反應稱為硝化反應。

圖 116-1 ● 苯在氯化以後生成氯苯

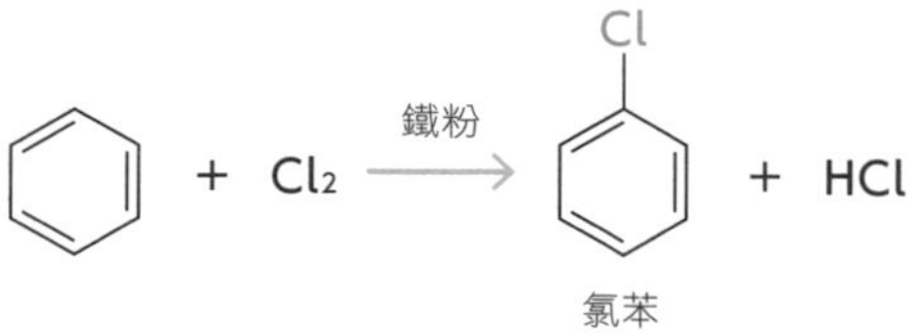

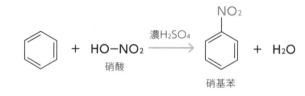

$$\text{（苯）} + Cl_2 \xrightarrow{\text{鐵粉}} \text{（氯苯）Cl} + HCl$$

氯苯

陽離子靠近苯環時會產生取代反應，使該陽離子取代掉苯環上的H原子，故只要想辦法製造出Cl^+就可以了。要製造出Cl^-很簡單，但Cl^+就沒那麼容易了。這裡需要用鐵粉（氧化鐵（Ⅲ）$FeCl_3$也可以）做為催化劑。鐵粉可以和氯氣分子反應，將Cl_2分子分成Cl^-與Cl^+，其中Cl^+便會與苯產生取代反應。

圖 116-2 ● 苯在硝化以後生成硝基苯

$$\text{（苯）} + HO-NO_2 \xrightarrow{\text{濃}H_2SO_4} \text{（硝基苯）}NO_2 + H_2O$$

硝酸

硝基苯

若想以硝基—NO_2取代苯環上的氫原子，合成出硝基苯，只要想辦法製造出NO_2^+就可以了。我們可以藉由拔掉硝酸HNO_3中的OH^-製造出NO_2^+，故可先混合硫酸H_2SO_4與硝酸HNO_3，讓硫酸拔去硝酸的OH^-，剩下的NO_2^+便可與苯反應生成硝基苯。

【磺化】

　　苯與濃硫酸混合加熱後，苯的氫原子會被磺酸基（—SO_3H）取代，生成苯磺酸。苯磺酸為帶有強酸性的無色結晶，易溶於水卻不易溶於有機溶劑。這個反應稱為磺化反應（圖116－3）。

圖 116-3 ● 苯在磺化以後生成苯磺酸

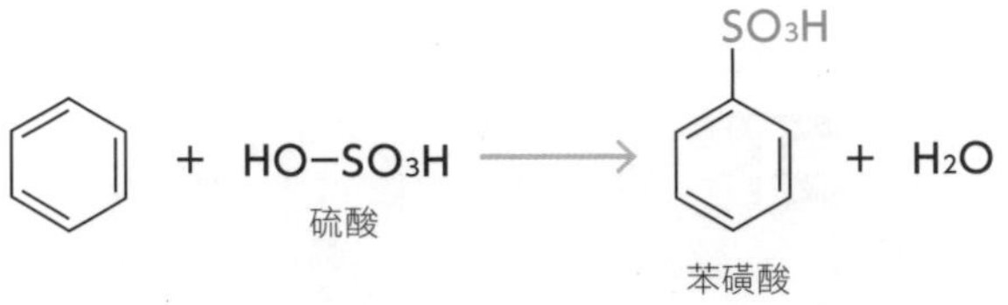

濃硫酸中的2個硫酸分子之間會產生反應，其中一個H_2SO_4會拔去另一個H_2SO_4的OH^-，生成HSO_3^+。故將濃硫酸與苯混合後，會產生取代反應，生成苯磺酸。

高中化學之窗

製作炸藥時扮演重要角色的硝化反應

炸藥有許多種類，有名的包括硝化甘油、三硝基甲苯（TNT）、苦味酸（三硝基苯酚）等3種。三硝基甲苯是甲苯硝基化後的產物，苦味酸則是苯酚硝基化後的產物。

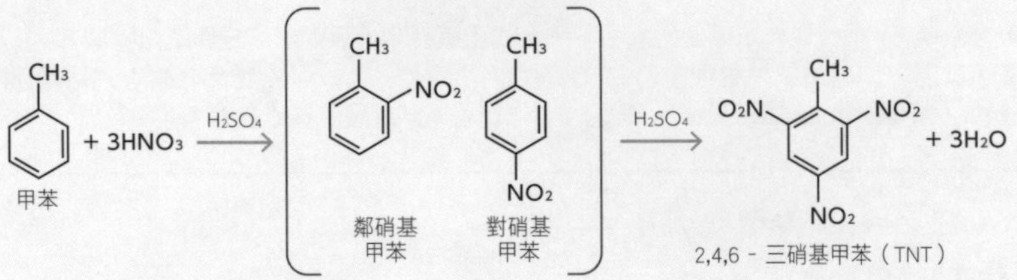

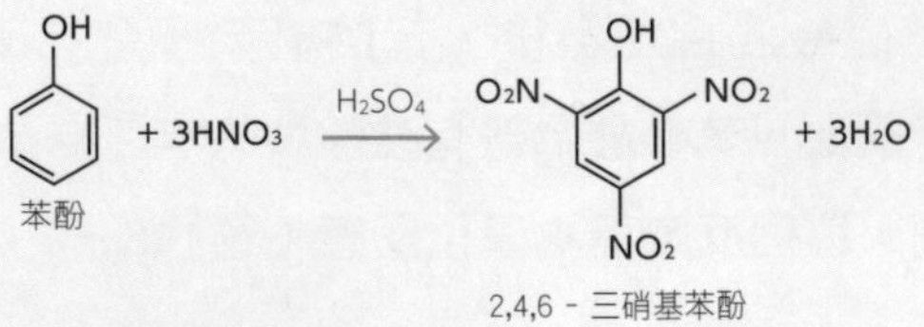

與苯相比，甲苯與苯酚更容易被硝基化，一次可使3個H被取代成硝基。三硝基甲苯的穩定性很高，故至今仍是主流炸藥，過去則主要使用苦味酸做為炸藥。苦味酸為強酸，有很強的腐蝕性，操作上比較麻煩。不過，以苦味酸製成的下瀨火藥，曾幫助日本在日俄戰爭中的日本海海戰中獲得大勝。

重要的芳香族有機化合物

～ 苯酚的性質與製造方式 ～

　　苯環可以和羥基（—OH）直接相連，這類化合物稱為苯酚。表117－1列出了主要的苯酚化合物及其特徵。苯酚的特徵包括：能使氯化鐵（Ⅲ）水溶液呈現藍～紫紅色，且水溶液為弱酸性（pH在6左右，是比碳酸還弱的弱酸）。

表 117-1 ● 苯酚類的性質

名稱	苯酚	鄰甲酚	水楊酸	1－萘酚	苯甲醇
結構	OH	OH CH₃	OH COOH	OH	CH₂OH
熔點〔℃〕	41	31	158	96	−16
FeCl₃水溶液中的顏色	紫	藍	紫	紫	不呈色

　　苯酚可以製成酚醛樹脂，可用於製作電腦的電路板。苯酚也是酸痛貼布、解熱鎮痛劑等內服藥物以及其他醫療藥物的原料，是相當重要的物質。CD與DVD由名為聚碳酸酯的透明塑膠製成，其原料也是苯酚。長久以來，人們一直絞盡腦汁研究如何用最簡單的方法將苯轉變成苯酚。

　　一開始想到的是鹼熔法（圖117－1上方路徑）。這個方法的重點，在於預先用易形成陰離子而脫離苯環的—SO₃H取代苯環上的H原子，生成苯磺酸。接著將苯磺酸鈉與固態氫氧化鈉NaOH混合加熱，這麼一來，—SO₃H便容易以SO₃²⁻的形式脫離苯環，使OH⁻取代SO₃²⁻，生

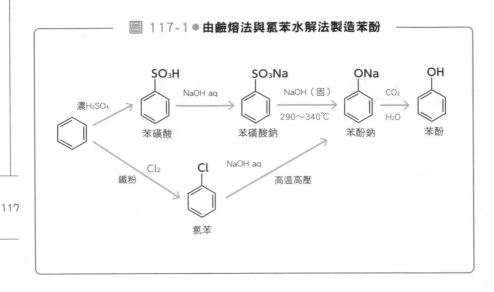

圖 117-1 ● 由鹼熔法與氯苯水解法製造苯酚

濃H_2SO_4

SO₃H 苯磺酸

NaOH aq

SO₃Na 苯磺酸鈉

NaOH（固）
290～340℃

ONa 苯酚鈉

CO_2
H_2O

OH 苯酚

Cl_2
鐵粉

Cl 氯苯

NaOH aq
高溫高壓

成苯酚鈉。若希望這個取代反應順利進行，需讓苯磺酸處於周圍有大量 OH⁻的環境中才行，故這裡需使用固態氫氧化鈉。加熱至高溫後，熔化成液態的氫氧化鈉才有足夠多的OH⁻與苯磺酸鈉產生取代反應，也因此有了鹼熔法這個名稱。之後再用酸處理，便可使苯酚鈉中的鈉被氫離子取代，得到苯酚。鹼熔法是1890年時由德國開發出來的方法，但加熱相當耗費時間與金錢，且會產生有害的亞硫酸鈉，是種問題很多的方法。

　　於是有人想出了將氯苯水解後得到苯酚的方法（圖117－1下方路徑）。同樣的，這個方法的重點也在於預先用易形成陰離子而脫離苯環的Cl原子取代苯環上的H原子。氯苯在300℃、200大氣壓的嚴苛環境下可與氫氧化鈉水溶液反應，使OH⁻取代Cl⁻，生成苯酚鈉。這可以想像成是在高溫高壓下強迫不易反應的OH⁻取代Cl原子的取代反應。接著以酸處理水解產物苯酚鈉，便可得到苯酚。不過，這個方法同樣需在高溫高壓環境下進行，故需要龐大的裝置與龐大的能量。

　　之後，為了能在相對溫和的條件下製造出苯酚，太平洋戰爭時的日本開發出了異丙苯法（圖117－2）。現在所有的苯酚皆是用異丙苯法

製造。

圖 117-2 ● **由異丙苯法製造苯酚**

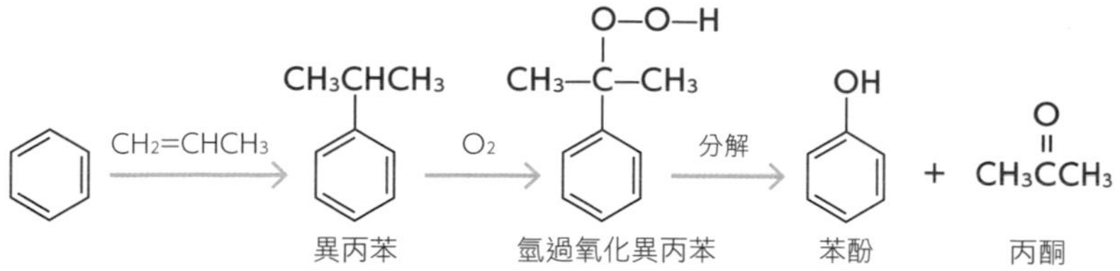

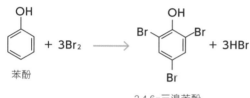

異丙苯　　　氫過氧化異丙苯　　　苯酚　　　丙酮

圖 117-3 ● **苯酚的反應性**

OH + 3Br₂ ⟶ 2,4,6-三溴苯酚 + 3HBr

苯酚

2,4,6-三溴苯酚

與苯相比，苯酚更容易產生取代反應。苯的鹵化反應中，需以鐵粉等做為催化劑。不過溴除外，苯酚只要與溴水混合便會產生取代反應，形成2,4,6－三溴苯酚的白色沉澱。

印表機的墨水原料

～ 苯胺的製造方法、性質及反應性 ～

　　苯胺為無色液體，但氧化之後會呈現深紫色。1856年，英國的化學家威廉‧珀金發現了苯胺的反應，進而合成出紫色染料並於市場上販賣，獲得很大的成功。紫色象徵高貴與名聲，但當時的紫色染料需以天然螺類為原料，無法大量採集，苯胺則可自煤焦油中取得。煤焦油是乾餾煤炭，取出有用煤氣之後剩下的廢棄物。從廢棄物中提煉出貴重的紫色合成染料，在當時可說是一項相當厲害的發現。苯胺現在仍是合成染料中的重要原料之一。

【苯胺的製造方法】

　　實驗室中會以錫與濃硫酸將硝基苯還原成苯胺鹽酸鹽，再加入氫氧化鈉水溶液得到苯胺（圖118－1上）。

　　工業上則會用鎳等物質做為催化劑，以氫還原硝基苯得到苯胺（圖118－1下）。

圖 118-1 ● 苯胺的製造方法

實驗室內的製造方法

硝基苯 $\xrightarrow[\text{還原}]{\text{Sn、HCl}}$ 苯胺鹽酸鹽 (NH_3Cl) $\xrightarrow{\text{NaOH}}$ 苯胺 (NH_2)

工業上的製造方法

硝基苯 (NO_2) $+ 3H_2 \xrightarrow{\text{(Ni)}}$ 苯胺 (NH_2) $+ 2H_2O$

【苯胺的性質】

1. 有弱鹼性，會溶於鹽酸中形成鹽類（苯胺鹽酸鹽），若再加入NaOH則會變回苯胺。

2. 在次氯酸鈣水溶液（$Ca(ClO)_2$水溶液）中會被氧化而呈現紫紅色。

3. 若將苯胺加至經硫酸酸化的二鉻酸鉀水溶液內，會生成不溶於水的黑色物質（苯胺黑）。苯胺黑可以製成染纖維用的黑色染料。

【苯胺的反應性】

1. 將苯胺與冰醋酸（純醋酸）混合加熱，或者將苯胺與醋酸酐反應後，會生成乙醯苯胺，如圖118－2所示。乙醯苯胺的—NH—CO—鍵稱為醯胺鍵，有醯胺鍵的化合物稱為醯胺。醯胺與酯類似，在酸、鹼環境下會水解，恢復成原來的羧酸與胺。

2. 苯胺可以製成苯胺黑染料；也可以如圖118－3、4所示，在重氮化→偶聯反應後，合成出重氮化合物，再做為染料使用。

圖 118-2 ● 乙醯苯胺的製造方法

使反應物多1個CH_3CO—基的反應，稱為乙醯化反應。

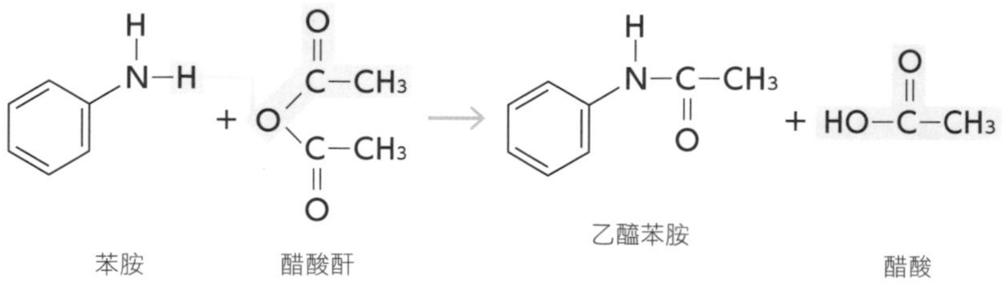

苯胺　　　醋酸酐　　　　　　乙醯苯胺　　　　　　醋酸

圖 118-3 ● **苯胺的重氮化**

在冰浴環境下，混合苯胺的稀鹽酸溶液與亞硝酸鈉水溶液，便可得到氯化重氮苯。像這種產物為擁有R—N$^+$≡N結構之重氮鹽的反應，便稱為重氮化反應。由於氯化重氮苯在高溫下會水解成氮氣與苯酚，故重氮化反應需在冰浴環境下進行。

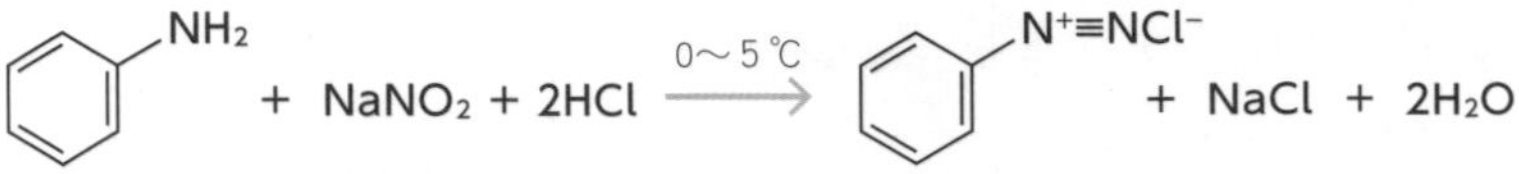

苯胺　　　　　　亞硝酸鈉　　　　　　　氯化重氮苯

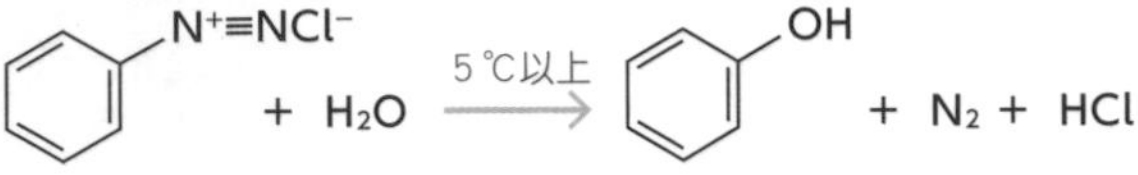

氯化重氮苯　　　　　　　　　　苯酚

圖 118-4 ● **偶聯反應**

將氯化重氮苯水溶液與苯酚鈉水溶液混合後，會生成橙紅色的對羥偶氮苯（這個反應屬於偶聯反應（coupling reaction），可以想成是在為2個含苯環的分子「配對（couple）」一樣）。像對羥偶氮苯這種分子內有偶氮基—N＝N—的化合物，稱為偶氮化合物。

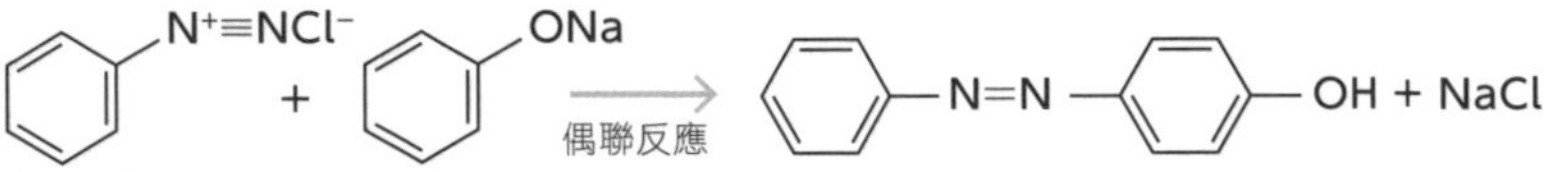

氯化重氮苯　　　　　苯酚鈉　　　偶聯反應　　　　　對羥偶氮苯

119

以羧酸為原料製成的
阿斯匹靈，在全世界
每年需消耗1500億錠

～ 芳香族羧酸的製造方法、性質及反應性 ～

　　芳香族中最簡單的羧酸是苯環直接連接上羧基後所形成的安息香酸。這種物質的名稱來源是稱為「安息香樹」的樹木，因它的莖幹受傷後流出的樹液中含有這種酸性物質，故命名為安息香酸。另一種常見的芳香族羧酸是水楊酸。水楊酸是水楊酸甲酯與乙醯水楊酸的原料，前者為酸痛貼布的成分（商品包括撒隆巴斯貼布、Salomethyl等），後者則用於解熱鎮痛劑的內服藥物（商品名稱為阿斯匹靈）。

【安息香酸】

　　甲苯氧化之後便可得到安息香酸（圖119－1）。過錳酸鉀是很強的氧化劑，會一口氣將甲苯氧化成安息香酸，如果改用二鉻酸鉀的話，則可以停在中間的苯甲醛。氧化反應時，苯環上的所有側鏈無論有多少

━━━━━ 圖 119-1 ━━━━━

KMnO₄可以一口氣將甲苯氧化成安息香酸。也可以用K₂Cr₂O₇做為氧化劑，反應會比較和緩，能停在苯甲醛不再繼續氧化。

CH₃	CHO	COOH	CH₂-CH₂-CH₃
			HC=CH₂

甲苯　→氧化→　苯甲醛　→氧化→　安息香酸

苯丙烷　苯乙烯

苯丙烷與苯乙烯也可以氧化成安息香酸。

個碳都會被氧化成羧酸，故除了甲苯之外的分子也可以被氧化成安息香酸。另外，鄰苯二甲酸、對苯二甲酸亦可由鄰二甲苯、對二甲苯的氧化後獲得（圖119－2）。鄰苯二甲酸製成鄰苯二甲酸酐後，可以做為樹脂與染料的原料，日本國內每年製造量為16萬噸；對苯二甲酸則是寶特瓶的原料，日本國內每年製造量為100萬噸。或許聽過鄰苯二甲酸與對苯二甲酸的人並不多，但其實它們的消耗量相當大。

圖 119-2 ● 鄰苯二甲酸、對苯二甲酸的製造方法

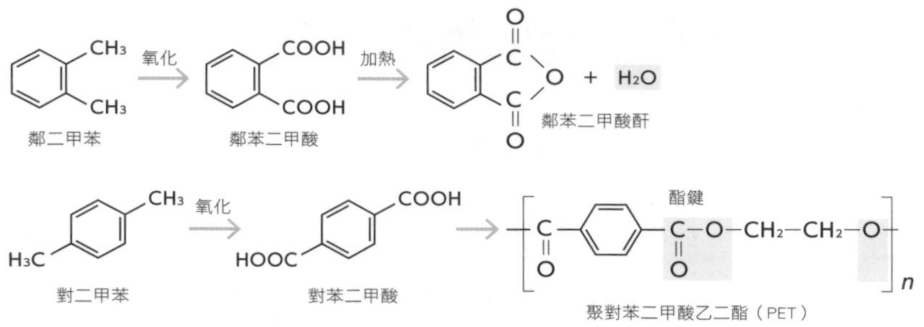

【水楊酸】

如圖119－3所示，苯酚鈉在高溫高壓下可與二氧化碳反應，生成水楊酸。有點像是強迫苯酚鈉和CO_2湊在一起的感覺。當然，我們也可以將鄰甲酚氧化後得到水楊酸，就像製造安息香酸一樣，不過，和鄰甲酚相比，苯酚顯得便宜很多，製造過程也簡單許多，故比較不會用鄰甲酚製造水楊酸。

由水楊酸製造而成的醫療藥品主要有2類，分別是乙醯水楊酸與水楊酸甲酯。如圖119－4所示，將水楊酸與醋酸酐反應之後，便可產生乙醯水楊酸。乙醯水楊酸可以用於解熱鎮痛劑。

如圖119－5所示，水楊酸與甲醇在少量濃硫酸的催化下，可以生成水楊酸甲酯。水楊酸甲酯可以用於消炎止痛藥（酸痛貼布藥）。

圖 119-3 ● 水楊酸的製造方法

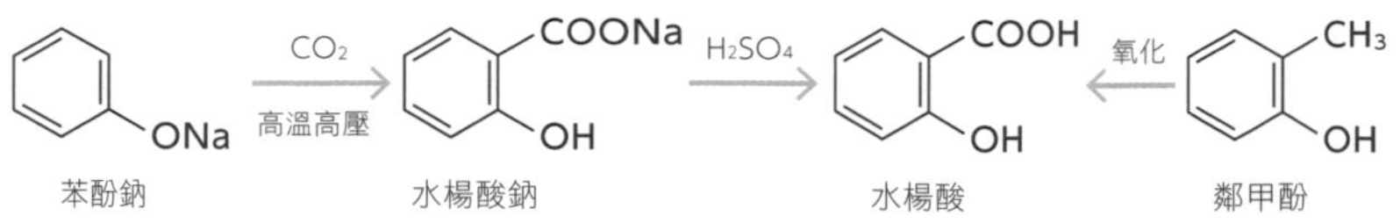

苯酚鈉　——CO₂／高溫高壓——→　水楊酸鈉　——H₂SO₄——→　水楊酸　←—氧化—　鄰甲酚

圖 119-4 ● 乙醯水楊酸的製造方法

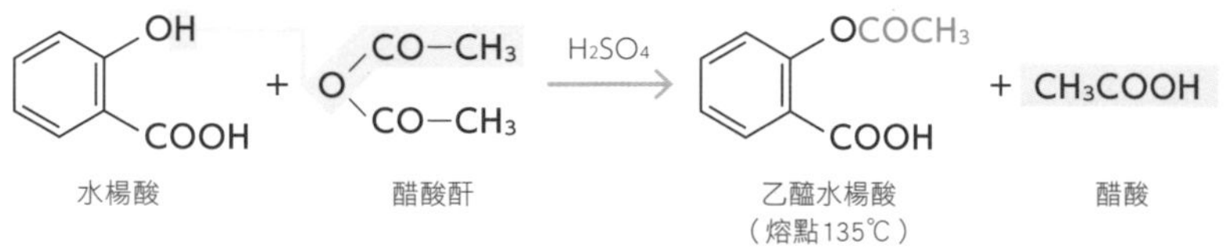

水楊酸　＋　醋酸酐　——H₂SO₄——→　乙醯水楊酸（熔點135℃）　＋　醋酸 CH₃COOH

以前水楊酸曾可做為解熱鎮痛劑使用。水楊酸（亦稱柳酸）這個名字來自拉丁語的「salix」，是「柳」的意思。自古以來，人們便曉得柳樹的萃取物可以用於解熱、止痛，日本也有著「牙齒痛的話就用楊柳枝止痛」的說法。不過，水楊酸有胃痛的副作用，故現在會將水楊酸的羥基乙醯化，生成乙醯水楊酸再做藥用。

圖 119-5 ● 水楊酸甲酯的製造方法

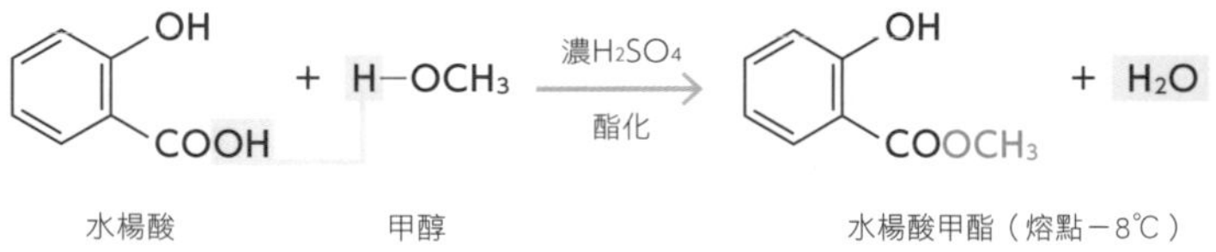

水楊酸　＋　甲醇 H—OCH₃　——濃H₂SO₄／酯化——→　水楊酸甲酯（熔點－8℃）　＋　H₂O

水楊酸和乙醯水楊酸在室溫下皆為固態，但因為水楊酸甲酯的羧基被甲基化了，故熔點會下降，在室溫下為油狀液體。

混在一起的芳香族有機化合物該如何分離？

～ 芳香族化合物的分離 ～

若乙醚中同時溶有硝基苯與苯胺的話，要怎麼做才能將兩者分開呢？正確答案是，「將乙醚溶液與鹽酸倒入分液漏斗內搖動，使其均勻混合」。為什麼加入鹽酸之後，就可以將混合物分成硝基苯與苯胺呢？讓我們邊說明分液漏斗的原理，邊回答這個問題吧。

請參考圖120－1。將鹽酸以及同時溶有硝基苯與苯胺的乙醚溶液加入分液漏斗這個玻璃器材內，然後像圖中般充分搖晃漏斗，此時中性的硝基苯會持續溶解在乙醚內，但鹼性的苯胺卻會與鹽酸反應生成鹽類離開乙醚，溶解於鹽酸內。這就是分開兩者的方法。

那麼，當乙醚內同時溶有安息香酸與苯酚的話，又該如何將它們分開呢？

安息香酸與苯酚皆為酸性，要僅讓兩者之一溶於水中，就得再下點工夫了。正確答案是「使用碳酸氫鈉水溶液」。安息香酸與苯酚同屬弱酸，pH值卻有很大的差異。安息香酸的酸性與醋酸接近，約為pH＝3左右；苯酚雖然也是酸性，但其水溶液只有pH＝6左右，是非常弱的弱酸（與其說是弱酸，不如說是微酸）。苯酚會與NaOH等強鹼反應，生成鹽類苯酚鈉，卻不會與NaHCO$_3$等弱鹼反應；另一方面，安息香酸可以和NaHCO$_3$反應，生成鹽類安息香酸鈉（圖120－2），故可以藉由這種性質來分離安息香酸與苯酚。

最後讓我們來看看，如果乙醚內溶有硝基苯、苯胺、安息香酸、

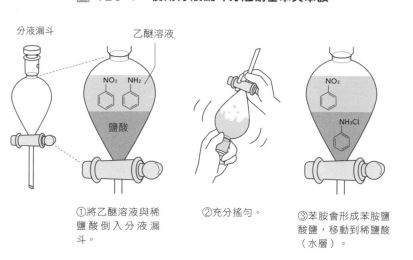

圖 120-1 ● **使用分液漏斗分離硝基苯與苯胺**

分液漏斗

乙醚溶液

NO₂ NH₂

鹽酸

①將乙醚溶液與稀鹽酸倒入分液漏斗。

②充分搖勻。

NO₂

NH₃Cl

③苯胺會形成苯胺鹽酸鹽，移動到稀鹽酸（水層）。

圖 120-2 ● **苯酚及安息香酸與鹼的反應性**

將溶有安息香酸及苯酚的乙醚溶液倒入分液漏斗內，加入NaHCO₃水溶液並充分搖晃。此時，只有安息香酸會形成安息香酸鈉鹽，移動到NaHCO₃水溶液（水層）中。苯酚不會產生反應，故會留在乙醚內。

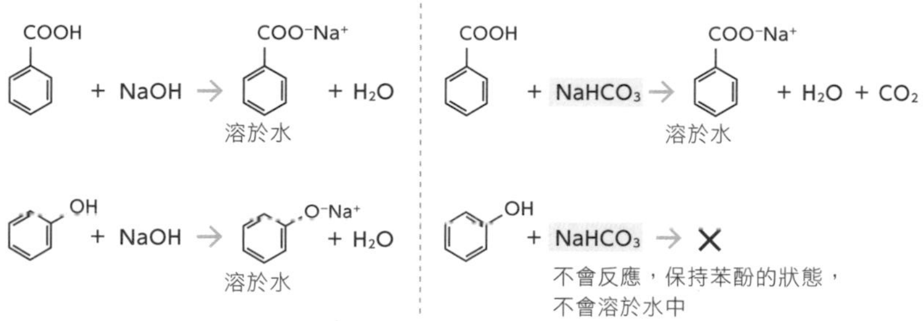

COOH ⬡ + NaOH → COO⁻Na⁺ ⬡ + H₂O
溶於水

COOH ⬡ + NaHCO₃ → COO⁻Na⁺ ⬡ + H₂O + CO₂
溶於水

OH ⬡ + NaOH → O⁻Na⁺ ⬡ + H₂O
溶於水

OH ⬡ + NaHCO₃ → ✗
不會反應，保持苯酚的狀態，不會溶於水中

苯酚等4種芳香族化合物的話，該用什麼方法分離這些化合物吧（圖120－3）。

圖 120-3 ● 分離 4 種芳香族有機化合物的方法

以下介紹如何分離溶於乙醚內的硝基苯、苯胺、安息香酸、苯酚。

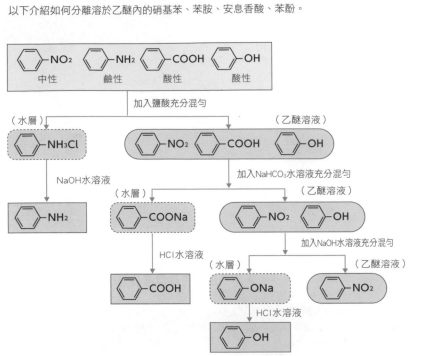

混在一起的芳香族有機化合物該如何分離？

338

第15章

天然高分子化合物

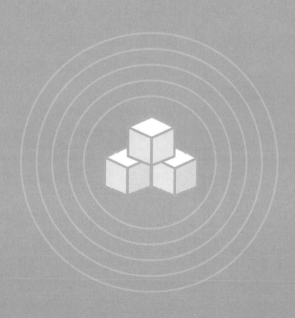

由無數個原子連接在一起的化合物

～ 什麼是高分子化合物 ～

高分子化合物指的是「分子量比較大的化合物」，多指分子量10000以上的化合物。僅由碳與氫組成的單純有機化合物包括甲烷、乙烷、丙烷……等，如果分子量要超過10000，則碳原子的數量要715個以上才行。也就是說，高分子化合物是由多到數不清的原子所組成的化合物。

【高分子化合物的分類】

高分子化合物可分為2種，一種是蛋白質、澱粉等可以在自然界中找到的**天然高分子化合物**，另一種是聚乙烯、尼龍等人工合成的**合成高分子化合物**。另外，還可以依照合成反應的種類分成**加成聚合**而成的高分子化合物，以及**縮合聚合**而成的高分子化合物（表121-1）。

表 121-1 ● 有機高分子化合物

	天然高分子化合物	合成高分子化合物
加成聚合	天然橡膠	聚乙烯、聚氯乙烯、合成橡膠
縮合聚合	多醣類、蛋白質、纖維素、DNA	聚對苯二甲酸乙二酯、尼龍

【高分子化合物的2種形成方式】

　　高分子化合物也稱為聚合物（polymer），聚合物由小分子化合物——單體（monomer）聚合而成。「聚合」指的是「反覆進行同一種化學反應，將小分子串成大分子」的意思。有機高分子化合物皆是由單體聚集而成的有機化合物。

　　聚合的方式有2種，一種是**有雙鍵的化合物反覆進行加成反應，稱為加成聚合**（圖121−1）；另一種則是**反覆進行縮合反應（2種官能基反應生成較小的分子**，例如：—COOH與—OH反應，脫去水分子後形成酯鍵），稱為縮合聚合（圖121−2）。擁有雙鍵的分子會進行加成聚合（不脫去任何東西），如果反應中有脫去什麼東西的話，那就是縮合聚合，這樣記就可以了。

圖 121-1 ● **加成聚合的反應機制**

開始！　Y-Y（Y ： Y）→ Y・　＋　・Y

① Y・—$\overset{X}{\underset{X}{C}}$>C=C<$^X_X$　^X_X>C=C<^X_X　^X_X>C=C<^X_X　^X_X>C=C<^X_X

② Y—$\underset{X}{\overset{X}{C}}$—$\underset{X}{\overset{X}{C}}$・↗$^X_X$>C=C<$^X_X$　^X_X>C=C<^X_X　^X_X>C=C<^X_X

③ Y—$\underset{X}{\overset{X}{C}}$—$\underset{X}{\overset{X}{C}}$—$\underset{X}{\overset{X}{C}}$—$\underset{X}{\overset{X}{C}}$・↗$^X_X$>C=C<$^X_X$　^X_X>C=C<^X_X

④ Y—$\underset{X}{\overset{X}{C}}$—$\underset{X}{\overset{X}{C}}$—$\underset{X}{\overset{X}{C}}$—$\underset{X}{\overset{X}{C}}$—$\underset{X}{\overset{X}{C}}$—$\underset{X}{\overset{X}{C}}$・↗$^X_X$>C=C<$^X_X$

⑤ $\left[-\underset{X}{\overset{X}{C}}-\underset{X}{\overset{X}{C}}-\right]_n$

加成聚合開始前，以共價鍵相連的分子Y—Y，會從正中間斷開，形成Y・和・Y。Y・有1個不成對電子，處於相當不穩定的狀態，又稱為自由基（自由基的英語寫做radical，為「過度激烈」的意思）。不穩定的自由基為了要穩定下來，會撞上周圍有雙鍵的分子（①）。被撞到的分子會斷開雙鍵中的1個鍵，使該分子成為擁有不成對電子的自由基（②）。接著這個自由基會再撞向周圍有雙鍵的分子……形成連鎖反應（③～④），最後形成由n個分子相連而成的高分子化合物（⑤）。這裡的n就稱為聚合度。

圖 121-2 ● **縮合聚合的反應機制**

$$CH_3COOH + HOC_2H_5 \longrightarrow CH_3COOC_2H_5 + H_2O$$

醋酸　　　　乙醇　　　　　　　　乙酸乙酯

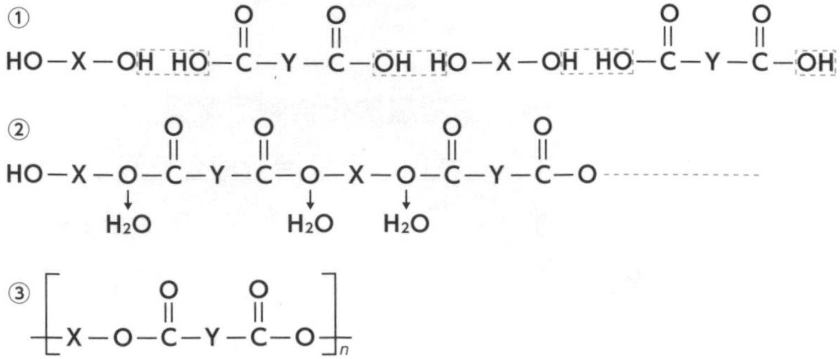

①
$$HO-X-OH \quad HO-\overset{\overset{\displaystyle O}{\|}}{C}-Y-\overset{\overset{\displaystyle O}{\|}}{C}-OH \quad HO-X-OH \quad HO-\overset{\overset{\displaystyle O}{\|}}{C}-Y-\overset{\overset{\displaystyle O}{\|}}{C}-OH$$

②
$$HO-X-O-\overset{\overset{\displaystyle O}{\|}}{C}-Y-\overset{\overset{\displaystyle O}{\|}}{C}-O-X-O-\overset{\overset{\displaystyle O}{\|}}{C}-Y-\overset{\overset{\displaystyle O}{\|}}{C}-O-\cdots$$

$$\downarrow \qquad\qquad \downarrow \qquad\qquad \downarrow$$
$$H_2O \qquad\quad H_2O \qquad\quad H_2O$$

③
$$\left[-X-O-\overset{\overset{\displaystyle O}{\|}}{C}-Y-\overset{\overset{\displaystyle O}{\|}}{C}-O- \right]_n$$

縮合反應時會脫去1個較小的分子，譬如當醇的—OH和羧酸的—COOH反應時，會脫去水分子形成酯鍵。要是有某種分子擁有2個—OH，另一種分子則擁有2個—COOH，那麼這2種分子便可反覆進行縮合反應（①～②），這種反應形式就稱為縮合聚合。縮合聚合形成的高分子化合物可以寫成③的形式。本例為—OH與—COOH的縮合聚合反應，事實上，2個—OH之間，或者是—OH和—NH₂之間也會產生縮合聚合反應。

【 高分子化合物的特徵 】

1. 聚合度n可用以表示1個高分子由多少個單體聚合而成。不過**每個高分子的n都不一樣，分子量也不一樣，故會以平均分子量來描述高分子的分子量。**

2. 低分子化合物的固體全為結晶結構，有固定的熔點，不過高分子化合物卻混雜了結晶部分與非結晶部分，**加熱時不會顯示出明確的熔點，而是會緩慢軟化**（開始軟化的溫度稱為軟化點）。玻璃之所以在加熱後會變軟，易於加工，也是因為它是無機高分子化合物。至於低分子化合物，就只能是液態或固態的其中一種。

都叫做糖，
卻可分成許多不同的種類

～單醣～

　　有人說「碳水化合物是減肥的敵人」，然而碳水化合物——即醣類，也是生物生存時必要的能量來源。單醣與雙醣皆不是高分子化合物，但因為它們是多醣的組成單元，故以下將依序介紹這些醣類。

　　如表122－1所示，葡萄糖、果糖、半乳糖的分子皆為$C_6H_{12}O_6$，不過其結構式各不相同，如圖122－1所示。這些分子都有6個碳，為方便說明其結構，我們會將最靠近C＝O末端的碳原子編為1號碳，其他碳原子則依序為2號、3號……、6號。試比較3種單醣的結構。

　　葡萄糖與果糖，以及半乳糖與果糖彼此互為結構異構物；葡萄糖和半乳糖的4號碳與OH及H的鍵結剛好相反，其他鍵結則完全相同，故兩

―――――――― 表 122-1 ● 代表性的醣類 ――――――――

醣類可分為單醣、由2個單醣分子聚合而成的雙醣，以及由大量單醣聚合而成的多醣。

分類	名稱	分子式	組成單醣
單醣	葡萄糖（glucose） 果糖（fructose） 半乳糖（galactose）	$C_6H_{12}O_6$	
雙醣	麥芽糖（maltose） 蔗糖（sucrose） 乳糖（lactose）	$C_{12}H_{22}O_{11}$	α-葡萄糖＋葡萄糖 α-葡萄糖＋果糖 α-葡萄糖＋半乳糖
多醣	澱粉 纖維素 肝糖	$(C_6H_{10}O_5)n$	α-葡萄糖 β-葡萄糖 α-葡萄糖

者互為鏡像異構物。

　　圖122－1中的單醣結構式以直鏈狀表示，不過葡萄糖形成結晶時，會呈現α型環狀結構，如圖122－2所示。而當葡萄糖溶於水時，可以從α型環狀結構轉變成鏈狀結構，再轉變成β型環狀結構，這是可逆的變化，最後這些構型會以固定比例存在於水溶液中，達成平衡狀態。

　　果糖與其他單醣一樣，溶於水中時各種構型會達成複雜的平衡狀態（圖122－3）。

　　40℃的水溶液中，β－果呋喃糖約占31%，但若水溶液的溫度持續下降，β－果呋喃糖的比例會逐漸增加，在0℃左右可達到70%。事實上，在各種果糖的結構異構物中，這種結構是人類覺得最甜的果糖結構。西瓜和哈密瓜冰過後吃起來更甜，就是因為甜度較高的β－果呋喃糖比例增加的關係。

　　比較環狀結構的α－葡萄糖和α－半乳糖，可發現兩者結構只差在4號碳所連接的—OH方向不同而已（圖122－4）。

圖 122-1 ● 3 種單醣結構式

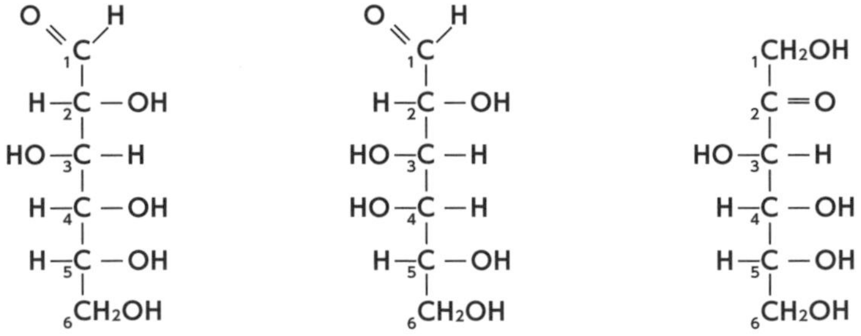

葡萄糖

是人類能量來源之一。健康檢查中測血糖時，測的就是血液中的葡萄糖濃度。

半乳糖

除了可攝取自乳製品，體內也可自行製造。在嬰兒的成長階段，特別是大腦發育時期，半乳糖是必要營養素，故在英語也稱為brain sugar，這也是為什麼日語稱其為腦糖。

果糖

果實內的甜味成分，是存在於自然界的醣類中最甜的醣類。

都叫做糖，卻可分成許多不同的種類

如果我們把比較的範圍放大到3號碳～5號碳，就會發現葡萄糖的—OH與—CH₂OH原子團是上下交互排列，而半乳糖的這些原子團則皆朝上。與—H相比，—OH與—CH₂OH大了許多，若全部朝向同一個方向

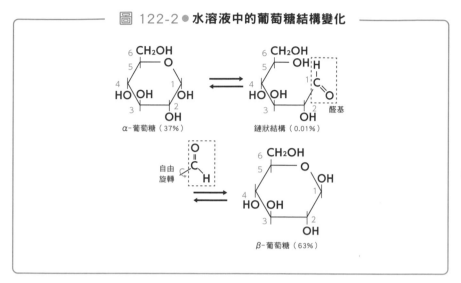

圖 122-2 ● **水溶液中的葡萄糖結構變化**

α-葡萄糖（37%）　鏈狀結構（0.01%）　醛基

自由旋轉

β-葡萄糖（63%）

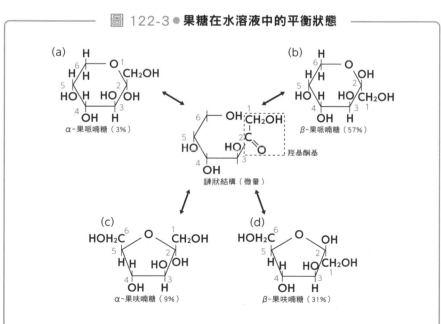

圖 122-3 ● **果糖在水溶液中的平衡狀態**

(a) α-果哌喃糖（3%）　(b) β-果哌喃糖（57%）

鏈狀結構（微量）　羥基酮基

(c) α-果呋喃糖（9%）　(d) β-果呋喃糖（31%）

的話，在立體結構上會顯得很擁擠而互相妨礙，是相對不穩定的結構，故我們可以說「與葡萄糖相比，半乳糖的立體障礙比較大」。自然界中，葡萄糖的分布範圍之所以會比半乳糖還要廣，就是因為葡萄糖的立體障礙比較小，可以穩定存在。

　　鏈狀結構下的單醣分子內含有易氧化的醛基（果糖、半乳糖）或羥基酮—COCH$_2$OH（果糖）等官能基，故**擁有還原性，在斐林試劑反應與銀鏡反應中會呈現陽性。**

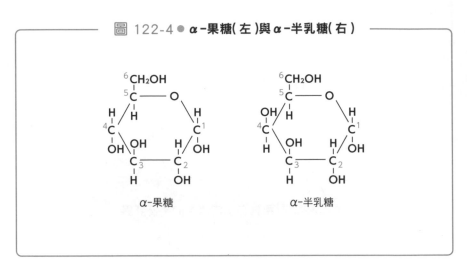

圖 122-4 ● α-果糖（左）與 α-半乳糖（右）

α-果糖　　　　　　　α-半乳糖

用於料理的白砂糖屬於雙醣

～ 雙醣 ～

　　雙醣為2個單醣分子縮合脫去1個水分子後所形成的分子。前一節談到了葡萄糖、果糖、半乳糖等3種單醣,從這3種單醣中選出2種單醣分子組成雙醣時,共可選出3×2=6種,而每個單醣分子各有5個—OH可以行縮合反應,故由這3種單醣所組成的雙醣應有150種才對。但實際上自然界存在的雙醣種類相當有限,包括超有名的麥芽糖、蔗糖,有名的乳糖等,再來只要知道海藻糖、纖維二糖就夠了。

【麥芽糖與纖維二糖】

　　麥芽糖與纖維二糖皆為由2個葡萄糖縮合而成的雙醣,如圖123－1所示。

　　葡萄糖有很多個—OH,不過會用來進行縮合反應的只有1號碳和4號碳上的—OH。其中,1號碳上的—OH在α－葡萄糖中朝下,在β－葡萄糖中則是朝上,故在α構型下縮合而成的雙醣,也會與β構型下縮合而成的雙醣有不同的結構。麥芽糖的鍵結方式叫做α－1,4糖苷鍵,纖維二糖的鍵結方式則稱為β－1,4糖苷鍵,數字表示碳原子的編號。

【蔗糖】

　　蔗糖是α－葡萄糖的1號碳與果糖的2號碳以氧原子連結而成的雙醣分子。紅甘蔗的莖與甜菜根中含有大量蔗糖分子。我們平常吃的白砂糖,其主成分就是蔗糖。

因為葡萄糖和果糖是用擁有還原性的部分縮合脫水形成蔗糖,故蔗

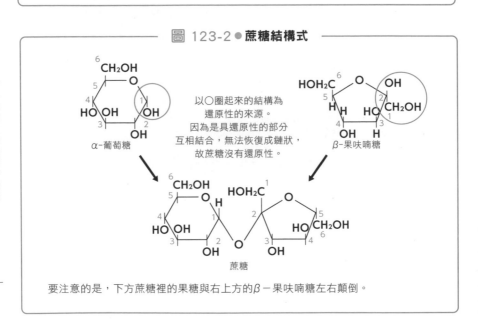

圖 123-1 ● 麥芽糖（左）與纖維二糖（右）的結構式

CH₂OH

CH₂OH

1

4

HO OH

OH

OH

OH

OH

α-葡萄糖　　　　　　葡萄糖

麥芽糖

CH₂OH

CH₂OH

4

OH

OH

1

OH

OH

HO

OH

β-葡萄糖　　　　　葡萄糖

纖維二糖

這2種雙醣中，左側葡萄糖的結構雖然被固定成α構型或β構型，但右側的葡萄糖可以恢復成鏈狀結構，如前節圖122－2所示，故擁有還原性。

圖 123-2 ● 蔗糖結構式

以○圈起來的結構為
還原性的來源。
因為是具還原性的部分
互相結合，無法恢復成鏈狀，
故蔗糖沒有還原性。

α-葡萄糖　　　　　　　　　β-果呋喃糖

蔗糖

要注意的是，下方蔗糖裡的果糖與右上方的β－果呋喃糖左右顛倒。

糖沒有還原性。蔗糖酶這種酵素可以將蔗糖分解成葡萄糖與果糖（轉化糖漿），恢復其還原性。

【乳糖與海藻糖】

　　乳糖如其名所示，大量存在於牛乳與母乳中。要是體內沒有足夠的酵素可以分解乳糖的人，喝完牛乳後就會腹瀉，故市面上也有販售已經

用於料理的白砂糖屬於雙醣

預先分解掉乳糖的牛乳。

　　海藻糖是2個α－葡萄糖以α－1,1糖苷鍵結合而成的雙醣。因為是用可以表現出還原性的部分形成糖苷鍵，故海藻糖沒有還原性。由於海藻糖擁有很高的保濕能力，故常用於麻糬、糯米糰等食品或化妝品。

圖123-3●乳糖（上）與海藻糖（下）的結構式

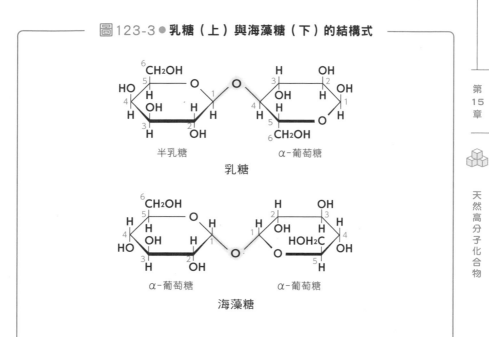

半乳糖　　　　　　α-葡萄糖

乳糖

α-葡萄糖　　　　　α-葡萄糖

海藻糖

不管是澱粉或膳食纖維，分解後都是葡萄糖

～ 多醣 ～

　　本節要介紹的是由多個單醣分子縮合聚合而成的多醣類——澱粉、纖維素及肝糖。這些多醣都是由葡萄糖連接而成，但連接的方式各有不同。多醣類難溶於水，不會有甜味。沒有還原性也是多醣類的一大特徵。

【澱粉與纖維素】

　　澱粉是葡萄糖以 $\alpha-1,4$ 糖苷鍵結合而成的多醣，纖維素則是葡萄醣以 $\beta-1,4$ 糖苷鍵結合而成的多醣。包括人類在內的各種哺乳類皆無法分解 $\beta-1,4$ 糖苷鍵，故無法將纖維素做為營養來源。因此就算吃下纖維素，也無法消化而直接排出，不過纖維素可以刺激消化道的管壁，使消化道的內容物可以在腸內順暢移動，並促進消化液分泌，使腸道保持乾淨暢通。

　　我們平常說的「膳食纖維」，指的就是纖維素。不過，哺乳類中的草食動物（譬如牛）的胃內有可分解纖維素的共生細菌，故能以纖維素做為營養來源（圖124－1）。

【直鏈澱粉與支鏈澱粉】

　　澱粉可分為**直鏈澱粉**與**支鏈澱粉**2種（圖124－2）。直鏈澱粉是僅由 $\alpha-1,4$ 糖苷鍵結合而成的直鏈狀結構，可溶於熱水，與碘結合後會呈現藍紫色。

　　支鏈澱粉除了 $\alpha-1,4$ 糖苷鍵之外，亦可形成以氧原子連接6號碳及

圖 124-1 ● 澱粉與纖維素

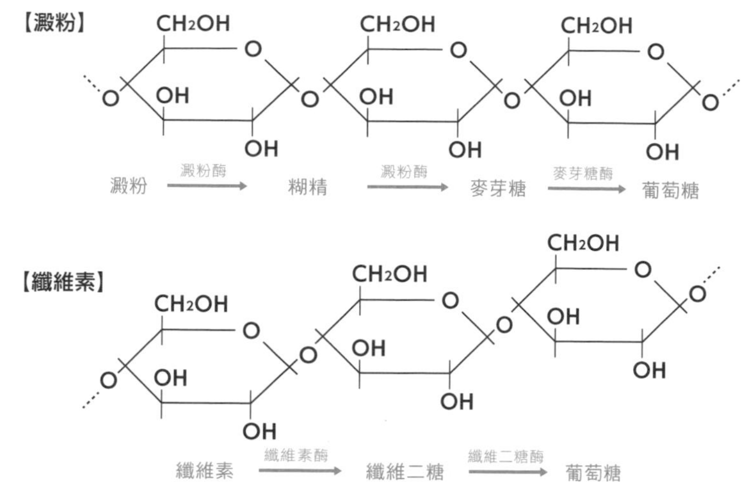

1號碳的 α－1,6糖苷鍵，分出支鏈結構。支鏈澱粉無法溶於熱水，與碘結合後會呈現紫紅色。

糯米的黏性之所以會比一般的米（粳米）還要強，就是因為糯米由100％的支鏈澱粉組成，而粳米則是由25％的直鏈澱粉與75％的支鏈澱粉組成。

【支鏈澱粉與肝糖】

動物會將多出來的葡萄糖重新連接成**肝糖**這種結構類似支鏈澱粉的多醣，貯藏在肌肉與肝臟內。肝糖的結構與支鏈澱粉類似，但分支更多，每個分支更短，分子量遠比支鏈澱粉還要大（圖124－3）。因為動物身體的體積有限，故會盡可能用高密度的化合物貯藏能量，以縮小體積，或許這就是肝糖形成這種結構的原因（植物的話，只要讓果實長得更大就可以了，故不需要用高密度的化合物來貯藏能量）。當血液中葡萄糖濃度下降時，肝糖會分解成葡萄糖；上升時，葡萄糖會合成為肝糖貯藏起來。人在飢餓狀態下也不會會馬上死掉，就是因為體內有肝糖。

圖 124-2 ● 直鏈澱粉與支鏈澱粉

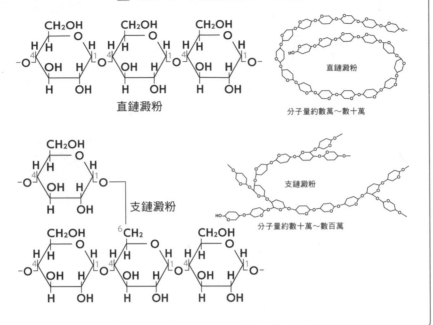

直鏈澱粉

直鏈澱粉
分子量約數萬～數十萬

支鏈澱粉

支鏈澱粉
分子量約數十萬～數百萬

圖 124-3 ● 支鏈澱粉與肝糖的差異

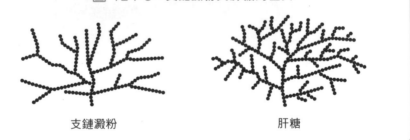

支鏈澱粉　　　　　　　　肝糖

125

我們的身體由20種的
胺基酸組成

～ 胺基酸 ～

胺基酸指的是分子內含有胺基（—NH₂）與羧基（—COOH）這2種官能基的化合物。其中，當這2個官能基接在同一個碳原子上的時候，便稱為α－胺基酸。

所有蛋白質皆是由圖125－1中所列出的20種α－胺基酸構成，這20種胺基酸的側鏈R各不相同（其中，脯胺酸是較特殊的環狀結構）。**這些胺基酸中，除了甘胺酸以外，中心的碳原子皆與4個不同的官能基相連，故皆屬於鏡像異構物。**不過，自然界中的胺基酸皆屬於L型鏡像異構物，至於D型鏡像異構物不僅無法做為蛋白質的材料，也幾乎不存在於自然界中。鏡像異構物在物理、化學上的性質皆相同，但生理作用不同，故生物能夠區分出物質屬於哪種鏡像異構物。

【雙性離子與電泳】

胺基酸含有帶鹼性的胺基—NH₂，以及帶酸性的羧基—COOH，同時具有酸與鹼兩者的性質。在酸性溶液中時，由於周圍有大量的H⁺，故胺基酸會以陽離子的狀態存在（圖125－2（A））；而在鹼性溶液中時，由於周圍有大量的OH⁻，故胺基酸會以陰離子的狀態存在（圖125－2（C））。而介於（A）與（C）之間的狀態，也就是説，**若溶液中胺基酸的整體電荷為0時，溶液的pH值稱為該胺基酸的等電點，此時的胺基酸同時具有陽離子與陰離子的性質，稱為雙性離子**（圖125－2（B））。不同的胺基酸，形成雙性離子的等電點pH亦不相同。等電點

親水性（極性）

OH

絲胺酸 Ser

H₂N—C═O

H₂N—C═O

H | CH₂
甘胺酸 酪胺酸
Gly Tyr

H₃C—CH | OH
蘇胺酸 Thr

SH | CH₂
半胱胺酸 Cys

CH₂
天門冬醯胺酸 Asn

CH₂
麩胺醯胺酸 Gln

鹼性

NH₂ | CH₂ | CH₂ | CH₂ | CH₂
離胺酸 Lys

H₂N—C═NH | NH | CH₂ | CH₂ | CH₂
精胺酸 Arg

H | N═C | HC—C—NH | CH₂
組胺酸 His

酸性

HO—C═O | CH₂
天門冬胺酸 Asp

HO—C═O | CH₂ | CH₂
麩胺酸 Glu

疏水性（非極性）

CH₂
苯丙胺酸 Phe

HN | CH₂
色胺酸 Trp

CH₃ | S | CH₂ | CH₂
甲硫胺酸 Met

胺基酸的基本結構式

R 側鏈
H₂N—C—COOH
胺基   羧基
| H

H₂C—C—CH₂ | N | H—C—COOH
脯胺酸 Pro

CH₃ | H₃C—CH
丙胺酸 Ala
纈胺酸 Val

H₃C—CH—CH₃ | CH₂
白胺酸 Leu

CH₃ | CH₂ | HC—CH₃
異白胺酸 Ile

α－胺基酸結構中的R鏈部分共有20種。這20種胺基酸可以分為易溶於水的親水性胺基酸及難溶於水的疏水性胺基酸；親水性胺基酸可以再分成中性胺基酸、酸性胺基酸、鹼性胺基酸。

◎生物可以區分出不同的鏡像異構物！

證據1： 當我們嚐到L－麩胺酸的Na鹽——L－麩胺酸鈉時，可以感覺到鮮味，故L－麩胺酸鈉廣泛用於各種調味料。不過，嚐到D－麩胺酸鈉時，不僅感覺不到鮮味，甚至還會覺得有點苦。這是因為舌頭上的味覺受器細胞表面可以和L－麩胺酸鈉結合，卻無法與D－麩胺酸鈉結合。

證據2： 葡萄糖與半乳糖互為鏡像異構物，不過人類卻會覺得葡萄糖嚐起來比較甜。

我們的身體由20種的胺基酸組成

為酸性的胺基酸（天門冬醯胺酸：等電點pH2.8、麩胺醯胺酸3.2）稱為酸性胺基酸，等電點為鹼性的胺基酸（離胺酸9.8、精胺酸10.8、組胺酸7.6）稱為鹼性胺基酸。等電點是辨別胺基酸的重要依據，我們可以藉由等電點的差異分離出不同種類的胺基酸（圖125-3）。

圖 125-2 ● **不同pH值的胺基酸結構變化**

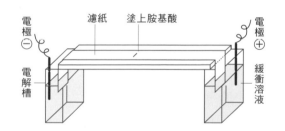

（A）陽離子　　　　（B）雙性離子　　　　（C）陰離子

圖 125-3 ● **電泳裝置與寧希德林**

寧希德林

我們可以藉由不同胺基酸間的等電點差異，分離不同種類的胺基酸。舉例來說，將同時溶有天門冬胺酸與離胺酸的水溶液pH值調整至2.8，此時天門冬胺酸為雙性離子，離胺酸則是陽離子。若在水溶液的兩端插入電極施加電壓，天門冬胺酸不會移動，離胺酸卻會往陰極移動。胺基酸為無色物質，要怎麼知道它有沒有移動呢？只要將電泳後的濾紙風乾後，噴上寧希德林水溶液，便可使胺基酸呈現出紫色。這又稱為寧希德林反應，常用來檢測胺基酸與蛋白質。

天然高分子化合物

三大營養素之一是蛋白質

～ 蛋白質 ～

　　一個胺基酸的—COOH與另一個胺基酸的—NH_2脫水縮合而成的鍵結稱為肽鍵，擁有肽鍵的物質則稱為肽。由2個胺基酸分子縮合而成的肽稱為雙肽（圖126-1），由3個胺基酸分子縮合而成的肽稱為三肽，由多個胺基酸縮合而成的肽則稱為多肽，與生命現象有緊密關聯的多肽，則特別稱為蛋白質。

　　讓我們以過氧化氫酶這種分解體內活性氧的酵素為例，說明什麼是蛋白質吧。過氧化氫酶是種由4個小單元組成的蛋白質，每個小單元分別含有約500個胺基酸，從—NH_2端起為Arg—Asp—Pro——。像這種**表示胺基酸連接順序的胺基酸序列，稱為一級結構。**

　　過氧化氫酶在細胞內行使功能時，需組裝成特定的立體結構，如圖126-2所示。仔細觀察這個圖形，可以看到某些部分被畫成螺旋，某些部分被畫成箭頭。肽鍵中的—N—H與另一個肽鍵的—C＝O之間會形成氫鍵，使肽鏈形成螺旋結構（稱為α螺旋，在圖中以螺旋表示）或波浪般的摺板結構（稱為β摺板，在圖中以箭頭表示）（圖126-3）。**α螺旋與β摺板皆為蛋白質的二級結構。**

　　另外，蛋白質中各胺基酸之間可以藉由側鏈的官能基（—COOH、—NH_2、—SH、—OH）形成氫鍵，而2個半胱胺酸也可藉由側鏈（—SH）形成雙硫鍵（—S—S—），使其折疊成三維形狀，稱為**蛋白質的三級結構。**接著，過氧化氫酶會由4個同樣的肽鏈單元結合成

1個蛋白質。這個複合體稱為**蛋白質的四級結構**。

　　數學上的一維形狀是點與線、二維形狀是面、三維形狀是立體圖形，可分別對應到蛋白質的各級結構（不過四級結構就比較難說明了……）。

圖 126-1 ● **2個胺基酸分子以肽鍵結合成雙肽**

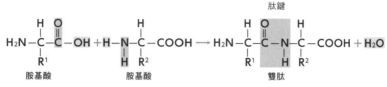

習慣上，會將肽鏈的H₂N一寫在左側，一COOH寫在右側。舉例來說，由甘胺酸與丙胺酸結合而成的雙肽共有2種，可分別用它們的簡稱寫成Gly－Ala和Ala－Gly。而由甘胺酸、丙胺酸、離胺酸結合而成的三肽則有3×2×1＝6種。

圖 126-2

人類的過氧化氫酶結構

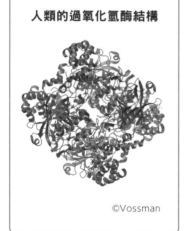

©Vossman

圖 126-3 ● **α螺旋(右)與β摺板(左)的結構**

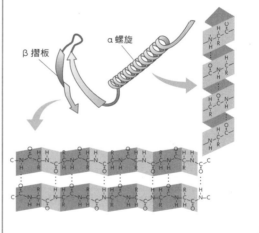

【蛋白質的分類】

請看表126－1。蛋白質可以分為僅由胺基酸構成的**簡單蛋白質**，以及除了胺基酸還包含醣類、色素、磷酸、金屬離子的**複合蛋白質**。過氧化氫酶除了胺基酸之外，還含有Fe^{2+}與紫質這種有機化合物，故屬於複合蛋白質。而簡單蛋白質還可以依照形狀分成**球狀蛋白質**與**纖維狀蛋白質**。

表 126-1 ● **蛋白質的分類**

分類、名稱			特徵、分布
簡單蛋白質	**球狀蛋白質** 親水基位於外側，疏水基位於內側，故易溶於水，多與生命活動有關。	白蛋白	存在於蛋白及血清內。白蛋白易溶於水，球蛋白則難溶於水。人類的白蛋白主要由肝臟製造，體內白蛋白含量減少時，可能表示肝臟出了狀況，或者是白蛋白自腎臟或腸道漏出。
		球蛋白	
	纖維狀蛋白質 難溶於水，常用於建構動物的身體。	角蛋白	纖維狀蛋白質基本上不溶於水（膠原蛋白在高溫煮過後可溶於水，成為明膠）。角蛋白存在於毛髮、指甲、動物角等，有保護動物身體的功能。膠原蛋白主要存在於軟骨、肌腱、皮膚等，有著連接動物各組織的功能。絲蛋白則存在於蠶絲與蜘蛛絲內。
		膠原蛋白	
		絲蛋白	
複合蛋白質	醣蛋白		人類的紅血球細胞膜上，存在著末端與醣類相連的複合蛋白質，我們便是藉由這種醣類的種類來決定個體的ABO血型。
	磷蛋白		牛乳含有的乳蛋白中約有80%是酪蛋白，即是磷蛋白的代表性例子。酪蛋白含有很多絲胺酸，可以和磷酸鍵結。
	色素蛋白		珠蛋白與名為血基質的紅色色素可結合成血紅素這種複合蛋白質。許多動物的血液之所以會呈現紅色，就是因為含有血紅素。
	脂蛋白		一般會說健康檢查時的LDL、HDL是體內膽固醇含量。不過嚴格來說，這2個數值指的應該是由膽固醇與蛋白質組合而成的複合蛋白質。

【蛋白質的變性】

請試著想像荷包蛋的樣子。原本透明的蛋白在加熱後會變得不透明，且無法恢復成原本的透明樣子。這就是蛋白質的變性。**變性過程會破壞蛋白質的二級結構和三級結構（一級結構通常無法被破壞），使蛋白質失去原有功能。除了熱之外，強酸、強鹼、有機溶劑、重金屬離子等也會使蛋白質變性。**乙醇消毒時，就是用乙醇使細菌內的蛋白質變性。

【蛋白質呈色反應】

◎雙縮脲試劑反應

在蛋白質水溶液中加入適量NaOH水溶液使其呈鹼性，再與$CuSO_4$水溶液混合之後，溶液會呈現紫色。呈色需要2個肽鍵，故只有三肽以上的肽能夠呈色，胺基酸與雙肽無法呈色。與只有胺基酸便能呈色的寧希德林反應並不相同。

◎薑黃反應

當蛋白質內含有芳香族胺基酸（酪胺酸、苯丙胺酸、色胺酸）時，將其水溶液與濃硝酸混合加熱後會呈現黃色，再與鹼性物質反應後會呈現橙色。這個反應就是芳香族胺基酸上的苯環被硝基化後的結果。

◎硫化鉛反應

當蛋白質內有含硫胺基酸（半胱胺酸、甲硫胺酸）時，將其水溶液與濃NaOH水溶液混合加熱，再加入醋酸鉛（Ⅱ）水溶液後，會產生PbS黑色沉澱。反應時，含硫胺基酸中的硫會被強鹼分離成為S^{2-}，之後再與Pb^{2+}反應生成沉澱。

催化劑的
有機化合物版本

～ 酵素 ～

澱粉在人類體內可被消化、水解成葡萄糖，不過若要在試管內分解澱粉的話，就需加入稀硫酸並加熱才行。體內環境大致上為中性，溫度也只有37℃左右，澱粉之所以能那麼容易水解，就是因為體內有可做為催化劑的蛋白質。

除了前面曾介紹過的過氧化氫酶，表127－1列舉出了幾種比較有名的酵素。酵素種類非常多，不過不管是哪種酵素，都有著以下3種重要性質。

表 127-1 ● **各式各樣的酵素**

酵素名稱	受質	生成物	存在於何處
澱粉酶	澱粉	麥芽糖	唾液、胰液、麥芽
麥芽糖酶	麥芽糖	葡萄糖	唾液、胰液、腸液
蔗糖酶	蔗糖	葡萄糖、果糖	腸液
纖維素酶	纖維素	纖維二糖	細菌類、菌類生物
胃蛋白酶	蛋白質	肽	胃液
胰蛋白酶	蛋白質	肽	胰液
蛋白酶	肽	胺基酸	胰液、腸液
脂酶	油脂	脂肪酸、單酸甘油酯	胰液

【受質專一性】

　　酵素只能催化某種特定物質的反應。酵素可作用的物質稱為受質。舉例來說，麥芽糖酶只能催化麥芽糖分解，這種性質稱為酵素的**受質專一性**。受質專一性可以比喻成鑰匙（受質）與鎖孔（酵素）之間的關係（圖127－1）。

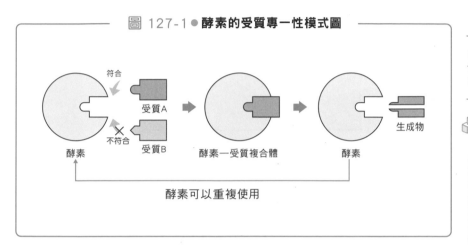

圖 127-1 ● **酵素的受質專一性模式圖**

符合

不符合

受質A

受質B

酵素

酵素—受質複合體

生成物

酵素

酵素可以重複使用

【最適溫度】

　　以將過氧化氫分解成水與氧氣的反應為例。若以二氧化錳MnO_2做為催化劑進行反應，反應溫度愈高時，反應速度就愈快。但如果用過氧化氫酶催化的話又會如何呢？如圖127－2所示，過氧化氫酶的最適溫度為37℃。在這個溫度下，過氧化氫酶催化過氧化氫分解的效率比MnO_2還要高，但要是溫度超過了最適溫度，過氧化氫酶便會馬上失去活性。這是因為由蛋白質構成的酵素在高溫下會變性的關係。曾變性過的酵素即使再降回原本的溫度，也無法恢復成原本的樣子。

【最適pH】

　　酵素是蛋白質，故其功能也會受到周圍pH值的影響。幾乎所有酵素的最適pH都是在7左右，適合在中性環境下作用，但也有不少例外。胃蛋白酶需在胃液的強酸環境下作用，最適pH約為2；胰臟分泌的胰液

為鹼性，可中和胃液，使胰液內最適pH為8左右的胰蛋白酶與脂酶可以順利作用（圖127-3）。

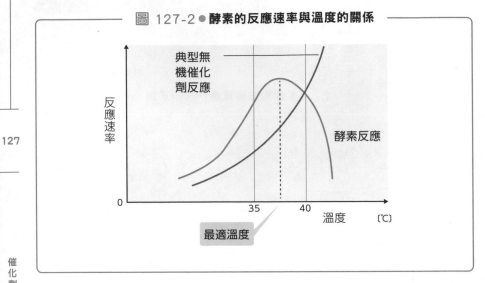

圖 127-2 ● **酵素的反應速率與溫度的關係**

反應速率

典型無機催化劑反應

酵素反應

最適溫度

35　40　溫度　〔℃〕

催化劑的有機化合物版本

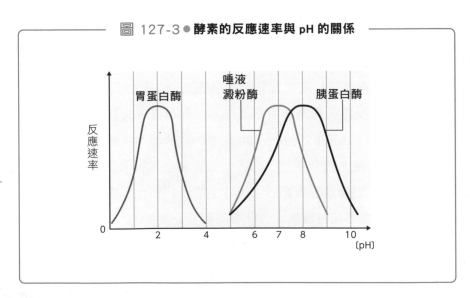

圖 127-3 ● **酵素的反應速率與 pH 的關係**

反應速率

胃蛋白酶

唾液澱粉酶

胰蛋白酶

2　4　6　7　8　10　〔pH〕

128

棉花、絹絲、羊毛……
都是天然高分子化合物

～ 天然纖維 ～

天然纖維可分為2大類，一類是由棉花製成的棉布，由纖維素組成；另一類則包括由蠶絲製成的絹絲，以及由羊毛製成的毛織品，由蛋白質組成。其中因為絹絲是高級織品，故在發明尼龍前，人們開發出了各種能讓纖維素有絹絲般質感的技術。本節除了會介紹各種天然纖維，也會提到這段歷史。

【天然纖維（蛋白質）】

動物性纖維是以蛋白質為主成分的纖維，而羊毛與絲絹是其中的代表。羊毛的主成分為角蛋白，角蛋白中含有大量半胱胺酸，硫的含量比其他蛋白質還要多。羊毛表面有名為角質層（cuticle）的鱗狀結構，可保護纖維內部（圖128－1）。另一方面，絹絲則是由絲膠蛋白包裹住絲蛋白（圖128－2）。這2種纖維都擁有雙重結構，使其擁有特殊機能。

【使用纖維素開發新纖維的歷史】

棉製品皆由棉花製成，不過，棉花種子周圍部分（棉籽絨）及製紙用木漿等的短纖維素材料皆無法製成一般纖維，而人們又想用棉花製造出絹絲般的質感，於是便試著以化學方法，將大量─OH修飾成硝基，開發出硝化纖維。不過，硝化纖維相當易燃，故後來又有人開發出再生纖維與半合成纖維。

再生纖維是先將木漿溶解，再重新製成纖維的產品，如黏液嫘縈

（viscose rayon）、銅銨嫘縈（cuprammonium rayon）等。半合成纖維則是以化學反應將纖維素具有的—OH與乙醯基（—COCH₃）結合，又稱為醋酸纖維。

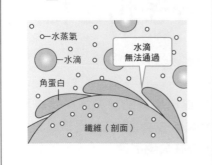

圖 128-1 ● 羊毛結構

—水蒸氣

水滴無法通過

—水滴

角蛋白

纖維（剖面）

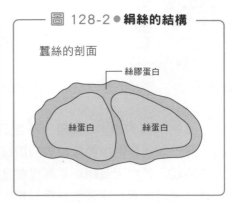

圖 128-2 ● 絹絲的結構

蠶絲的剖面

絲膠蛋白

絲蛋白　　　絲蛋白

圖 128-3 ● 合成纖維的歷史

十九世紀中期，歐洲遭受蠶瘟的侵襲，使養蠶業近乎毀滅（日本在明治時期開始建設富岡紡紗廠，就是因為歐洲的蠶瘟）。
能不能藉由某些加工方式，將無法製成紗線的短纖維素製成質感接近絹絲的纖維呢？

1846年，尚班將纖維素與濃硝酸及濃硫酸的混合物進行反應，將纖維素中大量的—OH硝基化後，得到觸感接近絹絲的硝化纖維，並在1855年時，由法國的依萊爾‧德莎當尼將這種方法工業化。

$$\{C_6H_7O_2(OH)_3\}_n + 3n\,HONO_2 \longrightarrow \{C_6H_7O_2(ONO_2)_3\}_n + 3n\,H_2O$$

然而，硝化纖維相當易燃，曾有穿著由硝化纖維製成之禮服的女性，在不小心碰到火時燒成了一團火球。不過也有人反過來利用這個性質，將這些成分製成無煙火藥的原料，取代由硫＋硝酸鉀＋石墨製成的黑色火藥（會產生大量煙霧）。另外，將硝化纖維中部分—NO₂水解後可還原成—OH，製成賽璐珞，直至不久前仍是人偶與乒乓球的原料（但因為仍相當易燃，故自數年前起陸續改用聚丙烯製造）。

為克服「硝化纖維相當易燃」的缺點，又有人開發出了觸感接近絹絲的2種再生纖維。之所以叫做「再生纖維」，是因為它與硝化纖維不同，其纖維素結構並沒有發生改變。

①黏液嫘縈：將纖維素浸在濃NaOH水溶液中，再使其與二硫化碳CS₂反應。產物溶於稀NaOH水溶液中時，會生成名為viscose的紅棕色膠體溶液。將viscose擠出至稀硫酸溶液中，便可使纖維素再生（1892年時，由Charles Cross、Edward Bevan、Clayton Beadle等人發明）。這種纖維被稱為黏液嫘縈，為薄膜狀，易於加工，可製成玻璃紙與透明膠帶。

②銅銨嫘縈：將CuSO₄溶於濃氨水中，得到深藍色水溶液，再將纖維素溶於此溶液，接著擠出至稀硫酸中，使纖維素再生（1857年由德國的Schweizer發現的材料，故這種深藍色水溶液也叫做Schweizer試劑。1899年時Glanzstoff公司開始工業化生產）。目前這種材料仍用於西裝的內襯等。

這2種纖維都不耐水洗，故之後有人以化學方式乙醯化部分—OH，開發出了醋酸纖維（1923年時，英國的塞拉尼斯公司開始工業化生產）。醋酸纖維是以天然纖維素為原料，以化學反應修飾部分—OH後得到的半合成纖維。

1 ： 使纖維素與醋酸酐反應，將所有—OH乙醯化，成為三醋酸纖維素。

2 ： 將三醋酸纖維素中的部分酯鍵水解，得到二醋酸纖維素，使其可溶於丙酮。

$$\begin{array}{ccc} \left[C_6H_7O_2(OH)_3\right]_n & \xrightarrow{醋酸酐} & \left[C_6H_7O_2(OCOCH_3)_3\right]_n & \xrightarrow{水解} & \left[C_6H_7O_2(OH)(OCOCH_3)_2\right]_n \\ 纖維素 & & 三醋酸纖維素 & & 二醋酸纖維素 \end{array}$$

3 ： 將這個溶液擠出至空氣中風乾，便可得到醋酸纖維。

1935年時，美國的卡羅瑟斯發明了結構與性質皆與絹絲接近的合成纖維——尼龍。

「化學」與「生物」的科目分工

～ 核酸 ～

　　想必各位應該都有聽過DNA這個名字吧。如果是對生物稍微有些了解的人，應該也聽過RNA才對。DNA與RNA這2種高分子化合物合稱為核酸。DNA可保存生物的遺傳訊息，RNA在確認遺傳訊息的過程中扮演著重要角色，本節將著重於說明DNA與RNA的結構，其詳細功能請在生物課上學習，這就是2個科目間的分工。

【DNA與RNA的結構】

　　核酸可以分成DNA與RNA的2種，兩者結構只差一點點而已。圖129－1中，糖的某個位置如果是一H的話就是DNA，如果是一OH的話就是RNA。

　　而保存生物的遺傳訊息時，之所以會用DNA而不是RNA，是因為

圖129-1 ● DNA（去氧核糖核酸）與RNA（核糖核酸）的組成單位

由核糖上3號碳的一OH與磷酸的一OH縮合聚合而成的鏈狀高分子化合物。

DNA	RNA

DNA
鹼基：A G C T

RNA
鹼基：A G C U

有一OH的RNA親水性比較高，易被酵素分解，保存性比較低的關係。當然，這不代表RNA就比較不好，我們可以用RNA來確認生物的遺傳訊息，而確認完之後RNA馬上就會被分解掉，這是一個很棒的優點。

【構成核酸的鹼基】

DNA與RNA內各有4種鹼基，其中腺嘌呤（A）、胞嘧啶（C）、鳥嘌呤（G）這3種鹼基在兩邊都有，**DNA另有胸腺嘧啶（T），RNA則另有脲嘧啶（U）**（圖129－2）。

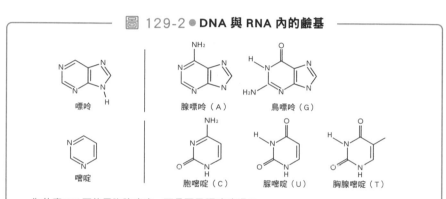

圖 129-2 ● DNA 與 RNA 內的鹼基

嘌呤　　　腺嘌呤（A）　　　鳥嘌呤（G）

嘧啶　　　胞嘧啶（C）　　　脲嘧啶（U）　　　胸腺嘧啶（T）

為什麼RNA不使用胸腺嘧啶，而是要用脲嘧啶呢？

理由① 因為U比T少了1個—CH₃，合成所需的能量比較少。由於RNA需要馬上分解、馬上再生產，故需盡可能減少合成所需的能量。

理由② 因為C和U的結構非常相似，使細胞合成DNA時常出現把C誤植為U的狀況。由於正常的DNA不會以U做為鹼基，故要是出現誤植情況，可以馬上發現並修復。

【DNA的結構】

DNA是雙螺旋結構，其中A與T、G與C會以氫鍵結合，如圖129－3所示。存在於細胞核內的DNA便是以這種雙螺旋結構保存生物的遺傳訊息；而RNA則是以單鏈狀態攜帶遺傳訊息，用以合成蛋白質。

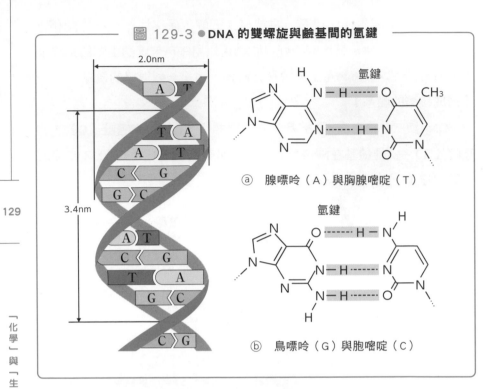

圖 129-3 ● **DNA 的雙螺旋與鹼基間的氫鍵**

2.0nm

3.4nm

氫鍵

ⓐ 腺嘌呤（A）與胸腺嘧啶（T）

氫鍵

ⓑ 鳥嘌呤（G）與胞嘧啶（C）

第 **16** 章

合成高分子化合物

養蠶業之所以
受到重創的原因

～ 由縮合聚合反應所生成的合成纖維 ～

1935年，美國的卡羅瑟斯以人工方式成功製造出含有肽鍵的人工纖維——尼龍，使人類終於能合成出質感與絹絲幾乎相同的人工纖維。這項發明亦使合成纖維產業的發展前進了一大步。

【擁有醯胺鍵的合成纖維　聚醯胺】

卡羅瑟斯藉由圖130－1的反應發明出尼龍。—NH—CO—鍵又叫做醯胺鍵。醯胺鍵與蛋白質的肽鍵是同樣的東西，不過**一般來說，在討論合成纖維時會稱其為醯胺鍵，在討論胺基酸之間的鍵結時則會稱其為肽鍵**。之後，還有人開發出用 ε －己內醯胺的開環聚合法製造出尼龍（比起混合2種原料，僅用單一種類原料製造尼龍顯得簡單許多！）。為區別兩者，便以反應物的碳數命名這2種產物，前者稱為尼龍66，後者則稱為尼龍6。

聚醯胺也是以類似的反應機制合成出來的。若單體含有苯環的話，則其聚合物便稱為芳香聚醯胺纖維。芳香聚醯胺纖維中的苯環排列規則，故擁有很高的強度與耐熱性，可製成防彈背心或消防服等。

【含有酯鍵的合成纖維　聚酯】

以酯鍵結合的高分子化合物稱為聚酯。聚酯產物中，只要記得聚對苯二甲酸乙二酯就可以了。聚對苯二甲酸乙二酯為寶特瓶的材料，用途很廣。聚酯纖維與寶特瓶的分子相同，只差在外型而已，故將使用後的寶特瓶細切成薄片狀、高溫熔解後，可製成聚酯纖維回收利用。

圖 130-1

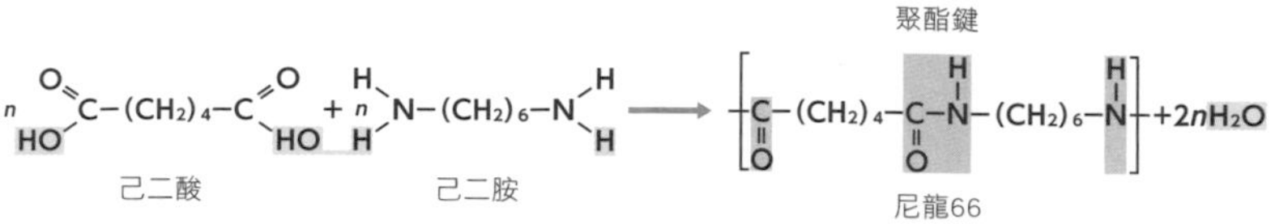

藉由縮合聚合反應合成尼龍 66

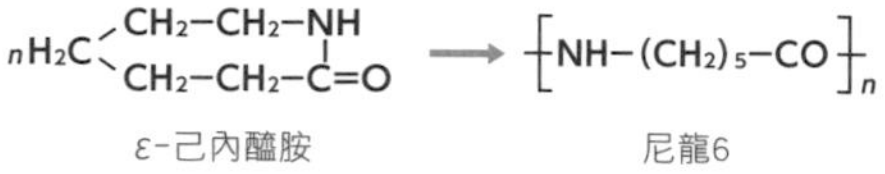

藉由開環聚合反應合成尼龍 6

藉由縮合聚合反應合成聚酯纖維

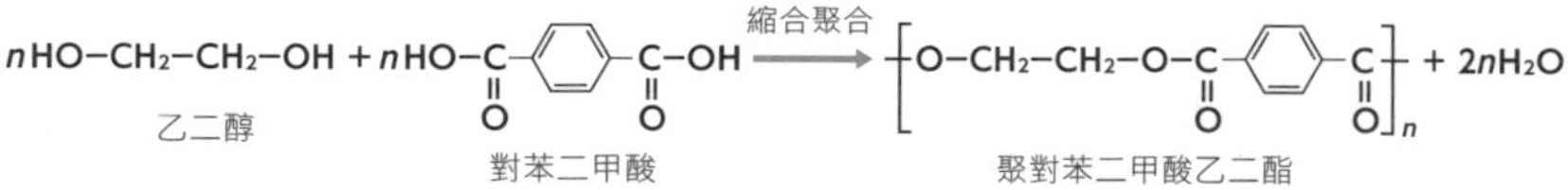

藉由縮合聚合反應合成聚對苯二甲酸乙二酯

第 16 章

合成高分子化合物

131

維尼綸是日本
發明出來的合成纖維

～ 由加成聚合反應製造的合成纖維 ～

　　由加成聚合反應製造出來合成纖維包括聚丙烯腈纖維與維尼綸。維尼綸是日本首次開發出的合成纖維，但製作方法相當複雜。為什麼很複雜呢？讓我們從化學的角度來說明吧。

【聚丙烯腈纖維】

　　丙烯腈是將乙烯的1個H原子轉變成—CN的物質。明明只是稍微改變了結構，名稱卻完全不一樣。—CN是腈基，也叫做氰基。若將乙烯中的1個H原子轉變成—COOH，就會成為丙烯酸，丙烯腈的名稱便是由此而來。將丙烯腈加成聚合，便會生成聚丙烯腈纖維（圖131-1）。聚丙烯腈纖維的主成分就是聚丙烯腈，而聚丙烯腈纖維是合成纖維中質感最接近羊毛的材質，故可用於製作毛衣、毛毯等。

【維尼綸】

　　維尼綸是1939年時，由日本的櫻田一郎所發明的第1個日本合成纖維。因為含有大量—OH，故性質類似於由纖維素組成的棉。維尼綸的合成方式相當複雜，如圖131-2所示。或許你會想問，如果想合成出聚乙烯醇的話，只要讓乙烯醇進行加成聚合反應不就好了嗎？但當我們為了合成出乙烯醇，使乙炔與H_2O進行加成反應時，卻只會生成乙烯醇的結構異構物——乙醛（圖103-5）。因此需先讓乙炔與醋酸進行加成反應，生成乙酸乙烯酯，再讓乙酸乙烯酯進行加成聚合反應，生成聚乙酸乙烯酯，然後以NaOH進行皂化反應，生成聚乙烯醇（圖131-2

上）。聚乙烯醇易溶於水，與甲醛水溶液反應（縮醛化）後，可形成堅固的纖維（圖131-2下），這就是維尼綸。維尼綸含有大量的一OH，可以形成氫鍵，故擁有很強的吸水性與很高的強度，可用以製作漁網、繩子等。

圖 131-1 ● 由加成聚合反應合成聚丙烯腈

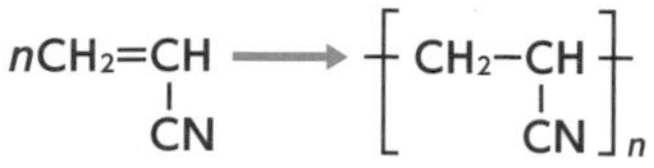

$$nCH_2=CH \longrightarrow \left[CH_2-CH \right]_n$$
$$\quad\quad | \quad\quad\quad\quad\quad\quad | $$
$$\quad\quad CN \quad\quad\quad\quad\quad CN$$

丙烯腈　　　　　　聚丙烯腈

2006年，一家名為東麗（「oray）的日本公司公布了訊息，說他們與波音公司簽訂了合約，由東麗長期供給碳纖維材料給波音公司製作客機機體，引起了一陣話題。過去的飛機機體以金屬為主，若機體的50％改用碳纖維材料製作，則可在強度相同的情況下減少20％的重量。為什麼會在這裡提到碳纖維呢？因為東麗所製造的碳纖維是以聚丙烯腈纖維為原料製成的。將聚丙烯腈纖維高溫加熱，也就是乾餾、碳化之後，便可製造出碳纖維。

圖 131-2

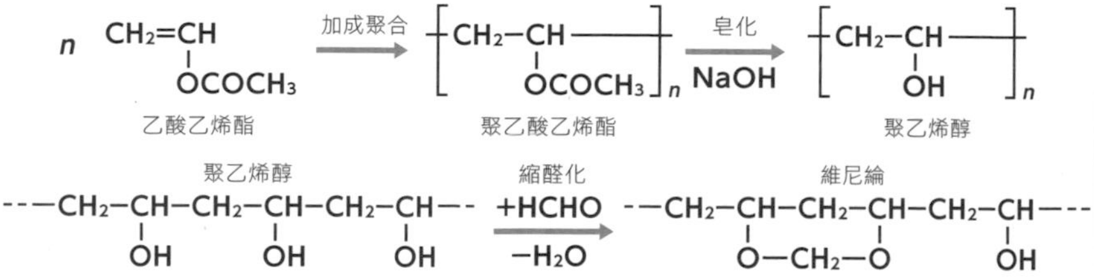

$$n \quad CH_2=CH \xrightarrow{\text{加成聚合}} \left[CH_2-CH \right]_n \xrightarrow[\text{NaOH}]{\text{皂化}} \left[CH_2-CH \right]_n$$
$$\quad\quad\quad | \quad\quad\quad\quad\quad\quad\quad\quad | \quad\quad\quad\quad\quad\quad\quad\quad\quad | $$
$$\quad\quad OCOCH_3 \quad\quad\quad\quad OCOCH_3 \quad\quad\quad\quad\quad OH$$

乙酸乙烯酯　　　　　　　聚乙酸乙烯酯　　　　　　　聚乙烯醇

聚乙烯醇　　　　　　　　　　　　縮醛化　　　　　　　　維尼綸

$$---CH_2-CH-CH_2-CH-CH_2-CH--- \xrightarrow[-H_2O]{+HCHO} --CH_2-CH-CH_2-CH-CH_2-CH---$$
$$\quad\quad | \quad\quad\quad | \quad\quad\quad | \quad\quad\quad\quad\quad\quad\quad\quad | \quad\quad\quad | \quad\quad\quad | $$
$$\quad\quad OH \quad\quad OH \quad\quad OH \quad\quad\quad\quad\quad\quad O-CH_2-O \quad\quad OH$$

乙酸乙烯酯在加成聚合反應後會生成聚乙酸乙烯酯，經過皂化步驟便可製造出聚乙烯醇（上），接著再將聚乙烯醇縮醛化，便可製造出維尼綸（下）。

132

要是沒有它就無法生活了

～ 熱塑性聚合物 ～

我們周圍的塑膠製品種類繁多。塑膠在日文中也叫做樹脂，明明是以石油為原料人工製成的產品卻叫做樹脂，很奇怪吧。事實上，廣義的塑膠就有包括樹脂。樹脂如其名所示，指的是從樹中流出來的脂類硬化後的物質，譬如說琥珀等。蒐集天然樹脂再等待其硬化得費上不少工夫，故現在已幾乎沒有人在用天然樹脂，而是以人工方式合成塑膠取而代之。而塑膠還可以再分成許多種。

合成樹脂可以依照遇熱時的變化分成2種。若塑膠加熱時會軟化，冷卻後會再度硬化的話，便屬於熱塑性聚合物；若塑膠加熱後會硬化，且無法再次塑型、加工的話，便屬於熱固性聚合物。**熱塑性聚合物為鏈狀結構，熱固性聚合物則是立體網狀結構。**

【熱塑性聚合物】

熱塑性聚合物還可以再分成加成聚合而成的聚合物，以及縮合聚合而成的聚合物。加成聚合而成的聚合物中，最單純、用途也最廣的聚合物是聚乙烯（圖132－1）。聚乙烯可以再依照聚合的方式分成高密度聚乙烯與低密度聚乙烯（表132－1）。另外，如果將X改成其他東西的話，還可以改變聚合物的性質，用於各種用途上（表132－2）。

尼龍或聚對苯二甲酸乙二酯皆為著名的合成纖維，

圖 132-1 ● 藉由加成聚合反應製造塑膠

$$n \begin{array}{c} H \\ | \\ C = C \\ | \\ H \end{array} \begin{array}{c} H \\ | \\ \\ | \\ X \end{array} \xrightarrow{\text{加成聚合}} \left[\begin{array}{cc} H & H \\ | & | \\ C - C \\ | & | \\ H & X \end{array} \right]_n$$

當X是H的時候，可得到聚乙烯。

不過若不把溶液中的它們拉成纖維狀，而是直接硬化成塊狀的話，也能做成塑膠。寶特瓶的PET就是源自於聚對苯二甲酸乙二酯的<u>P</u>oly<u>e</u>thylene <u>t</u>erephthalate的簡稱。

表 132-1 ● **高密度聚乙烯與低密度聚乙烯的差異**
High Density PolyEthylene (HDPE)　Low Density PolyEthylene (LDPE)

高密度聚乙烯（簡稱為HDPE）	低密度聚乙烯（簡稱為LDPE）
・低壓、低溫下聚合 ・分枝少、結晶部分多 ・半透明、堅硬， 　可製成容器	・高壓、高溫下聚合 ・分枝多、結晶部分少 ・透明、柔軟， 　可製成塑膠袋

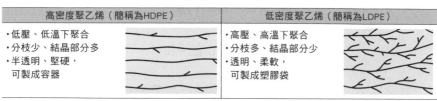

表 132-2 ● **熱塑性聚合物的結構與用途**

聚合物名稱	結構式	單體	用途範例
聚苯乙烯	$\begin{bmatrix} CH_2-CH \\ \bigcirc \end{bmatrix}_n$	苯乙烯 $CH_2=CH$ $\bigcirc$	以高溫蒸氣吹向內部含有氣體、1mm大的聚苯乙烯顆粒，可使顆粒變軟，並使內部氣體膨脹發泡，成為保麗龍。
聚氯乙烯	$\begin{bmatrix} CH_2-CH \\ \mid \\ Cl \end{bmatrix}_n$	氯乙烯 $CH_2=CH$ $\mid$ Cl	擁有耐酸、耐鹼、耐火等性質，故可用於製作水管、橡皮擦等。
聚丙烯	$\begin{bmatrix} CH_2-CH \\ \mid \\ CH_3 \end{bmatrix}_n$	丙烯 $CH_2=CH$ $\mid$ CH_3	和聚乙烯比起來，聚丙烯的透明度比較高，耐熱性也比較好。塑膠臉盆就是以聚丙烯製成。
聚乙酸乙烯酯	$\begin{bmatrix} CH_2-CH \\ \mid \\ OCOCH_3 \end{bmatrix}_n$	乙酸乙烯酯 $CH_2=CH$ $\mid$ $OCOCH_3$	木工用黏著劑含有乙酸乙烯酯，其聚合反應可增加黏著力。乙酸乙烯酯也可以製成口香糖裡的膠基。
聚甲基丙烯酸甲酯	$\begin{bmatrix} CH_3 \\ \mid \\ CH_2-C \\ \mid \\ COOCH_3 \end{bmatrix}_n$	甲基丙烯酸甲酯 $CH_2=C\begin{smallmatrix}CH_3\\COOCH_3\end{smallmatrix}$	透明性非常高，又很堅固，故可做為水族館水槽與光纖等的材料。
聚對苯二甲酸乙二酯（PET） $\begin{bmatrix} CO-\bigcirc-CO-O-(CH_2)_2-O \end{bmatrix}_n$		對苯二甲酸 $HOOC-\bigcirc-COOH$ 乙二醇 $HO(CH_2)_2OH$	將融化後的PET從小洞中擠出，即可製成纖維；若靜待其固化，則可製成一般塑膠。

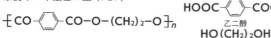

世界上第1個合成樹脂是熱固性聚合物

～ 熱固性聚合物 ～

熱固性聚合物在加熱之後不會變軟，故若要將其塑造成想要的形狀，需在聚合度還不高、呈柔軟狀態的時候進行。加入硬化劑並加熱後，分子間會交叉鏈接（cross-link），形成立體網狀結構而硬化。原則上，這類聚合物的原料名稱大多是該聚合物名稱前面再加上甲醛。

【酚醛樹脂（貝克蘭）】

1907年，由美國的貝克蘭發明的世界第1個合成塑膠。因為其原料為苯酚與甲醛，故名為酚醛樹脂。合成時酚醛樹脂時，會先讓甲醛與苯酚進行加成反應（圖133－1上），接著再讓這個分子與另一個苯酚進行縮合反應，脫去1個水分子（圖133－1下），並且重複進行這2個反應。這種聚合形式稱為加成聚合。合成酚醛樹脂的方法，可以依照使用的催化劑種類分為2種（圖133－2）。酚醛樹脂有很好的絕緣性，故可用以製作電器零件或印刷電路板的基板。

圖 **133-1** ● **合成酚醛樹脂之前需預先進行的反應**

OH

$\bigcirc$ + HCHO $\longrightarrow$ $\bigcirc$ CH$_2$OH （加成反應）
　　　　　　　　　　　OH

OH
$\bigcirc$ CH$_2$OH + $\bigcirc$ OH $\longrightarrow$ $\bigcirc$ CH$_2$ $\bigcirc$ （縮合反應）
　　　　　　　　　　　　　　　OH　　OH

圖 133-2 ● 合成酚醛樹脂

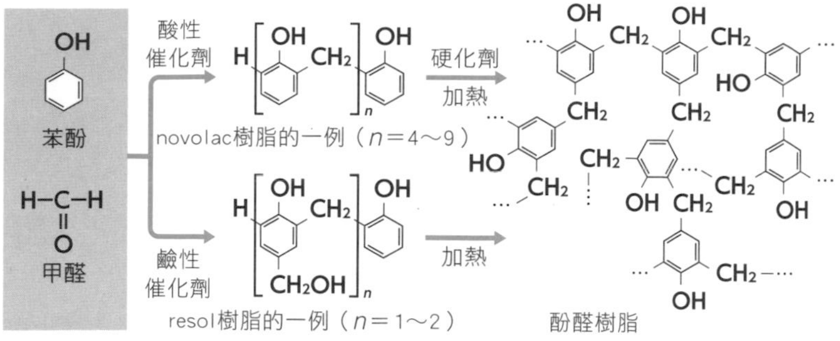

若使用鹼性催化劑，則不需要硬化劑，加熱後便可開始產生聚合反應。

下面介紹其他比較為人所知的熱固性聚合物（表133－1）。

【尿素甲醛樹脂】

尿素甲醛樹脂是由尿素與甲醛加成聚合而成的聚合物，其絕緣性和酚醛樹脂一樣優異，可製成電器零件、鈕扣、麻將牌等。

【三聚氰胺甲醛樹脂（美耐皿）】

美耐皿是由三聚氰胺與甲醛加成聚合而成的聚合物。美耐皿比尿素樹脂還硬，且更堅固，可製成餐具、美耐板建材等。

【醇酸樹脂】

醇酸樹脂並不是由醇酸＋甲醛聚合而成，而是由多元羧酸與多元醇反應後得到的產物。醇酸（alkyd）這個名字是來自醇（alcohol）＋酸（acid）。以酯鍵結合後會形成立體網狀結構的聚合物，主要用於混合色素與油脂，製成塗料。

表 **133-1** ● **各種熱固性聚合物　立體網狀結構為其特徵**

聚合物	合成反應式	用途

尿素甲醛樹脂

NH₂
|
CO   + HCHO
| 甲醛
NH₂

尿素

$\longrightarrow$

−CH₂−N−CH₂−N−CO−NH−CH₂−
　　　|　　　　|
　　　CO　　　CH₂　　　CH₂−
　　　|　　　　|
−CH₂−N−CH₂−N−CO−N−CH₂−

尿素甲醛樹脂

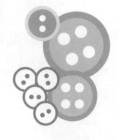

鈕扣

美耐皿

三聚氰胺

+ HCHO
甲醛

$\longrightarrow$

美耐皿

餐具

醇酸樹脂的例子

鄰苯二甲酸酐　甘油

$\longrightarrow$

甘酞樹脂

油畫顏料

133

134

若從化學角度來看橡膠，會看到何種分子結構呢？

～ 天然橡膠與合成橡膠 ～

蛋白質、多醣、核酸，這些物質全都是脫去1個水分子後縮合聚合而成的。不過，取自橡膠樹的天然橡膠卻是加成聚合而成的聚合物。這就是橡膠與其他天然聚合物最大的差別。本節將會介紹天然橡膠的製作方法、結構，並與合成橡膠做比較。

製作橡膠時，會先劃傷橡膠樹，收集從傷口流出來的白色樹液，這些樹液又稱為乳膠。將乳膠與酸混合使其產生固態沉澱，將沉澱物水洗後風乾，便可得到板狀的固態天然橡膠。這種狀態下的天然橡膠過於柔軟，故需加入硫反覆揉捏（這個步驟也叫做硫化），接著再加入適量的碳煙，也就是粉末狀石墨，提高其硬度。

各位看到的車輛輪胎大多是黑色的，這其實是碳煙的顏色，什麼都沒加的天然橡膠應該是棕色的。在發明加硫與加碳煙等方法之前，天然橡膠在低溫下會變得脆弱易碎，高溫下則會變得軟爛黏滑，只能用在大衣的防水外層之類的地方。

天然橡膠是高分子化合物，是以碳氫化合物中的異戊二烯為單體，加成聚合而成的聚合物。異戊二烯含有2個雙鍵，而橡膠樹內部在進行加成聚合反應時，異戊二烯兩端的雙鍵會同時反應，使原本位於兩端的雙鍵往中心移動（圖134－1）。此時生成的聚異戊二烯主鏈中有許多雙鍵，若我們將雙鍵部分單獨拿出來看，會發現其單體還可以再分成順式和反式2種構型。

幾乎所有天然橡膠都是順式聚異戊二烯。順式聚異戊二烯的分子結構較為曲折，易形成不規則形狀，內部空隙也比較多。這就是為什麼橡膠可以一定程度地伸縮（圖134－1）。

圖 134-1

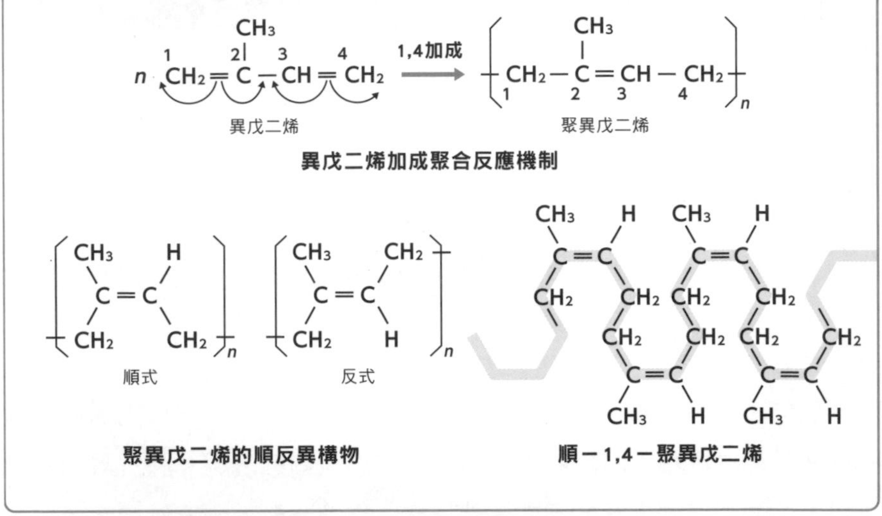

異戊二烯加成聚合反應機制

聚異戊二烯的順反異構物

順－1,4－聚異戊二烯

【合成橡膠】

　　橡膠樹只生長於熱帶，於是人們開發出各種能以人工方式合成的合成橡膠（表134－1）。

　　每種合成橡膠都有某些天然橡膠所沒有的特徵，不過在彈性方面，還是天然橡膠最好。因此人們對於天然橡膠還是有很大的需求，還會將各種橡膠依不同比例混合，用在相同產品的不同部位上，譬如輪胎的接地面與側面等，便是以不同比例混合天然橡膠、順丁橡膠、丁苯橡膠後製成。

表 134-1 ● 合成橡膠的種類、性質、用途

名稱與結構式	單體	性質	用途
異戊二烯橡膠（IR） $\left[\text{CH}_2-\overset{\overset{\displaystyle CH_3}{\vert}}{C}=CH-CH_2\right]_n$	**異戊二烯** $CH_2=\overset{\overset{\displaystyle CH_3}{\vert}}{C}-CH=CH_2$	耐磨耗性 高強度	輪胎
順丁橡膠（BR） $\left[CH_2-CH=CH-CH_2\right]_n$	**1,3-丁二烯** $CH_2=CH-CH=CH_2$	高反彈性 耐磨耗性 耐寒性	合成橡膠等的 接著劑
氯丁二烯橡膠（CR） $\left[CH_2-\overset{\overset{\displaystyle }{\vert}}{C}=CH-CH_2\right]_n$ Cl	**氯丁二烯** $CH_2=\overset{\overset{\displaystyle }{\vert}}{C}-CH=CH_2$ Cl	耐久性 耐熱性 不易燃性	機械傳動帶 機械零件 軟管
丁苯橡膠（SBR） $\cdots\!\cdots-CH_2-CH=CH-CH_2-CH_2-CH-\cdots\!\cdots$ （苯環）	**1,3-丁二烯** $CH_2=CH-CH=CH_2$ **苯乙烯** $CH_2=CH$（苯環）	耐久性 耐熱性 耐磨耗性	輪胎 鞋底
丁基橡膠（IIR） $\cdots\!\cdots-CH_2-\overset{\overset{\displaystyle CH_3}{\vert}}{C}=CH-CH_2-CH_2-\overset{\overset{\displaystyle CH_3}{\vert}}{\underset{\underset{\displaystyle CH_3}{\vert}}{C}}-\cdots\!\cdots$	**2-甲基丙烯** $CH_2=\overset{\overset{\displaystyle CH_3}{\vert}}{\underset{\underset{\displaystyle CH_3}{\vert}}{C}}$ **異戊二烯** $CH_2=\overset{\overset{\displaystyle CH_3}{\vert}}{C}-CH=CH_2$	低反彈性 耐熱性 絕緣性	內胎 電線包覆材料
矽氧橡膠 $\cdots\!\cdots-O-\overset{\overset{\displaystyle CH_2}{\vert}}{Si}-O-\overset{\overset{\displaystyle CH_3}{\vert}}{Si}-O-\overset{\overset{\displaystyle CH_3}{\vert}}{Si}-O-\cdots\!\cdots$ CH_3CH_2 CH_2 $\cdots\!\cdots-O-Si-O-Si-O-Si-O-\cdots\!\cdots$	**二氯二甲基矽烷** $Cl-\overset{\overset{\displaystyle CH_3}{\vert}}{\underset{\underset{\displaystyle CH_3}{\vert}}{Si}}-Cl$ 水 H_2O	耐久性 耐藥品性 耐熱性	理科化學器材 醫療器材

高分子化合物除了當做材料還有許多用途

～ 功能性高分子 ～

　　有些合成高分子化合物擁有特定功能（又稱為功能性高分子）。本節將介紹其中的離子交換樹脂、高吸水性樹脂、生物分解性高分子等。

【離子交換樹脂】

　　要怎麼將食鹽水（NaCl）轉變成純水呢？或許可以先把水加熱蒸發，然後收集水蒸氣凝結成水，但這樣似乎有點麻煩。這時只要用離子交換樹脂就可以輕鬆將它轉變成純水了。讓我們來一起看看這是怎麼辦到的吧。

　　製作聚乙烯時，加入少量的對二乙烯苯，便可將其聚合成立體網狀結構的高分子。接著，若以—SO_3H等酸性官能基取代苯環上的—H，便可成為陽離子交換樹脂；如果以三甲銨基等鹼性官能基取代苯環上的—H，便可成為陰離子交換樹脂（圖135－1）。

　　離子交換樹脂為直徑數mm的球狀顆粒，在管柱內填裝陽離子交換樹脂和陰離子交換樹脂，然後讓NaCl水溶液流經，Na^+便會與H^+交換、Cl^-會與OH^-交換，得到純水（圖135－2）。由這種方式得到的純水，就叫做離子交換水。

【高吸水性樹脂】

　　紙尿布內含有吸水後會膨脹，且不會漏出的吸水性高分子粉末。這種吸水性高分子是由丙烯酸鈉CH_2＝CH—COONa與少量交叉鏈接劑（架橋劑）混合後加成聚合而成的，風乾後便會碎裂成粉末。1.0g的粉末

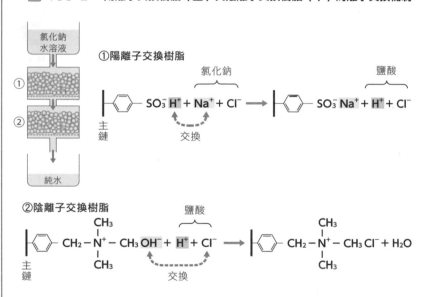

圖 135-1 ● 離子交換樹脂的製作方法（以陽離子交換樹脂為例）

苯乙烯

對二乙烯苯

交叉鏈接的
聚苯乙烯

交叉鏈接的
聚苯乙烯磺酸

圖 135-2 ● 陽離子交換樹脂（上）與陰離子交換樹脂（下）的離子交換機制

①陽離子交換樹脂

$$\text{主鏈} \quad \boxed{} - SO_3^- \; H^+ + Na^+ + Cl^- \longrightarrow \boxed{} - SO_3^- \; Na^+ + H^+ + Cl^-$$

氯化鈉

鹽酸

交換

②陰離子交換樹脂

$$\text{主鏈} \quad \boxed{} - CH_2 - \overset{CH_3}{\underset{CH_3}{N^+}} - CH_3 \; OH^- + H^+ + Cl^- \longrightarrow \boxed{} - CH_2 - \overset{CH_3}{\underset{CH_3}{N^+}} - CH_3 \; Cl^- + H_2O$$

鹽酸

交換

約可吸收1L的水分（圖135－3），故廣泛用於紙尿布、生理用品等產品。

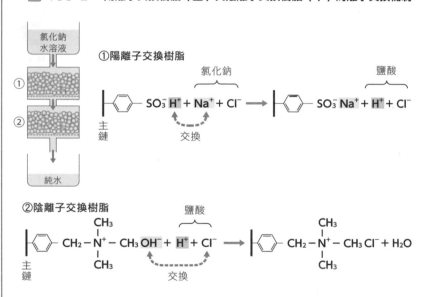

第
16
章

合成高分子化合物

383

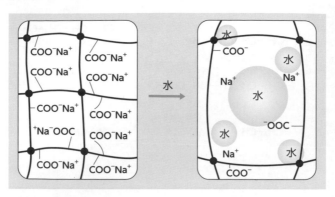

圖 135-3 ● 吸水性高分子的吸水機制

乾燥時的吸水性高分子會以一COONa的形式存在（左）。吸水之後會解離為一COO⁻和Na⁺，帶負電的一COO⁻會彼此排斥，撑大立體網狀結構，使內部空隙變得更大。變大的空隙可以吸收更多水分，使高分子又能撑得更大。因為水被完全包在立體網狀結構內，故就算施力擠壓，水也不會跑出來。

【生物分解性高分子】

　　穩定是合成高分子的一大特徵，但也因此產生拋棄後的合成高分子不容易在自然界中分解的缺點。於是後來開發出聚乳酸產品，這是將澱粉發酵後生成乳酸，然後再聚合而成的物質（圖135－4左）。聚乳酸等合成樹脂稱為生物分解性高分子，可用以製成容器、釣魚線等物品。另外，乙醇酸交酯在開環聚合後可以得到聚乙醇酸（圖135－4右），這種材質可以被人體分解、吸收，故可製成外科手術用的縫合線，手術後不須拆線。

圖 135-4 ● 生物分解性高分子的合成

$$n\,CH_3CH(OH)COOH \longrightarrow \left[O-CH-CO \right]_n + n\,H_2O$$

乳酸　　　　　　　　　　　　　　CH₃　聚乳酸

開環聚合

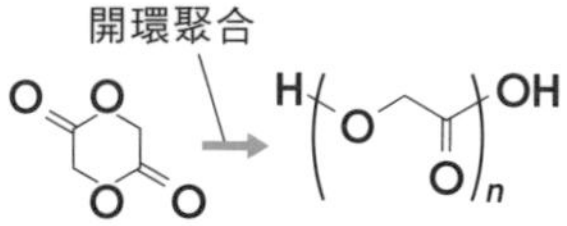

乙醇酸交酯　聚乙醇酸

參 考 文 獻

竹田淳一郎（2013）《大人のための高校化学復習帳》講談社Bluebacks

齋藤烈等《化学基礎》、《化学》啓林館

竹内敬人等《改訂 化学基礎》、《化学》東京書籍

山内薫等《化学基礎》、《化学》第一學習社

卜部吉庸（2013）《化学の新研究》三省堂

日本化學會編（1997）《高校化学の教え方 暗記型から思考型へ》丸善

飯野睦毅（2001）《まんが アトム博士のたのしい化学探検》東陽出版

藤井理行等（2011）《アイスコア 地球環境のタイムカプセル》成山堂書店

福田豊等（1996）《詳説無機化学》講談社

日本化學會編（2002）《教育現場からの化学Q＆A》丸善

玉虫伶太等（1999）《エッセンシャル化学辞典》東京化學同人

渡辺正等（2008）《高校で教わりたかった化学》日本評論社

河嶌拓治等（1992）《ポイント分析化学演習》廣川書店

庄野利之等（1993）《分析化学演習》三共出版

K.P.C. Vollhardt等著 古賀憲司等監譯（2004）《現代有機化学（第4版）上・下》化学同人

E.E. Corn等著 田宮信雄等譯（1988）《コーン・スタンプ 生化学 第5版》東京化学同人

西村肇等（2006）《水俣病の科学 増補版》日本評論社

吉野彰（2004）《リチウムイオン電池物語》CMC出版

著者簡介

竹田 淳一郎（Takeda Junichiro）

1979年出生於東京。慶應義塾大學理工學部應用化學科畢業，慶應義塾大學研究所畢業。早稻田大學高等學院教師、早稻田大學教育學部、開放課程講師、氣象預報士、環境計量士。
喜歡教學，平常教的是國中生及高中生，此外也會在實驗教室教導小學生、在大學教導立志成為老師的學生、在開放課程中教導30～80多歲的社會人士，致力於讓各年齡層的人們都能享受科學的樂趣。
目標是利用身邊的教材，以實驗為中心，讓人們能享受到學習的樂趣。
著作包括《給大人的高中化學複習》（講談社Blue Backs）等。（書名暫譯）

大人的化學教室
透過135堂課全盤掌握化學精髓

2019年12月1日初版第一刷發行
2024年 1 月1日初版第五刷發行

著　　　者　竹田淳一郎
譯　　　者　陳朕疆
編　　　輯　劉皓如
發 行 人　若森稔雄
發 行 所　台灣東販股份有限公司
　　　　　　＜地址＞台北市南京東路4段130號2F-1
　　　　　　＜電話＞（02）2577-8878
　　　　　　＜傳真＞（02）2577-8896
　　　　　　＜網址＞http://www.tohan.com.tw
郵 撥 帳 號　1405049-4
法 律 顧 問　蕭雄淋律師
總 經 銷　聯合發行股份有限公司
　　　　　　＜電話＞（02）2917-8022

國家圖書館出版品預行編目資料

大人的化學教室：透過135堂課全盤掌握
化學精髓 /竹田淳一郎著；陳朕疆譯. --
初版. -- 臺北市：臺灣東販, 2019.12
　　392面；14.8×21公分

　　ISBN 978-986-511-192-2(平裝)

　　1.化學 2.通俗作品

340　　　　　　　　　　108018467

著作權所有，禁止翻印轉載。
購買本書者，如遇缺頁或裝訂錯誤，
請寄回更換（海外地區除外）。
Printed in Taiwan

TOHAN

"KOUKO NO KAGAKU" GA 1 SATSU
DE MARUGOTO WAKARU
© JUNICHIRO TAKEDA 2018
Originally published in Japan in 2018 by
BERET PUBLISHING CO., LTD.
Chinese translation rights arranged through
TOHAN CORPORATION, TOKYO.